右江电厂标准化系列丛书

右江水力发电厂安全管理标准化

主编 马建新　王　伟

河海大学出版社
·南京·

图书在版编目(CIP)数据

右江水力发电厂安全管理标准化／马建新，王伟主编.－－南京：河海大学出版社，2023.12
（右江电厂标准化系列丛书）
ISBN 978-7-5630-8830-0

Ⅰ.①右… Ⅱ.①马…②王… Ⅲ.①水力发电站－安全管理－标准化管理－广西 Ⅳ.①TV737-65

中国国家版本馆 CIP 数据核字(2023)第 256587 号

书　　名	右江水力发电厂安全管理标准化
书　　号	ISBN 978-7-5630-8830-0
责任编辑	龚　俊
特约编辑	梁顺弟　许金凤
特约校对	丁寿萍　卞月眉
封面设计	徐娟娟
出版发行	河海大学出版社
地　　址	南京市西康路 1 号(邮编:210098)
电　　话	(025)83737852(总编室)　(025)83722833(营销部) (025)83787600(编辑室)
经　　销	江苏省新华发行集团有限公司
排　　版	南京布克文化发展有限公司
印　　刷	广东虎彩云印刷有限公司
开　　本	718 毫米×1000 毫米　1/16
印　　张	16.5
字　　数	295 千字
版　　次	2023 年 12 月第 1 版
印　　次	2023 年 12 月第 1 次印刷
定　　价	80.00 元

丛书编委会

主 任 委 员：肖卫国　袁文传
副主任委员：马建新　汤进为　王　伟
编 委 委 员：梁　锋　刘　春　黄承泉　李　颖　韩永刚
　　　　　　　吕油库　邓志坚　李　冲　黄　鸿　赵松鹏
　　　　　　　秦志辉　杨　珺　何志慧　胡万玲　李　喆
　　　　　　　陈　奕　吴晓华
丛 书 主 审：郑　源

本 册 主 编：马建新　王　伟
副 主 编：梁　锋　何志慧　崔海军
编 写 人 员：唐　葵　姚　婵

前言

水电是低碳发电的支柱,为全球提供近六分之一的发电量。近年来,我国水电行业发展迅速,装机规模和自动化、信息化水平显著提升,稳居全球水电装机规模首位,在国家能源安全战略中占据重要的地位。提升水电站工程管理水平,构建更加科学、规范、先进、高效的现代化管理体系,实现高质量发展是当前水电站管理工作的重中之重。

右江水力发电厂(以下简称电厂)是百色水利枢纽电站的管理部门,厂房内安装4台单机容量为135 MW的水轮发电机组,总装机容量540 MW,设计多年平均发电量16.9亿kW·h。投产以来,电厂充分利用安全性能高、调节能力强、水库库容大等特点,在广西电网乃至南方电网中承担着重要的调峰、调频和事故备用等任务,在郁江流域发挥了调控性龙头水电站作用。

为贯彻新发展理念,实现高质量发展,电厂持续开展设备系统性升级改造工作。设备的可靠性、自动化和智能化水平不断提升,各类设备运行状况优良,主设备完好率、主设备消缺率、开停机成功率等重要指标长期保持100%,平均等效可用系数达93%以上,达到行业领先水平。结合多年实践经验,在全面总结基础上,电厂编写了标准化管理系列丛书,包括安全管理、生产技术、检修维护和技术培训等四个方面内容,旨在实现管理过程中复杂问题简单化,简单问题程序化,程序问题固定化,达到管理水平全面提升。

本册为安全管理标准化,内容围绕右江水力发电厂运行、检修、检查等日常工作,主要从安全组织、制度化、教育培训、现场作业行为安全、特种设备及危化品、风险管控及隐患治理、应急处理、事故管理等八个方面阐述安全生产管理标准和措施。其中,第一章由马建新撰写,第二、八章由王伟撰写,第三、五章由梁锋撰写,第四、六章由何志慧撰写,第七章由崔海军撰写。另有其他同志参与撰写,全书由马建新统稿。

  由于时间较紧,加上编者经验不足、水平有限,不妥之处在所难免,希望广大读者批评指正。

编　者

2023 年 9 月

目录

第1章　安全组织管理 ··· 001
  1.1　安全组织机构 ··· 001
    1.1.1　安委会组成 ·· 001
    1.1.2　安委会工作要求 ·· 002
  1.2　安全生产目标 ··· 003
    1.2.1　厂级领导安全目标 ·· 003
    1.2.2　部门领导安全目标 ·· 003
    1.2.3　班值长（含主管工程师、副值长）安全目标 ················ 003
    1.2.4　值班员（专责）安全目标 ······································ 003
    1.2.5　其他人员安全目标 ·· 004
    1.2.6　安全生产责任状 ··· 004
  1.3　安全生产职责 ··· 004
    1.3.1　厂长（常务副厂长或主持工作的副厂长）安全职责 ······· 004
    1.3.2　副厂长安全生产职责 ··· 005
    1.3.3　总工程师安全职责 ·· 005
    1.3.4　电厂 ON-CALL 组各级人员安全职责 ······················ 006
    1.3.5　综合部各级人员安全职责 ··································· 009
    1.3.6　发电部各级人员安全职责 ··································· 013
    1.3.7　检修部各级人员安全职责 ··································· 018
  1.4　安全生产监督 ··· 023
    1.4.1　安全生产监督体系与机构 ··································· 023
    1.4.2　安全生产监督内容、周期 ···································· 024
    1.4.3　安全生产监督网成员职责 ··································· 024

1.4.4　安全员条件、权力和义务 ·· 029
　1.5　安全生产奖惩 ··· 030
　　　1.5.1　安全奖励基金的构成 ·· 030
　　　1.5.2　安全奖惩的原则及基金的管理 ··································· 030
　　　1.5.3　安全处罚标准 ··· 030
　　　1.5.4　安全奖励标准 ··· 036
　1.6　安全生产投入 ··· 037
　　　1.6.1　安全生产费用的预算和管理 ······································· 037
　　　1.6.2　安全生产费用的使用范围 ·· 038
　　　1.6.3　安全生产费用的使用流程和评估 ································· 038
　　　1.6.4　安全生产费用的使用评估 ·· 039
　　　1.6.5　安全生产费用编制依据 ··· 039
　1.7　安全生产考核 ··· 039

第2章　制度化管理 ··· 040
　2.1　安全生产法律法规 ··· 040
　2.2　安全生产制度管理 ··· 040
　　　2.2.1　安全生产制度的制定 ·· 040
　　　2.2.2　安全生产制度的修订 ·· 041
　　　2.2.3　安全生产制度的发放、保管 ······································· 041
　　　2.2.4　安全生产制度的宣传 ·· 041
　2.3　操作规程 ·· 042
　　　2.3.1　编制安全操作规程 ··· 042
　　　2.3.2　安全操作规程修订要求 ··· 042
　2.4　文档管理 ·· 042
　　　2.4.1　文件管理制度 ··· 042
　　　2.4.2　记录管理制度 ··· 042
　　　2.4.3　档案管理制度 ··· 043
　　　2.4.4　评估与改进 ·· 043

第3章　教育培训 ·· 044
　3.1　教育培训管理 ··· 044
　　　3.1.1　培训的对象与内容 ··· 044

  3.1.2　培训计划 …… 044
 3.2　人员教育培训 …… 045
  3.2.1　管理人员培训 …… 045
  3.2.2　员工上岗培训 …… 045
  3.2.3　特种作业人员培训 …… 045
  3.2.4　年度教育及考核 …… 045
  3.2.5　外来人员安全教育 …… 046

第4章　现场作业行为安全管理 …… 047
 4.1　工作票和操作票管理 …… 047
  4.1.1　一般要求 …… 047
  4.1.2　工作票管理 …… 048
  4.1.3　操作票管理 …… 063
  4.1.4　考核 …… 066
 4.2　劳动保护管理标准 …… 066
  4.2.1　劳动保护管理职责 …… 066
  4.2.2　管理内容与方法 …… 067
 4.3　安全工器具管理 …… 068
  4.3.1　安全工具种类 …… 068
  4.3.2　管理要求 …… 068
 4.4　钥匙管理 …… 071
  4.4.1　人员职责 …… 071
  4.4.2　日常生产钥匙管理 …… 071
  4.4.3　紧急解锁钥匙管理 …… 072
  4.4.4　电子密码卡管理 …… 072
 4.5　相关方安全管理 …… 073
  4.5.1　职责 …… 073
  4.5.2　管理内容与要求 …… 074
  4.5.3　相关方事故处理 …… 075
 4.6　生产运行区域安全管理 …… 076
  4.6.1　进入生产运行区域管理规定 …… 076
  4.6.2　厂房公用安全帽管理规定 …… 077
 4.7　进入有限空间作业管理 …… 077

4.7.1　基本情况 …………………………………………………… 077
　　　4.7.2　有限空间危险作业规范及安全防范措施 ………………… 077
　　　4.7.3　进入有限空间危险作业人员职责 ………………………… 078
　　　4.7.4　作业监护人的职责 ………………………………………… 078
　　　4.7.5　禁止要求 …………………………………………………… 079
　　　4.7.6　培训以及应急救援 ………………………………………… 079
　4.8　高处作业管理 ……………………………………………………… 079
　　　4.8.1　基本情况 …………………………………………………… 079
　　　4.8.2　高处作业的规定和要求 …………………………………… 080
　　　4.8.3　高处作业相关人员的职责 ………………………………… 083
　4.9　消防安全管理 ……………………………………………………… 083
　　　4.9.1　一般要求 …………………………………………………… 083
　　　4.9.2　组织机构 …………………………………………………… 083
　　　4.9.3　职责 ………………………………………………………… 084
　　　4.9.4　消防安全责任区域划分 …………………………………… 085
　　　4.9.5　管理规定 …………………………………………………… 085
　4.10　安全标志管理办法 ……………………………………………… 088
　　　4.10.1　一般要求 ………………………………………………… 088
　　　4.10.2　采购、制作 ……………………………………………… 089
　　　4.10.3　设置安装 ………………………………………………… 090
　　　4.10.4　布置要求 ………………………………………………… 091
　　　4.10.5　使用 ……………………………………………………… 092
　　　4.10.6　检查与维修 ……………………………………………… 094

第5章　特种设备及危化品管理 …………………………………………… 095
　5.1　油区管理 …………………………………………………………… 095
　　　5.1.1　职责 ………………………………………………………… 095
　　　5.1.2　管理内容和程序 …………………………………………… 096
　　　5.1.3　主要风险与关键控制 ……………………………………… 098
　5.2　危险化学品管理 …………………………………………………… 099
　　　5.2.1　职责 ………………………………………………………… 099
　　　5.2.2　工作程序 …………………………………………………… 099
　5.3　起重作业及起重设备设施管理 …………………………………… 101

5.3.1　职责 …………………………………………………… 101
　　　5.3.2　起重设备的安全作业管理 ……………………………… 102
　　　5.3.3　起重设备设施管理 ……………………………………… 104
　　　5.3.4　起重设备的维护保养及检修 …………………………… 104
　　　5.3.5　起重设备使用许可与定期检验 ………………………… 105
　5.4　压力容器管理制度 …………………………………………… 106
　　　5.4.1　一般要求 ………………………………………………… 106
　　　5.4.2　职责分工 ………………………………………………… 106
　　　5.4.3　压力容器使用管理 ……………………………………… 107
　　　5.4.4　压力容器的改造与维修 ………………………………… 109
　　　5.4.5　压力容器定期检验 ……………………………………… 110
　　　5.4.6　安全附件、密封件与紧固件 …………………………… 110

第6章　安全风险管控及隐患管理 …………………………………… 112
　6.1　安全生产风险分级管控管理 ………………………………… 112
　　　6.1.1　一般要求 ………………………………………………… 112
　　　6.1.2　风险管控方法和准则 …………………………………… 113
　　　6.1.3　风险告知和分级管控 …………………………………… 114
　　　6.1.4　重大危险源辨识和管理 ………………………………… 115
　　　6.1.5　风险信息的更新和持续改进 …………………………… 119
　6.2　隐患排查与治理管理 ………………………………………… 120
　　　6.2.1　一般要求 ………………………………………………… 120
　　　6.2.2　职责及基本要求 ………………………………………… 120
　　　6.2.3　事故隐患排查内容 ……………………………………… 121
　　　6.2.4　隐患建档、治理与上报 ………………………………… 122
　　　6.2.5　事故隐患报告和举报奖励制度 ………………………… 122

第7章　应急管理 ……………………………………………………… 123
　7.1　应急准备 ……………………………………………………… 123
　　　7.1.1　应急管理组织机构 ……………………………………… 123
　　　7.1.2　应急预案 ………………………………………………… 123
　7.2　综合预案 ……………………………………………………… 125
　　　7.2.1　事故风险描述 …………………………………………… 125

####### 7.2.2 应急组织机构职责 ·········· 128
####### 7.2.3 预警及信息报告 ·········· 130
####### 7.2.4 应急响应 ·········· 133
####### 7.2.5 信息公开 ·········· 135
####### 7.2.6 后期处置 ·········· 136
####### 7.2.7 保障措施 ·········· 137
####### 7.2.8 应急预案管理 ·········· 138
7.3 专项预案 ·········· 139
####### 7.3.1 传染病疫情事件专项应急预案 ·········· 139
####### 7.3.2 食物中毒事件专项应急预案 ·········· 145
####### 7.3.3 恐怖袭击事件专项应急预案 ·········· 150
####### 7.3.4 突发群体性社会安全事件专项应急预案 ·········· 154
####### 7.3.5 火灾事故专项应急预案 ·········· 159
####### 7.3.6 交通事故专项应急预案 ·········· 167
####### 7.3.7 脚手架坍塌事故专项应急预案 ·········· 171
####### 7.3.8 人身伤害事故专项应急预案 ·········· 176
####### 7.3.9 水利网络与信息安全事件专项应急预案 ·········· 181
####### 7.3.10 水上作业事故专项应急预案 ·········· 190
####### 7.3.11 特种设备事故专项应急预案 ·········· 195
####### 7.3.12 地震灾害专项应急预案 ·········· 201
7.4 现场处置方案 ·········· 209
####### 7.4.1 办公区、生活区火灾事故现场处置方案 ·········· 209
####### 7.4.2 变压器火灾事故现场处置方案 ·········· 212
####### 7.4.3 触电事故现场处置方案 ·········· 215
####### 7.4.4 高处坠落事故现场处置方案 ·········· 219
####### 7.4.5 机械伤害事故现场处置方案 ·········· 225
####### 7.4.6 门机事故现场处置方案 ·········· 228
####### 7.4.7 溺水事故现场处置方案 ·········· 231
####### 7.4.8 物体打击事故现场处置方案 ·········· 233

第8章 事故管理 ·········· 239
8.1 生产安全事故事件管理 ·········· 239
8.1.1 一般要求 ·········· 239

8.1.2　职责 ………………………………………………… 240
　　8.1.3　安全生产事故事件的调查处理 …………………… 241
　　8.1.4　考核 ………………………………………………… 243
8.2　重大事故应急处理管理规定 ……………………………… 243
　　8.2.1　一般要求 ……………………………………………… 243
　　8.2.2　组织体系及职责 ……………………………………… 243
　　8.2.3　现场救援一般原则 …………………………………… 245
　　8.2.4　应急处理、救援的一般程序 ………………………… 246
　　8.2.5　现场恢复和事故调查 ………………………………… 247
　　8.2.6　场外应急救援预案的配合、联络工作 ……………… 248
　　8.2.7　日常管理工作规定 …………………………………… 248
　　8.2.8　检查与考核 …………………………………………… 249

第 1 章
安全组织管理

1.1 安全组织机构

1.1.1 安委会组成

(1) 电厂安委会由电厂领导班子、各部门负责人组成。

(2) 电厂安委会主任由电厂厂长(常务副厂长或主持工作副厂长)担任，电厂分管安全副厂长为常务副主任，负责电厂安委会的日常工作。

(3) 电厂安委会在电厂综合部下设办公室，办公室主任由综合部部长或主持工作的副部长兼任。

(4) 电厂安委会职责：

①研究部署、指导协调电厂安全生产工作。

②定期召开会议分析电厂安全生产形势，研究解决安全生产重大问题。

③审定电厂安全生产规划、目标、奖惩等。

④讨论、决定电厂安全生产工作的重大事项。

⑤组织、协调电厂安全生产大检查、事故隐患排查治理、重大安全措施的落实等。

⑥组织电厂年度安全绩效考核。

(5) 电厂安委会办公室职责：

①研究提出电厂安全生产规划、计划、重大措施建议等。

②监督检查、综合协调电厂各部门、各项目部安全生产工作。

③研究分析电厂安全生产情况，定期向电厂安委会汇报。

④组织实施安全生产大检查和专项督查。

⑤参与研究电厂安全生产重大事项。

⑥设置年度安全生产目标及控制指标。

⑦监督、检查电厂安委会会议决定事项的贯彻落实情况。

⑧完成安委会交办的其他事项。

1.1.2 安委会工作要求

(1) 电厂安委会会议遵守以下规定：

①电厂安委会会议每月召开一次，原则上在每月15日前召开。

②会议由电厂安委会主任或由主任委托副主任主持，全体成员参加，会议议题由主持人确定。

③根据工作需要，电厂安委会主任可临时召开安委会专题会议，也可召开安委会扩大会议。

④电厂各部门需向电厂安委会提交研究解决的安全生产问题，应在会议召开前一天交至电厂安委会办公室。

⑤会议由电厂安委会办公室记录，并负责整理，形成电厂安委会会议纪要，经安委会主任签字后下发至电厂各部门。

(2) 电厂安委会会议的主要任务：

①学习贯彻党和国家有关安全生产方针、政策、法律、法规、规定及上级有关安全生产指示等；研究、部署电厂安全生产工作。

②听取电厂安委会办公室关于电厂安全生产情况的报告及下一步工作建议。

③根据需要，听取各部门、各专项负责人安全生产专题汇报。

④讨论、审议、决定电厂安全生产重大事项。

⑤通报上月安全生产工作的督查情况。

⑥部署当月安全生产主要工作。

(3) 电厂安委会会议要求：

①参加会议人员会前必须充分准备汇报材料。

②凡有特殊情况不能参加或不能按时参加会议的人员，会前必须向会议主持人请假，无故不参加会议人员按有关规定给予批评。

③会上布置的工作和安排，各部门必须认真落实，落实情况要在下次安委会上汇报，由综合部监督各单位落实完成情况，提出监督考核意见。

(4) 部门月度安全会：

①生产部门每月必须召开一次月度安全生产分析会，会议由生产部门负

责人主持,会议时间、地点自行安排。

②会议主要内容:重点分析当月电厂安全生产存在的问题和不足,制定和采取有效的防范措施。

1.2 安全生产目标

1.2.1 厂级领导安全目标

不发生由本人责任引起的人身重伤及以上事故;不发生由本人责任引起的水淹厂房事故;不发生由本人责任引起的重大设备事故;不发生由本人责任引起的恶性误操作事故;不发生由本人责任引起火灾、爆炸、有毒气体泄漏事故及其他造成恶劣社会影响的事故;达到3个百日无事故安全记录;实现年内非计划停运次数≤4次/(台·年)。

1.2.2 部门领导安全目标

不发生本部门人员负主要责任的电网事故;不发生本部门人员负主要责任的设备事故;不发生本部门人员负主要责任的误操作事故;不发生本人负主要责任的违章指挥行为;实现本部门年内无轻伤及以上事故;不发生火灾、爆炸、有毒气体泄漏事故及其他事故;实现年内不发生由本部门负主要责任的非计划停运;控制年内本部门负主要责任的设备障碍≤5次;实现年内本部门负责的隐患整改率达到100%;实现年内本部门职员安全教育率100%;实现年内本部门特种作业人员持证上岗率100%;实现年内本部门百日无事故安全记录3个。

1.2.3 班值长(含主管工程师、副值长)安全目标

不发生本人负主要责任的违章指挥行为;不发生误操作事故;不发生本值人员巡检不到位而造成的事故;不发生轻伤事故;不发生由于本值人员处理不及时或处理不当导致的非计划停运;控制年内本值当班期间的障碍≤1次;控制年内本值人员负主要责任的未遂事件≤2次。

1.2.4 值班员(专责)安全目标

不发生违章操作行为;不发生误操作事故;不发生本人巡检不到位而造成的事故、障碍;控制年内本人负主要责任的障碍≤1次;控制年内本人负主

要责任的未遂事件≤1次。

1.2.5　其他人员安全目标

不发生违章操作行为；不发生误操作事故；不发生本人巡检不到位而造成的事故、障碍；控制年内本人负主要责任的障碍≤1次；控制年内本人负主要责任的未遂事件≤1次。

1.2.6　安全生产责任状

根据电厂的安全生产目标，签订安全生产责任状，实行厂部、部门、班组安全"三级控制"即：厂部控制事故，不发生人身伤亡及重大设备毁坏事故；部门控制设备障碍，不发生事故；班组控制未遂和异常。

1.3　安全生产职责

1.3.1　厂长（常务副厂长或主持工作的副厂长）安全职责

（1）对实现全厂安全目标负责，是本厂安全第一责任人。

（2）认真贯彻执行国家有关安全生产的方针、政策、法规和上级有关规定，并负责组织贯彻落实。

（3）负责建立、健全并贯彻落实电厂各部门、各岗位的安全生产责任制。

（4）负责审批本厂各项安全管理制度；审定有关安全生产的重要活动和重大措施。

（5）组织编制年度安全目标计划，组织有关安全生产的重大活动和安全大检查，对安全生产中的重大隐患明确处理意见、责任部门和计划完成时间，并要求限期解决。

（6）建立有效的安全生产管理网络，建立健全安全生产监察体系，支持各级安全员认真履行安全监察职责，主动听取工作汇报。

（7）建立和完善安全生产责任保证体系，协调各部门之间的安全协作、配合关系，保证安全生产顺利进行。

（8）每月主持召开月度安全生产例会，及时研究解决安全生产中存在的问题，组织消除重大事故隐患。

（9）定期或不定期对生产、检修现场安全状况进行巡视检查，深入现场检查安全生产情况，掌握一线实际情况。

（10）主持或参加有关事故事件的调查处理，对性质严重或典型事故事件应及时掌握情况，必要时召开事故事件分析会，提出防止生产安全事故事件再次发生的措施。

（11）定期向上级报告安全生产工作情况，主动接受上级有关安全方面的监督和建议等。

1.3.2 副厂长安全生产职责

（1）根据电厂实际安全生产状况，参与编制电厂年度安全生产和员工职业健康目标，并督促目标的分解、实施、检查和考核。

（2）组织开展电厂安全生产和员工职业健康相关规章制度的起草、编制、修订及完善等工作，并在责任范围内督促其贯彻执行。

（3）按水利、电力行业要求，组织开展有关安全生产对标、安全性评价及可靠性管理等工作。

（4）督促电厂安全教育培训工作的需求识别、计划制订、组织落实等工作。

（5）组织开展电厂安全生产标准化达标及日常绩效考评工作。

（6）指导厂内重大机电设备故障处理工作。

（7）督促完善电厂现场安全管理，不违章指挥，不强令冒险、超时、超负荷作业，并对发现的违章作业及时纠正。

（8）参加或主持月度安全生产例会，及时研究解决安全生产中存在的问题。

（9）参加或组织开展电厂重大危险源的辨识的讲座，并制定安全管理技术及防控措施等。

（10）参与或组织开展全厂安全大检查，对查出的重大隐患和问题，组织分析并制定整改方案，下发限期整改的要求。

（11）协助建立完善电厂的应急管理体系，并督促各部门按要求定期组织演练。

（12）按照电厂《生产安全事故事件管理办法》的规定，参加或主持有关事故事件的调查处理，及时掌握事故事件情况，召开事故事件分析会，对事故的调查处理做到"四不放过"。

1.3.3 总工程师安全职责

（1）对国家、行业和电厂的有关安全生产法规、标准、规程在负责范围内保证其贯彻执行。

（2）根据电厂的年度安全目标参与制定并实施本厂实现企业年度安全目标的具体安全技术保障措施。

（3）负责电厂安全生产技术改造、安全技术监控工作。

（4）负责设备运行参数定值的审定工作。

（5）负责指导厂内重大电气设备故障处理工作。

（6）参加或主持月度安全生产例会，及时研究解决安全生产中存在的问题。

（7）不违章指挥，不强令工人冒险、超时、超负荷作业，并对发现的违章作业及时纠正。

（8）定期深入生产现场，全面掌握安全生产情况，及时指导解决安全生产中存在的问题。

1.3.4　电厂ON-CALL组各级人员安全职责

（1）ON-CALL值班领导安全职责：

①ON-CALL值班领导对ON-CALL组的安全生产负直接领导责任。对ON-CALL员工行使安全监督权力，并负相应的安全监督责任。

②严格贯彻执行国家、行业和公司、电厂的有关安全生产法规、标准、规程，加强ON-CALL组安全生产管理。

③负责监督、指导、检查ON-CALL期间的设备巡检、故障消缺和事故处理等工作，督促尽快消除设备缺陷和薄弱环节，以建立稳固的安全基础。

④主持每日的ON-CALL例会，及时研究解决安全生产中存在的问题，强调相关安全注意事项，及时督促落实整改。

⑤及时了解掌握全厂安全生产状况，查看重点部位安全措施是否良好，了解设备缺陷处理情况，跟踪安全隐患的发展情况，如遇复杂安全问题难以处理应及时反馈厂部统一安排处理。

⑥负责电厂生产安全事故事件的现场应急处置工作；配合开展生产安全事故事件调查和原因分析，严格按电厂《生产安全事故事件管理规定》执行。

⑦组织贯彻落实公司或电厂通报的生产安全事故事件的相关文件，督促ON-CALL组举一反三，落实整改及防范措施。

⑧不违章指挥，不强令工人冒险、超时、超负荷作业，并对发现的违章作业及时纠正。

⑨妥善处理ON-CALL期间发生的一切安全问题，遇有重大安全事项

应及时向厂领导汇报,并按领导批示执行落实有关安全事项。

⑩负责督促、指导 ON-CALL 值班人员严格履行安全生产职责并检查履行情况,对 ON-CALL 组人员进行安全生产考核评价。

⑪参加厂部月度安全例会,从各个方面将 ON-CALL 组安全工作情况及时反馈到厂领导。同时,将厂部安全工作会议精神传达并落实到 ON-CALL 组日常工作中。

⑫负责厂领导交办 ON-CALL 组的其他安全生产事项的贯彻落实。

(2) ON-CALL 组长(副组长)安全职责:

①在电厂 ON-CALL 值班领导的直接领导下工作,是 ON-CALL 组安全生产第一责任人。对 ON-CALL 组人员行使安全监督权力,并负相应的安全监督责任。

②加强 ON-CALL 组安全生产管理,严格贯彻执行国家、行业和公司、电厂的有关安全生产法规、标准、规程。

③负责安排 ON-CALL 期间的设备巡检、故障消缺和事故处理等工作,督促尽快消除设备缺陷和薄弱环节,建立稳固的安全基础。

④参加每日的 ON-CALL 例会,汇报 ON-CALL 期间安全生产状况,及时提出并解决安全生产中存在的问题,强调现场安全注意事项,及时安排、督促整改落实。

⑤严格执行"两票三制"。ON-CALL 期间,负责审批操作票、工作票和其他安全技术措施,保证其正确性。负责做好当班期间各项工作的危险点分析与安全风险控制工作。

⑥负责电厂生产安全事故事件的现场和应急处置工作;配合开展生产安全事故事件调查和原因分析,严格按电厂《生产安全事故事件管理规定》执行。

⑦组织贯彻落实公司或电厂通报的生产安全事故事件的相关文件,督促 ON-CALL 组举一反三,落实整改措施。

⑧不违章指挥,不强令工人冒险、超时、超负荷作业,并对发现的违章作业及时纠正。

⑨妥善安排处理 ON-CALL 期间发生的一切安全问题,遇有重大安全事项应及时向 ON-CALL 值班领导汇报,按领导指示协调处理好有关安全事项。

⑩负责生产安全事故事件处理过程的汇报和相关资料、数据、报表整理工作。对 ON-CALL 期间所发生的事故、障碍以及不安全现象,应做好详细记录,按时填写事故事件报告,参加事故事件分析会,并如实反映事故真相。

⑪参加上级举办的有关安全生产例会或事故事件分析会等，从各个方面将 ON-CALL 组安全状况及时反馈到部门领导或厂领导。同时，负责向 ON-CALL 组传达会议精神并要求贯彻执行。

⑫负责监督检查 ON-CALL 成员履行安全生产职责，并对 ON-CALL 成员进行安全生产考核评价，对表现优秀者提出表扬或给予奖励，对违反安全规程或规定者提出批评或惩处意见。

（3）ON-CALL 组成员安全职责：

①严格贯彻执行国家、行业和公司、电厂的有关安全生产法规、标准、规程，确保安全生产管理各项制度落到实处。

②认真执行设备巡检、轮换、绝缘测量、试验、缺陷处理及事故处理等工作，及时消除设备缺陷和薄弱环节，建立稳固的安全基础。

③熟悉并严格执行《运行规程》、《检修规程》、《调度规程》及电厂颁布的各项应急预案、黑启动方案等相关安全生产规程规定。

④参加每日的 ON-CALL 例会，听取 ON-CALL 期间安全生产状况的汇报，及时向 ON-CALL 组长提出安全生产中存在的问题或安全注意事项，及时落实整改。

⑤严格执行"两票三制"。ON-CALL 期间，严格按规定办理操作票、工作票，全面考虑安全技术措施，努力做好各项工作的危险点分析与安全风险防控工作。

⑥积极处理 ON-CALL 期间发生的一切安全问题，遇有重大安全事项及时向 ON-CALL 组长汇报，按组长指示落实有关安全事项。努力做到"三不伤害"，对发现的违章行为及时制止和纠正。

⑦参与生产安全事故事件处理过程的汇报和相关资料、数据、报表整理工作。对本值所发生的事故事件、障碍以及不安全现象，及时做好详细记录，协助调查处理，如实反映事故真相。

⑧协助 ON-CALL 组长做好电厂生产安全事故事件的现场应急处置工作；积极参与生产安全事故事件调查和原因分析。对发生的事故事件做到举一反三，在日常工作中切实落实好整改措施和预防方法。

⑨通过 ON-CALL 平台，积极、主动参与各项工作，努力学习，掌握安全生产技术，提高自己安全技能。

⑩当发现设备异常，能及时采取有效安全技术措施，预防生产安全事故事件的发生，确保机组安全。

⑪严格贯彻落实有关安全生产例会或事故事件分析会等会议精神，与此

同时，从各个方面将 ON-CALL 组安全状况及时反馈到厂领导或部门领导。

1.3.5　综合部各级人员安全职责

（1）综合部部长安全职责：

①综合部部长是本部门的安全生产第一责任人，对本部门的安全生产工作和安全生产目标负直接领导责任。

②认真贯彻执行国家有关安全生产的方针、政策、法规及上级有关规定。

③根据电厂的年度安全目标计划，组织制订电厂及本部门实现年度安全目标计划的具体措施，层层落实安全责任，确保本部门安全目标的实现。

④组织实施电厂下达的"两措"计划，分解到部门，督促各部门按时按要求完成。

⑤对重要检修项目，参加或组织制订安全技术措施，并对措施的正确性、完备性承担相应的责任。

⑥领导并支持电厂各部门安全员的监察工作；每月定期参加厂部安全生产例会；检查各部门安全学习情况和安全活动记录，及时纠正存在问题。

⑦组织实施电厂的季度、汛前、节假日、日常及机组检修期间的安全大检查活动，定期深入生产现场，监督、指导安全生产工作，严肃查处违章违纪行为。

⑧监督电厂各部门安全工作规程的学习，组织综合部安全学习。

⑨按《生产安全事故事件管理办法》规定，组织有关事故事件的调查及处理工作。

（2）综合部副部长（安生分部长）安全职责：

①按照"三级控制"要求，认真落实好各岗位人员的安全生产责任制。

②贯彻执行国家及行业的有关安全生产法规、标准、规程，并依此制定适合本厂的各种安全管理制度。

③认真监督好与安全生产有关的各种规章、制度及上级有关指示的执行情况，对人身和设备的安全检查认真负责。

④组织完成全厂反事故演习；组织《电业安全工作规程》培训和安全考试，按时开展电工证、电焊、起重工等特种工作证取证培训复审工作。

⑤定期深入现场，检查设备运行情况，检查各种安全措施落实情况，督促消除设备缺陷和隐患，研究事故发生的规律。

⑥组织召开月度安全生产例会、事故事件分析会等工作会议，编制电厂月度安全生产简报、事故分析会会议纪要和最终报告等材料。

⑦根据电厂《安全生产奖惩规定(修订版)》对各部门安全指标完成情况进行考核,对事故、障碍和违纪违章现象进行查处,提出奖罚意见。

⑧按厂部要求,负责季度、节假日、汛前、检修期间等安全大检查并对检查出的整改项目进行整改措施落实情况的督促。

⑨制定电厂安全生产监督规定,建立健全电厂三级安全生产监督体系,明确各级安全员及其监督职责,充分发挥基层安全员的作用。

⑩对员工劳动安全保护设施和个人安全防护情况进行监督、检查。

⑪按"四不放过"原则进行事故事件调查,编写报告,及时做好事故事件统计,找出安全生产薄弱环节,制订切实有效的防范措施。

⑫组织安全考试、安全月活动等;组织实施对新入厂工人、外聘人员及外委单位的安全教育工作;协调所属各部门之间的安全协作配合关系。

(3) 安全主管工程师安全职责:

①在综合部部长的领导下,负责电厂及综合部的具体安全管理工作,并负责分管工作范围内的安全管理与监督工作,承担相应的安全责任。

②贯彻执行国家及行业的有关安全生产法规、制度、标准、规程、规定,并依此制定适用于电厂及综合部的各种安全生产管理制度。

③认真监督好与安全生产有关的各种规章、制度及上级有关指示的执行情况,负责电厂人身和设备的安全检查工作。

④组织完成或参与电厂的反事故演习;组织开展《电业安全工作规程》、入厂安全教育、外来施工人员以及特殊工种持证上岗等安全教育培训工作,并做好相应考核,颁布相关资质。

⑤深入现场,开展安全工作的督促和检查工作,检查"两票三制"和其他安全技术措施的执行情况,并对劳动保护设施进行监督、检查。严肃查处违章违纪行为。

⑥负责审核重要(施工、操作)项目的安全技术及组织措施。

⑦参与综合部年度"两措"计划的落实和电力安全生产标准化建设工作,并开展相关的督促和检查工作。

⑧组织召开电厂月度安全生产例会和事故分析会,并对电厂范围内存在的不安全问题提出改进措施,并负责组织实施。

⑨建立电厂安全生产监督体系,充分发挥各级安全员的作用,严格按安全检查项目表认真督查,及时现场纠正和进行现场安全教育;及时编写电厂月度《安全生产简报》和《生产安全事故事件报告》等报告材料。

⑩根据《安全生产奖惩规定》对各部门安全指标完成情况进行考核,对事

故、障碍和违纪违章现象予以查处,提出奖罚意见。

⑪按厂部安全工作部署,负责组织开展电厂季度、节假日以及专项安全生产大检查,并对检查出的整改项目进行整改措施落实情况的督促。

⑫按"四不放过"的原则进行事故调查,编写事故报告,及时做好事故统计,找出安全生产薄弱环节,制订防范措施。

(4) 生产主管工程师安全职责:

①贯彻执行国家及行业的有关安全生产法规、标准、规程,并依此制定适合本厂的相关生产管理制度。

②负责审核重要检查(施工、操作)项目的安全技术组织措施。

③定期深入现场,检查设备运行情况,检查各种安全措施落实情况,督促消除设备缺陷和隐患,研究事故发生的规律。

④负责审核设备技术改造方案。

⑤按"四不放过"的原则协助事故调查,及时做好事故统计,找出安全生产薄弱环节,制订防范措施。

⑥认真监督执行好与生产有关的各种规章、制度及上级有关指示的执行情况,对人身和设备安全负责。

⑦配合有关部门组织开展好全厂反事故演习。

⑧按照《生产安全事故事件管理办法》的规定,参加有关事故或其他不安全事件的调查分析工作,对所发生的事故事件深入分析原因,提出安全改进措施。

⑨参加本部门每月召开的安全生产例会,对分管工作范围内存在的不安全问题提出改进措施,并负责组织实施。

(5) 物资管理工程师安全职责:

①负责编制电厂物资需求计划,并上报公司,经批准后,跟进物资采购进度,及时反馈物资信息。

②在采购过程中杜绝以权谋私,确保人、财、物安全。按时正确支付各类款项;完成月度物资汇总表和物资领用表上报相关部门的工作,完成年度物资设备盘点工作。

③督促库房的安全管理工作的开展,检查库房的防火、防盗设施,杜绝仓库火灾事故发生;确保不发生仓库失窃事故和仓库重要物资、资料、档案丢失事故;定期检查仓库,如发现问题及时堵塞漏洞。

④监督仓库日常管理工作,定期审核仓库报表。

⑤会同仓库管理人员对库存物资作定期或不定期的盘点、清理,保持库

房的整齐美观,使物料分类排列,存放整齐,数量准确并对物资设备进行保养。

⑥会同仓库管理员定期开展自查,对发现的安全问题及安全隐患要及时处理,自己不能处理的要以书面形式向领导汇报,并提出整改措施。

⑦负责完成上级领导交办的其他各项工作任务。

(6) 文档管理工程师安全职责:

①负责电厂组织召开的各种安全生产会议的会务工作。

②负责公司下发至电厂的有关文件登记、传阅汇签、下发、保管、立卷、存档、印鉴保管使用和年终清理登记等管理工作,并随时提供查阅,确保不发生重要文件、档案、卷宗、合同丢失事件。

③负责电厂安全生产工作总结、事故报告、事故统计报表、不安全事件通报等安全资料文件的登记、传阅汇签、下发、保管、立卷、存档、印鉴保管使用和年终清理登记等管理工作,并随时提供查阅。

④负责电厂技术资料图纸和安全生产书籍及影像资料的管理工作,拟定电厂技术资料图纸和书籍及影像资料借阅规定,并要求按规定借阅、归还。

⑤加强业务学习,不断提高业务技术水平,努力实现本部门的安全目标。

⑥负责电厂合同管理工作。

⑦负责电厂员工考勤管理工作。

⑧负责完成上级领导交办的其他各项工作任务。

(7) 仓库管理员安全职责:

①遵守劳动纪律,执行安全规章制度和安全操作规程,杜绝一切违章现象,坚定不移地贯彻"安全第一、预防为主、综合治理"的方针,对仓库安全保卫工作、货品入库、整库、发货出库和保管工作负总责。

②熟悉仓库物资设备品种、规格、型号、性能及摆放位置,随时掌握库存状态,每月上报零库存物资设备统计信息确保安全生产所需物料及时供应。

③做好库房的安全管理工作,检查库房的防火、防盗、防潮、防雨设施,杜绝仓库火灾事故发生;确保不发生仓库失窃事故和仓库重要物资、资料、档案丢失事故;定期检查,如发现问题及时堵塞漏洞。

④负责物资设备的入库清点和安排堆放位置;负责物资设备进出库清点验收、记账和发放工作,做到账账相符,防止错发、漏发。

⑤负责对库存物资作定期或不定期的盘点、清理,保持库房的整齐美观,使物料分类排列,存放整齐,数量准确并对物资设备进行保养。

⑥按照工业安全卫生有关规定,负责仓库及周边维持清洁和注意通风。

⑦严格执行仓库安全管理规定,非仓库工作人员未经允许不得私自进

入，严格执行进出仓库人员登记制度。

⑧仓库管理员要经常自查，对发现的安全问题及安全隐患要及时处理，自己不能处理的要以书面形式向领导汇报，并提出整改措施。

⑨负责完成上级领导交办的其他各项工作任务。

1.3.6 发电部各级人员安全职责

（1）发电部部长安全职责：

①发电部部长是发电部安全第一责任人，对发电部的安全生产工作负直接领导责任。

②认真贯彻执行国家有关安全生产的方针、政策、法规、上级有关规定以及电厂各种安全管理规章制度。

③根据本厂的年度安全目标工作计划，组织制定本部门安全目标计划的具体措施，按时组织落实；组织实施电厂下达的"两措"计划，分解到责任人，督促按时按要求完成。

④经常对本部门的职工进行安全生产和劳动纪律教育，加强运行安全管理，提高安全生产的主动性和自觉性。

⑤认真贯彻以安全生产责任制为核心的各种规章制度，对安全生产做出突出成绩的人员进行表扬奖励，对不重视安全生产或违章作业的人员进行批评教育，对情节严重的应提出处理意见。

⑥认真做好员工安全生产技术培训工作，组织学习使员工熟悉安全技术、设备运行维护等方面，督促运行人员不断提高技术业务水平，达到本岗位的"三熟三能"。

⑦经常深入现场检查发供电设备、安全防护措施以及安全工器具是否完好，保证生产现场和环境符合安全卫生要求，做到安全文明生产。

⑧认真组织开展本部门各种形式的安全活动，保证完成时间和质量。每月主持召开一次部门安全生产分析会，对安全生产中存在的问题及时提出解决的措施和办法。

⑨积极推进落实电力安全生产标准化建设工作，组织落实本部门所负责的整改措施。

⑩参加或组织制定重要检修、操作项目的安全技术措施，并对措施的正确性、完备性承担相应的责任。

⑪组织本部门开展例行安全大检查，对查出的设备缺陷和隐患及时制定整改措施，对重大安全隐患及时上报厂部，制定并落实整改措施，不断提高人

身和设备安全水平。

⑫参加上级有关安全生产会议及厂部组织召开的安全生产例会、事故事件调查分析会等会议;负责汇报本部门月度安全生产情况并提出建议,要求部门人员贯彻落实会议精神。

⑬协助电厂事故事件调查及处理,深入分析原因,提出进一步的防范措施,督促 ON-CALL 人员及时填写事故事件报告交至综合部。

⑭负责组织本部门年度《安全工作规程》的学习、定期安全考试和新工人入厂安全教育工作,支持本部门安全员的工作,充分发挥其监督作用,完成本部门年度安全目标。

(2) 发电部副部长安全职责:

①在部长的领导下,负责分管工作范围内的安全工作,并承担相应的安全责任。

②认真贯彻执行国家有关安全生产的方针、政策、法规、上级有关规定以及电厂各种安全管理规章制度。

③根据本厂的年度安全目标工作计划,参与制定本部门安全目标计划的具体措施,按时组织落实;积极落实电厂下达的"两措"计划,分解到责任人,督促按时按要求完成。

④经常对本部门的职工进行安全生产和劳动纪律教育,加强运行安全管理,提高安全生产的自觉性。

⑤认真贯彻以安全生产责任制为核心的各种规章制度,对安全生产做出突出成绩的人员进行表扬奖励,对不重视安全生产或违章作业的人员进行批评教育,对情节严重的应提出处理意见。

⑥协助部长组织开展员工业务技能培训工作,组织本部门人员学习和熟悉安全技术、设备系统、运行维护等方面,并督促运行人员不断提高技术业务水平,达到本岗位的"三熟三能"。

⑦经常检查发供电设备、防护措施以及安全工器具是否完好,保证生产现场和环境符合安全卫生要求,做好安全文明生产。

⑧每半月对设备进行巡回检查一次,汛期每周进行一次夜间查岗,每月抽查本部门安全生产台账记录并作出批示,及时指正。

⑨积极推进落实电力安全生产标准化建设工作,组织落实本部门所负责的整改措施。

⑩参加或组织制定重要检修、操作项目的安全技术措施,并对措施的正确性、完备性承担相应的责任。

⑪参与或组织本部门例行安全大检查,对查出的设备缺陷和隐患及时制定整改措施,对重大安全隐患及时上报厂部,制定并落实整改措施,不断提高人身和设备安全水平。

⑫参加上级有关安全生产会议及厂部组织召开的安全生产例会、事故事件调查分析会等会议;做好上传下达,要求部门人员贯彻落实会议精神。

⑬协助部长组织好本部门年度《安全工作规程》学习、定期进行安全考试和新工人入厂安全教育工作,支持本部门安全员的工作,充分发挥其监督作用,完成本部门年度安全目标。

(3) 发电部技术主管工程师安全职责:

①在发电部部长的领导下,负责监督本部门各运行值认真贯彻执行上级有关安全生产的方针、政策和指示,布置运行值安全生产活动内容。

②每月检查、搜集、整理运行资料、图纸、记录和各种报表,分析设备运行情况,如发现问题及时汇报处理。

③每月检查安全工器具、仪表、备品是否完备、符合要求,如发现问题及时处理。

④根据现场重大操作方案、试验方案,制定运行方式和操作顺序。根据技术改造项目编写停、送电安全技术措施相关材料,并组织实施。

⑤深入现场了解设备运行工况,查阅运行记录和运行日志,进行设备运行趋势分析,如发现问题及时向本部门领导汇报,并提出解决意见。

⑥制止危及人身、设备安全的违章行为,发生人身伤亡或设备严重损坏事故时,应及时采取有效措施,并汇报有关领导。

⑦对"两票"执行过程情况进行检查,检查地线是否及时登记、注销,保护压板投、退是否及时登记,设备缺陷记录及消缺情况;制止违章操作。

⑧参加厂部组织的有关事故事件分析、月度安全生产例会及安全大检查活动等,参加本部门每月召开的安全分析会,对安全生产中存在的问题提出解决方法。

(4) 值长安全职责:

①在发电部部长的直接领导下工作,是本值的安全生产第一责任人。

②认真组织本值人员学习贯彻执行上级有关安全生产指示和规定。组织落实本部门的年度安全目标计划及保障措施,确保安全目标的实现。

③加强 ON-CALL 组安全生产管理,严格贯彻执行国家、行业和公司、电厂的有关安全生产法规、标准、规程。

④当班值长在当班时间内是全厂生产运行的直接领导人。对厂内设备

的运行调度、事故处理等负完全责任,是事故处理的直接指挥者。

⑤严格执行"两票三制"。当班时负责审核批准操作票、工作票和其他安全技术措施的执行,保证其正确性。

⑥做好当班期间各项工作的危险点分析与控制工作。

⑦参加上级有关安全生产会议及厂部召开的安全分析会、部门召开的安全分析会等会议,向本值人员传达会议精神并要求贯彻执行。

⑧对影响安全运行的设备缺陷和存在的问题,应及时向发电部部长反映。运行设备发生异常情况时随时通知有关检修维护人员进行抢修处理。

⑨对本值所发生的事故、障碍以及不安全现象,应做好详细记录,及时编写相关情况报告,参加厂部组织的事故分析会,并如实反映事故真相。

⑩组织本值的安全技术培训,督促本值人员做好反事故演习、事故预想、考问讲解、规程学习,提高本值人员的业务技术水平。

⑪对本值安全生产做出成绩的人员提出表扬或奖励,对违反规程规定的员工进行批评处罚。

⑫妥善安排处理 ON-CALL 期间发生的一切安全问题,如遇有重大安全事项应及时向 ON-CALL 值班领导汇报,按领导指示协调处理好有关安全事项。

(5) 副值长安全职责:

①在值长的直接领导下工作,在履行 ON-CALL 组长职责期间是本值的安全生产第一责任人。

②严格贯彻执行国家、行业和公司、电厂的有关安全生产法规、标准、规程。

③在 ON-CALL 当班期间作为 ON-CALL 值长是全厂生产运行的直接领导人。对厂内设备的运行调度、事故处理等负完全责任,是事故处理的直接指挥者。

④严格执行"两票三制"。当班时负责审核批准操作票、工作票和其他安全技术措施的执行,保证其正确性。

⑤做好当班期间各项工作的危险点分析与控制工作。

⑥参加上级有关安全生产会议及厂部召开的安全事故事件分析会、部门召开的安全分析会等会议,向本值人员传达会议精神并要求贯彻执行。

⑦对影响安全运行的设备缺陷和存在的问题,应及时向发电部部长报告。运行设备有异常情况时随时通知检修维护人员进行抢修处理。

⑧对本值所发生的事故、障碍以及不安全现象,应做好详细记录,及时写

出事故事件相关情况报告,参加厂部组织的事故事件分析会,并如实反映真相。

⑨积极收集本值的安全生产方面的信息,及时反映本值有关安全生产的优秀案例和发生的事故、障碍、不安全现象等情况,总结本值安全生产的经验和体会。

⑩协助值长组织开展好本值的安全技术培训,督促本值人员做好反事故演习、事故预想、考问讲解、规程学习,提高本值人员的业务技术水平。

(6)值班工程师安全职责:

①在当班值长领导下工作,对所辖设备的运行操作及安全运行全面负责。

②当班时迅速正确的执行当班值长的命令。根据运行方式改变,进行正确倒闸操作及监护,出现异常时汇报值长,并能及时、正确处理,对操作安全、质量负责。

③对执行的安全技术措施的正确性、完备性负责。

④严格执行"两票三制"。当班时负责审核批准操作票、工作票和其他安全技术措施的执行,保证其正确性。

⑤当班时对运行设备的记录数据进行分析,发现异常时,及时汇报值长。

⑥及时反映一切危及人身和设备系统安全的情况,并拒绝违章指挥。

⑦严格遵守各种规章制度和劳动纪律,经常参加各种安全活动、事故演习以及安全技术培训等活动。

⑧参加厂部和部门召开的有关安全生产会议,及时汇报在安全生产中发现的不安全事件或提出可行性建议,有义务如实反映安全状况。

⑨严格按部门要求进行安全技术培训学习,认真做好反事故演习、事故预想、考问讲解、安全学习,提高自身业务技术水平。

(7)值班员安全职责:

①在当班值长领导下工作,对所辖设备的运行操作及安全运行全面负责。

②当班时迅速正确地执行当班值长的命令。根据运行方式改变,进行正确倒闸操作及监护,出现异常时汇报值长,并能及时、正确处理,对操作安全、质量负相关责任。

③对执行的安全技术措施的正确性、完备性负责。

④做好值班监视工作,如发现设备异常时,能正确分析原因,采取适当的安全措施,并及时汇报值长,填写设备缺陷单。

⑤当班时对运行设备的各种报表的质量记录数据进行分析,发现异常时,及时汇报值长。

⑥及时反映一切危及人身和设备系统安全的情况,并拒绝违章指挥。

⑦做好运行设备的日常巡视工作,配合值长参与各种故障和事故处理及分析。

⑧严格遵守各种规章制度和劳动纪律,经常参加各种安全活动、事故演习以及技术培训等活动。

⑨参加部门召开的有关安全生产会议,及时汇报在安全生产中发现的不安全事件或提出可行性建议,有义务如实反映安全状况。

⑩严格按部门要求进行安全技术培训学习,认真做好反事故演习、事故预想、考问讲解、安全学习,提高自身业务技术水平。

(8)副值班员安全职责:

①在当班值长领导下工作,对所辖设备的运行操作及安全运行全面负责。

②当班时迅速正确地执行当班值长的命令。根据运行方式改变,进行正确倒闸操作,出现异常时汇报值长,并能及时、正确处理,对操作安全、质量负相关责任。

③对执行的安全技术措施的正确性、完备性负责。

④做好值班监视工作,如发现设备异常时,能正确分析原因,采取适当的安全措施,并及时汇报值长,填写设备缺陷单。

⑤当班时对运行设备的各种报表的质量记录数据进行分析,发现异常时,及时汇报值长。

⑥及时反映一切危及人身和设备系统安全的情况,并拒绝违章指挥。

⑦做好运行设备的日常巡视工作,配合值长参与各种故障和事故处理及分析。

⑧严格遵守各种规章制度和劳动纪律,定期参加各种安全活动、事故演习以及技术培训等活动。

⑨参加部门召开的有关安全生产会议,及时汇报在安全生产中发现的不安全事件或提出可行性建议,有义务如实反映安全状况。

⑩严格按部门要求进行安全技术培训学习,认真做好反事故演习、事故预想、考问讲解、安全学习,提高自身业务技术水平。

1.3.7 检修部各级人员安全职责

(1)检修部部长安全职责:

①部长是本部门的安全生产第一责任人,对本部门的安全生产工作和安全生产目标负直接领导责任。

②认真贯彻执行国家有关安全生产的方针、政策、法规、上级有关规定以及电厂各项安全生产管理制度。

③根据电厂的年度安全目标计划,组织制定本部门实现年度安全目标计划的具体措施,按部门控制轻伤和障碍、班组控制异常和未遂的安全目标,层层落实安全责任,确保本部门安全目标的实现。

④组织实施电厂下达的"两措"计划,分解到责任人,督促按时按要求完成。

⑤对重要检修项目,参加或组织制订安全技术措施,并对措施的正确性、完备性承担相应的责任。

⑥领导、支持部门安全员的检查工作;每月定期召开本部安全生产例会;抽查班组安全学习情况和安全活动记录,及时纠正存在问题。

⑦领导本部门定期开展安全大检查活动,经常深入生产现场,监督、指导安全生产工作,严肃查处违章违纪行为。

⑧负责组织本部门安全工作规程的学习、定期考试及新入厂工人的安全教育工作,协调所属各班组、各专业之间的安全协作配合关系,负责做好所使用临时工的安全管理工作,保证安全生产顺利进行。

⑨按照《生产安全事故事件管理办法》规定,参加有关事故事件的调查处理工作。对本部门事故事件统计报告的及时性、准确性、完整性负责。

(2) 检修部副部长安全职责:

①副部长在部长的领导下,负责分管工作范围内的安全工作,并承担相应的安全责任。

②认真贯彻执行上级和厂部有关安全生产的文件、指示精神,并组织本部门认真落实。

③经常深入生产现场,掌握设备检修、运行情况,督促本部门人员严格遵守安全生产的规章制度。

④严格执行安全操作规程,认真落实安全措施。坚决制止各种违章行为,对安全隐患及时提出改进措施。

⑤按"四不放过"的原则督促本部门对事故、障碍、不安全现象的调查、分析及考核,及时上报有关安全事故事件报告。

⑥负责定期对部门的安全生产进行综合分析,总结经验教训,做好部门事故事件统计报告的管理工作。事故事件报告做到及时、准确、完整。负责监督部门做好事故预想,配合厂部顺利完成反事故演习工作。

⑦负责本部门的安全教育工作、安全技术培训、规程制度的学习与考试

工作;组织开展本部门的安全学习活动,积极参加各项安全检查活动;

⑧负责做好本部门安全生产情况的统计、汇总及分析工作,负责做好本部门的安全生产总结及上报工作。

⑨参加厂部月度安全例会,将厂部安全工作会议精神传达到班组日常工作中,与此同时,从各个方面将班组安全工作情况及时汇报给部长。

(3) 检修部主管工程师安全职责:

①部门主管工程师在部长的领导下,负责本部门安全技术方面的工作,并负责分管工作范围内的安全工作,承担相应的安全责任。

②负责分管工作范围内的安全生产规程制度的贯彻落实工作,并经常深入现场,检查"两票三制"和其他安全技术措施的执行情况,严肃查处违章违纪行为。

③参加本部门年度"两措"计划的落实和电力安全生产标准化建设工作,督促严格执行。

④参加或组织制定重要检查(施工、操作)项目的安全技术组织措施,按规定报批后组织实施。负责组织定期的运行分析、事故预想和反事故演习。

⑤参加本部门每月召开的安全生产例会,对分管工作范围内存在的不安全问题提出改进措施,并负责组织实施。

⑥负责审查本部门拟订的有关安全技术措施、规程制度的修改补充意见及设备改造、系统改进等设计方案。

⑦按照《生产安全事故事件管理办法》的规定,参加有关事故或其他不安全事件的调查分析工作,对所发生的事故事件深入分析原因,提出安全改进措施。做到"四不放过"。

⑧经常深入现场、监督检查班组安全技术措施及规章制度的贯彻执行情况,指导班组做好各项安全技术管理工作。

⑨根据人、机安全环境及新出现的安全技术问题,及时提出现场规程、图纸资料或设备系统、检修(施工)工艺、检修规程、运行规程的补充或修改意见,经审批后监督实施。

⑩负责编制设备大修(施工)、非标准检修、新技术、新工艺或重要施工项目的安全技术组织措施相关材料,经批准后对工作班组进行技术交底和安全措施交底,并布置、指导、检查班组的安全措施和交底工作,认真履行设备安全质量验收职责。

⑪参与或组织本部门的安全技术培训、日常安全学习和安全管理规程或制度的学习与考核工作。

(4) 检修部班长安全职责：

①班长受检修部部长的直接领导，对本班组员工在生产劳动过程中的安全和所管辖设备的安全负责。

②检修部班长是本班组安全生产第一责任人和本班组所管辖设备检修维护的组织者。

③认真学习和贯彻电厂有关安全生产的指示和规定，在生产工作的同时计划、布置、检查、总结、评比安全工作，完成厂部指定的年度安全生产考核目标。

④掌握本班人员的安全生产思想情况，进行安全生产思想教育，对新入厂工人进行安全生产知识的教育和培训。对安全生产做出成绩的人员提出奖励或表扬，对不重视安全生产或违章作业的人员提出惩处或批评教育，及时制止纠正违章违纪人员。

⑤支持本班组安全员的工作，督促做好有关不安全事件或其他安全问题记录，及时总结和提出改进安全工作的整改措施。

⑥经常检查班组工作场所的工作环境、安全设施、设备工器具的安全状况。认真开展本班组所管辖设备范围内的日常、汛前、季度等安全大检查。

⑦监督本班组人员严格执行"两票三制"，及时消除本班组能消除的设备缺陷和安全隐患，确保设备处于安全状态。

⑧组织落实厂部制定的年度反事故措施计划和安全技术劳动保护措施计划。

⑨带领本班组人员认真学习和熟悉各项安全生产技术知识、规程和制度，负责贯彻和督促本班组人员执行各项安全规程制度。

⑩负责和督促本班组人员作为工作负责人做好每项工作任务（检修、消缺、试验等）事先的技术交底和安全措施交底工作，并做好记录。

⑪严格执行检修现场规程和检修现场安全管理规定，建立正常的检修秩序和严谨的工作作风，在检修中要保证检修质量和安全无事故，确保所管辖设备健康安全运行。

⑫坚持"四不放过"原则，对本班组发生的事故、障碍、人身轻伤事件等事件，应及时如实地向部长反映，主动地进行调查处理及分析。

(5) 设备专责安全职责：

①树立"爱厂、守纪、奉献"精神，对本人岗位所管辖的设备安全及其工作场所防火等安全负直接责任。

②严格遵守国家、电力行业规程、上级及电厂有关安全生产的法规、条

例、规程及各项规章制度，自觉遵守劳动纪律。

③有权制止他人违章作业，有权拒绝执行违章指挥。

④认真吸取事故事件教训，不断提高安全意识和自我保护能力，做到三不伤害，即："不伤害自己，不伤害他人，不被他人伤害"。

⑤积极参加安全生产培训、各项日常安全检查、安全月活动等，不断提高自身安全意识和设备安全化水平。

⑥尊重和支持安全员的日常监督检查，及时纠正有关不安全事件或其他安全问题，及时向班长提出改进安全工作的整改措施或建议。

⑦经常检查本人负责的设备及其工作场所的安全环境设施、安全防护用品、设备工器具的安全状况，在日常工作中做好个人安全防护。

⑧严格执行"两票三制"，及时消除本人所负责的设备缺陷和安全隐患，确保设备处于安全状态。

⑨作为工作负责人，认真严格做好每项工作任务（检修、消缺、试验等）事先的技术交底和安全措施交底工作，并做好记录。

⑩严格执行检修现场规程和检修现场安全管理规定，保持求真务实的工作作风，在检修中要保证检修质量和安全无事故，确保所负责设备正常安全运行。

⑪对本人所负责设备发生的事故、障碍、人身轻伤事件，应及时如实地向班组长或部门领导反映，进行深入调查，分析原因，防患于未然。

（6）检修部技术员安全职责：

①对本人所担任的工作场所的生产、防火、保卫等安全负直接责任。

②认真学习和熟悉各项安全生产技术知识、规程和制度，认真贯彻执行电厂各项安全规程制度，自觉遵守劳动纪律。

③严格执行"两票三制"，及时消除本人所负责的设备缺陷和安全隐患，确保设备处于安全状态。

④作为工作负责人，认真严格做好每项工作任务（检修、消缺、试验等）事先的技术交底和安全措施交底工作，并做好记录。

⑤经常检查工作场所的安全环境设施、安全防护用品、设备工器具的安全状况，在日常工作中做好个人安全防护。

⑥有权制止他人违章作业，有权拒绝执行违章指挥。在日常工作中及时反映危及人身及设备的诸多安全问题和提出合理化建议。

⑦认真吸取事故教训，不断提高安全意识和自我保护能力，做到"不伤害自己，不伤害他人，不被他人伤害"。

⑧按要求参加安全生产培训、安全大检查及各项安全活动,不断提高自身安全意识和安全技术水平。

⑨尊重和支持电厂各级安全员的工作,服从电厂安全生产监督管理,加强自身安全学习,及时纠正自身不安全行为。

(7) 检修部辅助工安全职责:

①认真学习和熟悉各项安全生产技术知识、规程和制度,认真贯彻执行电厂各项安全规章制度,自觉遵守劳动纪律。

②协助各专业设备专责人员开展设备定期维护和定期巡检工作。

③工作前做好危险点分析与防控工作。严格做好每项工作任务事先的技术交底和安全措施交底工作。

④经常检查工作场所的安全环境设施、安全防护用品、设备工器具状况,在日常工作中做好个人安全防护。

⑤有权制止他人违章作业,有权拒绝执行违章指挥。

⑥及时反映危及人身及设备的诸多安全问题和提出合理化建议。

⑦认真吸取事故教训,不断提高安全意识和自我保护能力,做到"不伤害自己,不伤害他人,不被他人伤害"。

⑧按要求参加安全生产培训、安全大检查及各项安全活动,不断提高自身安全意识和安全技术水平。

⑨尊重和支持电厂各级安全员的工作,服从电厂安全生产监督管理,加强自身安全学习,及时纠正自身不安全行为。

1.4 安全生产监督

1.4.1 安全生产监督体系与机构

(1) 安全生产监督体系

①电厂建立三级安全生产监督体系,即:厂级、部门、班组(值)。

②安全生产监督体系要充分发挥安全监督作用,保证电厂安全生产目标的实现。

③安全生产监督包括对电力安全生产过程中人身安全的监督管理以及设备的安全检查。

④综合部对厂属各部门直接实施安全生产监督,行使厂级安全生产监督职能。

⑤各部门安全生产监督人员(以下简称安全员),对所属班组(值)实施安全生产监督,行使部门级安全生产监督职能。

⑥班组(值)安全员对班组成员实施安全生产监督,行使班组(值)安全生产监督职能。

(2)安全生产监督机构

①电厂安全生产监督机构由厂长(常务副厂长或主持工作副厂长)直接领导。三级安全生产监督网由厂级安全员、部门安全员、班组(值)安全员组成。

②综合部是电厂安全生产监督的归口管理部门,由厂级安全员行使厂级安全生产督查职能。

③各部门设置专职或兼职部门安全员。

④各部门所属班组(值)应设置兼职安全员。

⑤综合部直接接受厂领导及公司安监部的领导。

1.4.2　安全生产监督内容、周期

(1)日常安全生产监督包括厂级、部门和班组(值)三级,各级安全生产监督检查每月不少于一次,采取查现场、查记录、现场考问和现场及时纠正教育的检查方法。

(2)节假日安全生产监督检查在节假日前和汛前开展一次,采取查现场、查记录检查方法。

(3)汛前安全生产监督检查在节假日前和汛前开展一次,采取查现场、查记录和现场考问检查方法。

(4)季度安全生产监督检查每季度一次,采取查现场、查记录检查方法。

(5)机组年度检修安全生产监督包括厂级和ON-CALL组,各每天检查一次,采取查现场、查记录检查方法。

1.4.3　安全生产监督网成员职责

(1)厂领导职责:

①对全厂员工行使安全监督权力,并负相应的安全监督责任。

②充分发挥安全监督体系的作用,经常听取各级安全监督人员的督查汇报,并支持其严格履行职责。

③监督国家、行业和电厂的有关安全生产法规、标准、规程的贯彻执行,提出贯彻的具体意见,并组织落实。

④根据电厂情况,组织编制年度安全目标和"两措"计划,督促各部门组织落实。

⑤按"三级控制"的要求,组织、分解、督促、落实好各生产岗位的安全生产责任制,确保本厂安全目标的实现。

⑥不违章指挥,不强令工人冒险、超时、超负荷作业,并对发现的违章作业及时纠正。

⑦主持或参加月度安全生产例会,及时研究解决安全生产中存在的问题,及时督促落实整改。

⑧定期组织开展安全大检查和"安全生产月"等安全活动,督促尽快消除设备缺陷和薄弱环节,建立稳固的安全基础。

⑨主持或参加有关事故调查处理,主持或参加事故事件调查分析会,坚持"四不放过",深入分析原因,总结经验教训,落实整改措施,进行责任追究,开展安全教育等,严格按电厂《生产安全事故事件管理规定》执行。

⑩经常深入生产现场和班组,督查安全生产情况,总结安全生产经验,落实安全生产奖惩规定。

⑪建立和完善安全生产责任制,协调各部门之间的安全协作、监督各级人员责任制的组织落实,确保安全生产。

(2) 厂级安全员职责:

①监督电厂各部门对国家、电力行业有关的安全生产规章制度的贯彻落实情况,完成公司或厂部下达的各项安全生产工作。

②监督各生产部门安全生产责任制的落实;监督各项安全生产规章制度和上级有关安全工作指示的贯彻执行。

③监督涉及设备安全、设施安全的技术状况,涉及人身安全、职业健康、个人安全防护状况。

④定期开展现场安全监督检查,及时发现重大问题和隐患,下达整改通知书,要求限期整改,并向上级领导报告。

⑤监督劳保用品、安全工器具、安全个人防护用品的购置、发放和使用。

⑥监督各生产部门年度安全培训计划的落实;监督年度安全考试和安全月活动等。

⑦监督事故调查"四不放过"原则的贯彻落实;监督是否存在"三违行为"(违章指挥、违章作业、违反劳动纪律)。

⑧根据厂部安全检查项目表定期开展现场厂级安全督查。

⑨监督电厂安全生产标准化工作的贯彻落实,监督各种突发事件应急处

置和应急救援机制执行情况。

⑩参加厂部月度安全例会,将厂部安全工作会议精神传达并落实到各部门,与此同时,从各个方面将电厂安全工作情况及时反馈给厂领导。

⑪定期对电厂安全生产监督工作进行总结、评价与分析,对薄弱环节和突出问题,进行科学分析,提出改进意见,提高安全可预见性。

⑫监督由厂领导、公司安监部和国家及电力行业要求的其他安全生产事项贯彻落实。

(3) 部门领导职责:

①对本部门行使安全监督权力,并负相应的安全监督责任。

②充分发挥安全监督体系的作用,经常听取本部门或班组(值)安全员的督查汇报,并支持其严格履行职责。

③监督本部门对国家、行业和电厂的有关安全生产法规、标准、规程的贯彻执行情况,提出贯彻的具体意见,并组织落实。

④监督和完善安全生产责任保证体系,协调各部门的工作,监督本部门安全生产责任制的落实。

⑤根据厂年度安全目标,制定与实施本部门年度安全目标,按规定时间督促落实。

⑥按部门控制轻伤的安全目标,层层落实安全责任,确保本部门安全目标的实现。

⑦组织落实厂下达的安全大检查整改项目,督促尽快消除安全隐患和薄弱环节,建立稳固的安全基础。

⑧主持召开部门月度安全生产总结会,对威胁设备安全运行的隐患及时提出整改措施和方法,加以落实。

⑨不违章指挥,不强令职工冒险、超时、超负荷作业,并对发现的违章作业及时纠正。

⑩保证所辖范围内的安全防护设备、安全工器具和个人防护用品合格,保证所辖范围内的作业环境符合安全标准。

⑪监督本部门电力安全生产标准化日常工作的贯彻落实,监督部门各种突发事件应急处置和应急救援机制执行情况。

⑫参加厂部月度安全例会,从各个方面将本部门安全工作情况及时反馈给厂领导。同时,将厂部安全工作会议精神传达并落实到部门日常工作中。

⑬定期对本部门安全生产监督工作进行总结、评价与分析,对薄弱环节和突出问题,进行科学分析,提出改进意见,提高安全可预见性。

⑭监督厂领导指示的其他安全生产事项的贯彻落实。

(4) 部门安全员职责：

①对本部门行使安全监督权力，并负相应的安全监督责任。

②监督本部门安全生产责任制的落实；负责监督本部门所属班组对国家、电力行业和电厂安全生产各项规章制度的贯彻落实。

③根据部门安全检查项目表定期开展本部门日常安全监督检查，及时发现问题和隐患，要求限期整改，并向部门领导报告。

④监督涉及设备安全、设施安全的技术状况，涉及人身安全、职业健康、个人安全防护状况。

⑤监督部门"两票"和缺陷、巡检等制度执行情况，及时予以现场纠错。

⑥监督部门"两措"计划的执行，督促按时按要求完成。

⑦监督部门员工劳保用品、安全工器具、安全防护用品的购置、发放和使用。

⑧监督部门安全培训计划的组织落实和成效；定期组织开展部门安全学习、事故预想、安全考试和安全技能培训等；监督建立健全安全生产相关记录和台账。

⑨监督部门是否存在"三违行为"(违章指挥、违章作业、违反劳动纪律)，及时制止和教育。

⑩监督部门安全生产标准化日常工作的贯彻落实，监督部门各种突发事件应急处置和应急救援机制执行情况。

⑪参加厂部月度安全例会，将厂部安全工作会议精神传达并落实到部门日常工作中，与此同时，从各个方面将部门安全工作情况及时反馈给厂领导。

⑫定期对本部门安全生产监督工作进行总结、评价与分析，对薄弱环节和突出问题，进行科学分析，提出改进意见，提高安全可预见性。

⑬监督厂领导指示的其他安全生产事项的贯彻落实。

(5) 班组(值)长职责：

①对本班组(值)行使安全监督权力，并负相应的安全监督责任。

②充分发挥安全监督体系的作用，负责抓好本班组(值)的安全生产监督工作。经常听取班组(值)安全员的督查汇报，并支持其严格履行职责。

③监督本班组(值)对国家、行业和电厂有关安全生产法规、标准、规程的贯彻执行情况，提出贯彻的具体意见，并组织落实。

④监督、贯彻执行电厂有关安全生产的决议和指示、安全生产操作规程和安全生产的规章制度等，确保本值无违章行为。

⑤对影响设备安全运行或危及人身安全的隐患及时提出整改措施和处理方法,加以落实,做好日常安全监督检查。

⑥严格监督"两票三制"制度,监督日常本班组(值)操作票、工作票和其他安全技术措施的正确性。

⑦不违章指挥,不强令职工冒险、超时、超负荷作业,并对发现的违章作业及时纠正。

⑧监督检查本班组(值)所发生的事故、障碍、异常及不安全现象的详细记录、安全总结,协助事故事件调查处理,分析事故原因,参加事故调查分析会,做好安全教育。

⑨监督本班组(值)电力安全生产标准化日常工作的贯彻落实,监督本班组(值)各种突发事件应急处置和应急救援机制执行情况。

⑩参加厂部和部门月度安全例会,将厂部和部门安全工作会议精神传达并落实到本班组(值)日常工作中,与此同时,从各个方面将本班组(值)安全工作情况及时反馈到部门。

⑪定期对本班(值)安全生产监督工作进行总结、评价与分析,对薄弱环节和突出问题进行科学分析,提出改进意见,提高安全可预见性。

⑫监督厂领导指示的其他安全生产事项的贯彻落实。

(6) 班组(值)安全员职责：

①对本班组(值)行使安全监督权力,并负相应的安全监督责任。

②监督本班组(值)人员认真贯彻执行各项安全规章制度；组织班组(值)成员学习各种安全规章制度和各种安全文件以及安全生产简报等材料。

③负责监督检查班组(值)内"两票"的填写、办理等工作,审核所办"两票"是否合格。

④督促本班组(值)人员严格遵守安全生产的规章制度,严格执行安全操作规程,认真落实安全措施。坚决制止各种违章行为,及时指出并纠正工作中的不安全因素,防止事故发生。

⑤按"四不放过"的原则积极配合部门对事故、障碍、不安全现象的调查、分析及考核,及时反映有关安全事故情况。

⑥监督本班组(值)人员做好事故预想和危险点分析,积极参加各项安全大检查活动,对不安全隐患及时提出改进措施并进行整改。

⑦监督本班组(值)人员进行安全技术培训、规程制度的学习与安全考试工作。

⑧参加厂部月度安全例会,将厂部安全工作会议精神传达到本班组

(值)日常工作中,与此同时,从各个方面将本班组(值)安全工作情况及时反馈给部门领导。

⑨监督部门是否存在"三违行为"(违章指挥、违章作业、违反劳动纪律),及时制止和教育。

⑩定期对班组(值)安全生产监督工作进行总结、评价与分析,对薄弱环节和突出问题进行科学分析,提出改进意见,提高安全可预见性。

⑪监督部门领导指示的其他安全生产事项的贯彻落实。

1.4.4 安全员条件、权力和义务

(1) 安全员必须符合以下条件:

①责任心强,坚持原则,秉公执法;

②熟悉与安全生产有关的方针、政策、法令、法规、规程、制度和企业的运行、检修规程等;

③具有必要的电力生产专业知识,熟悉本企业的生产过程和主要设备状况,具备事故分析能力和综合表达能力,必须具备大专及以上学历,有3年以上相关专业工作经验;

④身体健康,能够适应安全监督管理工作强度。

(2) 安全员具有以下权力:

①有权进入生产区域、施工现场、控制室、调度室检查和了解安全情况。

②有权制止违章作业(或操作)、违章指挥,违反生产现场劳动纪律的行为。

③有权要求保护事故现场,有权向企业内任何人员调查了解事故有关情况,提取、查阅有关台账资料,有权对事故现场进行照相、录音、录像等。

④对事故调查分析结论和处理有不同意见时,有权提出或向上级安全监督机构反映;对违反规程、规定,隐瞒事故或阻碍事故调查的行为有权制止或越级反映。

(3) 安全员在行使职权时具有以下义务:

①在生产区域检查工作时有维护正常生产秩序的义务。

②在制止违章作业和违章指挥行为时有解释制止理由的义务。

③因事故调查需要向有关人员了解事故情况时,有为当事人保密的义务。

④对于群众反映的本职工作以内的有关隐瞒事故或事故处理不当的行为有深入调查、作出结论并对反映人或有关部门说明的义务。

1.5 安全生产奖惩

1.5.1 安全奖励基金的构成

（1）安全奖励基金从右江水利开发有限责任公司安全专项资金中划拨。

（2）所有部门、个人发生事故事件、障碍、违反安全生产管理规定、习惯性违章等所扣罚的全部款项留作安全奖励基金。

1.5.2 安全奖惩的原则及基金的管理

（1）安全生产贯彻"奖惩结合，以责论处"的原则，对认真履行安全生产职责并在安全生产取得优异成绩的部门和个人，给予表彰和奖励；对发生事故事件的部门和个人给予批评和经济处罚；对由于工作失职和渎职、违章作业、违章指挥、违反劳动纪律等造成事故事件者，给予经济处罚或行政处分；对没造成事故事件的，进行批评或给予适当的经济处罚；对触犯刑律者，送司法部门进行处理。

（2）安全奖励基金管理由电厂综合部负责，电厂对符合本规定奖励标准的事项由电厂发电部、检修部部门提出，经电厂月度安全例会讨论核定后，由厂领导批准实施奖励。

1.5.3 安全处罚标准

（1）事故和障碍处罚标准：

①发生特别重大生产安全事故（一次造成 30 人以上死亡，或者 100 人以上重伤，或者 1 亿元以上直接经济损失的事故），根据公司事故调查组的调查报告结论，按事故责任划分，由公司进行处理。

②发生重大生产安全事故（一次造成 10 人以上 30 人以下死亡，或者 50 人以上 100 人以下重伤，或者 5 000 万元以上 1 亿元以下直接经济损失的事故），根据公司事故调查组的调查报告结论，按事故责任划分，由公司进行处理。

③发生较大生产安全事故（一次造成 3 人以上 10 人以下死亡，或者 10 人以上 50 人以下重伤，或者 1 000 万元以上 5 000 万元以下直接经济损失），根据公司事故调查组的调查报告结论，按事故责任划分，由公司进行处理。

④发生一般生产安全事故（造成 3 人以下死亡，或者 10 人以下重伤，或者

1 000万元以下直接经济损失的事故），根据公司事故调查组的调查报告结论，按事故责任划分，由公司进行处理。

⑤发生责任性重大电网事故、设备损坏事故、火灾事故、水淹厂房等重大事故，根据公司事故调查组的调查报告结论，按事故责任划分，由公司进行处理。

⑥发生人为重大事件导致机组非停或调度管辖设备误动，根据事件所造成的影响，经安委会认定，对有关责任者进行如下处罚：

a. 对事件主要责任者给予一次性扣罚400～600元。

b. 对事件次要责任者给予一次性扣罚200～300元。

c. 对事件责任部门的领导给予一次性扣罚100～200元。

d. 对综合部领导给予一次性扣罚100～200元。

e. 对厂领导给予一次性扣罚100～200元。

f. 扣罚事件责任部门的月度安全奖，取消部门月度评优资格，取消责任者月度评优资格。

g. 责令责任者在电厂月度安全生产例会上做正式书面检查。

h. 对发生事件及事件责任者进行全厂通报。

⑦发生人为一般事件导致机组非停或调度管辖设备误动，根据事件所造成的影响，经安委会认定，对有关责任者进行如下处罚：

a. 对事件主要责任者给予一次性扣罚200～400元。

b. 对事件次要责任者给予一次性扣罚100～200元。

c. 对事件相关责任领导（责任部门、ON-CALL值班组）给予一次性扣罚100元。

d. 扣罚事件责任部门的月度安全奖，取消部门月度评优资格，取消责任者月度评优资格。

e. 责令责任者在电厂月度安全生产例会上做正式书面检查。

f. 对发生事件及事件责任者进行全厂通报。

⑧发生责任障碍事件造成开停机失败、出力受阻等，根据事件所造成的影响，经安委会认定，对有关责任者进行如下处罚：

a. 对主要责任者给予一次性扣罚100～200元。

b. 对次要责任者给予一次性扣罚100元。

c. 对责任者所在部门的领导（责任部门、ON-CALL值班组）给予一次性扣罚100元。

d. 扣罚事件责任部门的月度安全奖，取消部门月度评优资格。

⑨发生未遂事件,按责任划分,对有关责任部门、责任人员经安委会认定处理。

⑩对弄虚作假,隐瞒事件真相,妨碍事件调查者,一律从严从重处理。

(2) 违章处罚标准:

①凡发生常见的严重违章行为(常见的严重违章行为详见《电厂反违章管理规定》),尚未造成人身伤亡事故或设备事故事件者,对主要责任者和直接责任者扣罚 200 元,并责令写出书面检查,扣除部门月度安全奖,同时取消个人及部门月度评优资格。

②凡发生常见的一般违章行为(常见的一般违章行为详见《电厂反违章管理规定》),尚未造成人身伤亡事故或设备事故事件者,对主要责任者和直接责任者扣罚 100 元,并责令写出书面检查,扣除部门月度安全奖,同时取消个人及部门月度评优资格。

③凡有违章作业、违章操作、违章指挥(违章行为详见《电厂反违章管理规定》),造成人身伤亡事故或设备损坏事故事件者,对主要责任者和直接责任者按事故和障碍处罚标准予以处罚。

(3) "两票"处罚标准:

①对操作票不合格者,中断其千项操作无差错累计数,从零重新开始累计,一次性扣罚 50 元,同时取消其月度评优资格。

②对工作票不合格者,中断其百张无差错累计数,从零重新开始累计。一次性扣罚 50 元,同时取消其月度评优资格。

③对工作票、操作票不合格者,如因此造成设备损坏或人身事故或障碍者,除从零重新开始累计且进行扣罚外,还应按事故和障碍处罚标准予以处罚。

(4) 缺陷管理处罚标准:

①无故存在未处理设备缺陷,经厂部讨论决定,每项扣罚厂部 ON-CALL 值班领导、ON-CALL 组长和经 ON-CALL 会指定的消缺人各 50 元。

②指定消缺人在缺陷处理结束后,未进行检修交待或交代不清楚的,每项缺陷扣罚指定消缺人 50 元。

③对暂不能处理需延期的缺陷,未及时办理延期手续的,经厂部讨论决定,每项扣罚 ON-CALL 组长和指定消缺人各 50 元。

④若延期缺陷满足消缺条件,综合部未及时跟踪,启动消缺处理流程的,每项扣罚相关责任人 50 元。

⑤指定消缺人在缺陷处理结束后,未按消缺验收规定和要求进行验收的,每项缺陷扣罚指定消缺人 50 元。

⑥指定消缺人未及时提交备品备件而延缓一般设备缺陷处理的,扣罚指定消缺人每人每项 50 元。若因此而导致机组无法投运或非计划停运的,除扣罚指定消缺人每项 100 元外,还将按《安全生产奖惩规定》追究相关责任。

⑦对于重复发生同类设备缺陷,引起机组非计划停运的,除每次按事件处罚标准处罚外,还对事件的责任部门和人员进行双倍扣罚,同时还将按《安全生产奖惩规定》追究相关责任。

⑧巡检人员发现缺陷后未及时汇报给 ON-CALL 组长,并把缺陷的内容录入 MIS 系统的,每项缺陷扣罚 50 元。

⑨对三类缺陷的处理,无故从缺陷记录到鉴定确认时间超过十二小时或从鉴定确认开始到处理完成超过二十四小时的,扣罚 ON-CALL 组长和指定消缺责任人各 50 元。

⑩综合部未做好缺陷闭环归口管理,未做好缺陷管理全过程监督,扣罚综合部 100 元,扣罚相关责任人 50 元。

(5) 技术质量管理处罚标准:

①在技术管理执行过程中,未严格遵守本规定的,有违章作业、违章操作、违章指挥尚未造成人身伤亡事故或设备事故事件者,依照《电厂安全生产奖惩规定》和《电厂反违章管理规定》,视情节轻重对相关责任人员扣罚 100～200 元,责令写出书面检查,同时取消月度评优资格。

②在技术管理执行过程中,未严格遵守本规定的,有违章作业、违章操作、违章指挥造成人身伤亡事故或设备事故事件者,根据事故调查组的调查报告结论,依照《电厂安全生产奖惩规定》按事故事件责任划分,对相关责任人员进行相应处罚。

③综合部收到设备技改、定值修改和保护、自动化、安全自动装置投、退申请单后无故未按时在 3 个工作日内组织相关人员召开技术改造专题讨论会进行审议,扣罚综合部 100 元,扣罚相关责任人 50 元。

④技术修改申请审议完后综合部无故未按时在 3 个工作日内完成整理会议审议意见,报厂部同意实施,扣罚综合部 100 元。

⑤设备技术修改申请批准后综合部无故未按时在 3 个工作日内下达技术修改执行单,扣罚综合部 100 元。

⑥综合部下达技术修改执行单后执行人无故未按时执行完成技术修改工作任务的,扣罚执行部门 100 元,扣罚执行人 50 元。

⑦技术修改执行完毕后无故未按时在3个工作日内将执行单和质量验收卡上报综合部,扣罚执行部门100元,扣罚执行人50元。

⑧技术修改执行单报综合部后,综合部无故未按时在3个工作日内下发设备修改通知单,扣罚综合部100元,扣罚相关责任人50元。

⑨除紧急情况外,技术修改执行人无故无执行单作为依据执行技术修改的,扣罚执行人100元;扣罚许可此项工作的工作许可人100元。

⑩对厂部通报的技术修改通知单,各部门未及时归档保存,未设专人负责技术管理工作或未及时组织本部门员工学习和掌握,扣罚责任部门200元。

⑪每年年初,综合部未及时明确公布各级技术质量验收资格人员名单,扣罚综合部100元,扣罚相关责任人50元。

⑫技术质量验收级别界定错误,扣罚相关责任人50元。

⑬凡检修项目工作完成后,工作负责人未组织质量验收或无质量验收卡就验收,工作许可人未收到质量验收卡就结束其工作票者,扣罚该工作负责人100元,扣罚办理此项工作结束手续的工作许可人100元。

⑭凡在质量验收技术记录和试验数据中未按验收标准和要求进行验收,弄虚作假者,一经发现,扣罚各相关验收责任人员每人100元,若由此导致事故或障碍发生的,根据事故和障碍处罚标准进行处罚。

⑮各级技术质量验收人员未能严格履行其职责,验收时未能严格把关,坚持原则,验收仔细到位,扣罚各相关验收责任人员每人100元。

(6) ON-CALL管理处罚标准:

①当班ON-CALL组人员在值班期间不接电话或5分钟内未回复电话者,每次扣罚当事人100元。

②当班ON-CALL组人员接到ON-CALL组长紧急通知后,未在规定时间内及时赶到现场,扣罚当事人100元。

③当班ON-CALL组人员无故未按时参加ON-CALL早会或未按规定在前方营地待命,ON-CALL期间未经请假批准,无故迟到,每次扣罚当事人100元。

④ON-CALL组人员不服从ON-CALL值班领导及正副组长工作安排者,经厂部核实,扣罚当事人100元。

(7) 安全生产网络中的各级安全员处罚标准:

①安全员在生产活动中发现违章行为不制止、不纠正者,发现第一次扣罚当事人10%年度安全员奖励,发现第二次扣罚20%年度安全员奖励,发现第三次,则取消其安全员资格。

②全年除工作原因外缺席月度安全生产会 2 次以上者,取消年度安全员奖励。

(8) 其他安全生产管理处罚标准:

①当事故事件发生后三日内,未填写上交事故事件报告者,一次性扣罚部门领导和班(值)长每人 100 元。

②对事故事件发生后不作运行记录,不作调查分析,又不填写事故事件报告的部门、班(值),将给予责任部门领导及责任班长、值长每人一次性扣罚 300 元,同时扣罚该部门的月度安全奖。

③每月 10 日前(国家法定节假日顺延),各部门需将月度安全工作总结交到综合部,若未按时提交的,扣罚部门领导 100 元。

④部门当月未按规定和要求认真组织开展月度安全学习活动,扣罚部门 300 元。

⑤对厂部下达的安全大检查整改项目通知单,各部门无故未及时进行整改的,则每项一次性扣罚部门 100 元。

⑥对在工作中出现的需及时改正的各类违章和不安全行为,以及需立即整改的安全隐患等,经综合部下达整改通知两次仍不进行改正和整改的,将视情节轻重对其所属部门扣罚 100～300 元。

⑦年度继电保护正确动作率达不到 100% 者,给予保护专责扣罚 100 元;年度自动装置投入率达不到 99% 或正确动作率达不到 90% 的,给予自动化人员扣罚每人 100 元。

⑧年度安规考试不合格者(考试成绩低于 80 分),经过一周时间学习后再给予补考。补考不合格者脱岗学习半个月,待考试合格后上岗。年度安规考试无故拒考者,扣罚 200 元。

⑨在查阅电厂技术资料时,私自勾画、涂改或将图纸技术资料据为己有者,一经发现,扣罚该查阅人 100 元,造成损坏或丢失技术资料的,视技术资料价格扣罚该查阅人 100～300 元。

⑩值守人员因监盘不到位,发生影响设备安全运行现象,每次当事人罚款 50 元。

⑪值班期间,发生违反值班纪律行为(营地值班擅离职守,在中控室上网、看电影、玩游戏、玩手机,在工作现场和办票室玩手机游戏等等),每次当事人罚款 100 元,ON-CALL 正副组长各罚款 50 元。

⑫未按规定时间向电监会、广西中调或公司其他部门报送相关文件、数据以及整改情况反馈信息的,每次扣罚相关责任人 50 元。

1.5.4 安全奖励标准

（1）月度奖励：

①电厂月度优秀员工（检修部和发电部各评出两名优秀员工）每人奖励200元。凡有安全事故或事件责任、违章、不安全现象等情况者，实行安全"一票否决"制，取消月度评优资格。

②电厂各部门当月无安全事故或事件、无违章行为和不安全现象，奖励发电部和检修部各500元，综合部200元，电厂车班100元。

③累计连续填写和办理工作票100张无差错，奖励个人100元。

④累计连续千项操作无差错，奖励个人100元。

⑤检修人员累计及时完成消缺20项，奖励个人100元。

⑥每月在电厂生产例会评选出月度生产工作完成好的一个部门，给予部门奖励200元。

⑦及时发现一类设备缺陷和隐患（一类缺陷定义详见《电厂设备缺陷管理制度》），经厂部核实，给予发现人一次性奖励100元。

⑧及时处理一类设备缺陷和隐患（一类缺陷定义详见《电厂设备缺陷管理制度》），经厂部核实，给予主要处理人员一次性奖励100元。

⑨在电厂机组或电网发生事故事件后，能及时、准确、得当地处理事故事件，及时恢复机组备用或避免事故事件进一步扩大化的，给予主要处理人员奖励200元。

⑩在重大或危急事故事件抢修中作出重大贡献的主要人员，给予一次性奖励200～600元。

⑪及时提出设备重大技术改造方案，经实施后对安全生产起到重大作用（提高主设备运行安全性、可靠性、经济性）的个人，视技术改造项目或建议情况，给予一次性奖励100～300元。

⑫及时发现存在的重大安全隐患或对电厂安全生产工作提出合理化建议，经确认或实施后对安全生产起到重大作用的个人，视具体建议情况，经厂部确认后，给予一次性奖励100～200元。

⑬对发现违章作业、违章操作，能及时制止，避免人身伤亡或设备重大事故事件发生者，视具体可能发生违章事件后果的严重程度，给予一次性奖励100～600元。

⑭开创性地自主完成设备维护或检修等工作，为公司创造的经济效益或减少的支出超过2万元的，视经济效益情况，给予一次性奖励100～500元。

⑮在设备技术改造中起主导作用,表现突出,并完成相关技术资料者,经厂部认定,给予该项目相关人员一次性奖励 100~600 元。

⑯其他经厂部认定的,实施后对安全生产起到重大作用的个人,视情况,给予一次性奖励 100~300 元。

(2) 年度奖励:

①年终给予安全生产网络中的各级安全员(所在部门、班值有安全事故事件者不予考虑)人均奖励 400 元。

②年度安规考试达 95 分及以上的个人,奖励 100 元。

③年度继电保护动作正确率达到 100%,奖励继保专责每人 100 元;年度自动装置投入率达 100% 且正确动作率达 95% 以上,奖励自动化人员每人 100 元。

④在上级单位、电监局、中调等单位获得年度先进单位或个人的人员,一次性奖励 200 元。

⑤取得注册安全工程师资格、注册消防工程师资格及建(构)筑物消防员资格等对安全生产有促进作用的人员,经厂部认定,一次性奖励 200~500 元。

⑥电厂各级人员年度安全绩效考核奖励:

a. 年度安全绩效考核完成后,对考核合格的人员予以奖励,根据电厂各级人员安全职责,分为厂级领导、部门领导、班值长(含主管工程师、副值长)、值班员(专责)及辅工、实习人员五档。

b. 奖励标准:电厂厂级领导、部门领导、班值长(含主管工程师、副值长)、值班员(专责)及其他人员年内完成相应的安全目标,分别按 2 000 元、1 500 元、1 100 元、800 元、500 元给予奖励。

1.6 安全生产投入

1.6.1 安全生产费用的预算和管理

(1) 电厂按照上年度安全生产费用实际执行情况和本年度的安全生产工作计划为依据,制定本年度的安全生产费用预算。

(2) 安全生产费用应当按照项目预算、确保支出、电厂统筹、规范使用的原则进行管理。

(3) 电厂综合部应将安全费用纳入电厂预算计划,保证专款专用,并监督其合理使用。

（4）每年12月之前,由电厂综合部组织各有关部门提出下一年的安全生产费用使用计划,并经电厂厂长(或常务副厂长、主持工作副厂长)审批后,上报公司经营班子。

1.6.2 安全生产费用的使用范围

（1）电厂年度和月度安全生产奖励支出。

（2）电厂"安健环"隐患整改落实支出。

（3）安全生产教育培训支出。

（4）配备现场作业人员安全健康防护用品支出。

（5）安全设施和特种设备检测检验支出。

（6）安全文化建设和开展"安全生产月"活动经费。

（7）配备必要的应急救援器材、设备及维护保养和进行应急演练支出。

（8）重大危险源、重大事故隐患评估和整改、监控支出。

（9）安全生产适用的新技术、新标准、新工艺、新装备的研发及推广应用支出。

（10）安全生产监督、检查与评价(不包括新、改、扩建项目安全评价)支出。

（11）完善、改造和维护安全防护设备、设施支出(不含"三同时"要求初期投入的安全设施),包括电力企业生产作业场所的防触电、防坠落、防火、防爆、防毒、防雷等设施设备。

（12）危险性较大工程安全专项方案论证支出。

（13）法律法规的收集与识别支出。

（14）安全生产标准化建设的实施与维护支出。

（15）重大安全生产课题研究和预防事故采取的安全技术措施工程建设支出。

（16）反事故措施的支出。

（17）其他。

1.6.3 安全生产费用的使用流程和评估

（1）根据安全生产费用计划,电厂结合公司计财部的管理流程,使用安全生产费用预算。

（2）安全生产费用的使用需经电厂审核,报公司批准,由综合部统计安全生产费用使用情况。

1.6.4 安全生产费用的使用评估

（1）每年第二季度之前,电厂安委会组织对上一年的安全生产费用使用情况进行检查和评估。

（2）有关厂属各部门负责对没有完成的项目进行说明。

1.6.5 安全生产费用编制依据

（1）《中华人民共和国安全生产法》

（2）《企业安全生产费用提取和使用管理办法》

（3）《高危行业企业安全生产费用提取和使用管理办法（征求意见稿）》

1.7 安全生产考核

（1）考核指标分为安全生产目标考核和安全生产责任制考核两个部分。电厂各部门员工的考核由本部门负责人负责,部门负责人的考核由分管领导负责,以半年为考核周期,考核结果经分管安全电厂领导审核,报电厂主要负责人审批后,由考核办存档。

（2）电厂安全生产目标及责任制考核工作按照《右江水利公司安全生产目标及责任制考核办法》执行。

（3）考核评分：

①个人考核评分采取量化打分方式,分为安全生产目标考核和安全生产工作职责考核两部分,每部分满分为100分,安全目标和工作职责的平均分为本次考核评分的最终得分。

②个人年度考核得分为上、下半年考核总评分的平均分。

③个人半年（或年度）考核得分低于70分的,取消年度评优资格,对造成不良影响及后果的相关责任人及其所在部门的负责人进行警示约谈。

第 2 章
制度化管理

2.1 安全生产法律法规

（1）水电厂应遵守《中华人民共和国安全生产法》及相关法律法规的要求。

（2）制定并落实安全生产责任制，明确各级岗位职责和任务，加强对员工的安全生产教育培训，提高员工的安全意识和应急能力。

（3）建立事故隐患排查治理制度，及时发现、评估和消除事故隐患，保障生产安全。

2.2 安全生产制度管理

2.2.1 安全生产制度的制定

（1）安全生产制度应贯彻国家有关政策、法令和法规。

（2）安全生产制度的制定包括起草、核稿、会签、签发、发布五个流程。

①安全管理制度由安委会办公室负责起草。安全生产制度的起草，主要包括调查研究收集资料、起草草案稿、征求意见、讨论修改、形成备审稿五个步骤。

调查研究收集资料，主要是收集学习研究本单位应遵守的最新的国家安全生产法律法规、标准和行业标准有关资料，收集调查本单位工程运行管理流程、工程设备设施、工程维修养护、职工技能要求等情况，进行危险危害因素的辨识。征求相关部门的意见和建议。

②安全生产制度的核稿包括起草单位（部门）负责人核稿、办公室核稿两个步骤。起草单位（部门）负责人核稿，主要审核安全制度的合规性、完整性、准确性、统一性和实用性等；综合部核稿，主要审核文档格式的规范性、语言的准确性。

③安全生产制度的会签，由分管安全领导组织相关部门进行协商并核签。安全组织机构等重要安全管理制度应提请安委会会议讨论。

④安全生产制度的签发，由电厂主要领导负责签发。

⑤安全生产制度的发文，根据《公文处理办法》的要求，由综合部统一印制，安办分发到相关单位、部门。

2.2.2 安全生产制度的修订

（1）电厂知悉国家有关法律、法规和国家标准或者行业标准有新的规定时，应及时修订相关安全生产制度。

（2）修订安全生产制度流程仍按安全生产制度制定流程办理。

（3）新修订的安全生产制度下发同时废止旧安全生产制度，相关人员做好记录。

2.2.3 安全生产制度的发放、保管

（1）安全生产制度应发放到电厂各部门、班组相关工作岗位。

（2）安全生产制度应按《档案管理制度》要求进行归档保管。

（3）电厂应设立安全生产档案专柜，并指定专人看管。发放到岗位的安全生产规章制度手册，由班组长负责管理。

（4）关于上级安全生产文件档案，安办应在每年上半年向公司档案管理部门移交上一年的档案。

2.2.4 安全生产制度的宣传

（1）利用门户网站、信息管理平台、OA系统、标识标牌、安全月专项活动等多种形式做好安全生产制度的宣传。

（2）安全生产制度的宣传贯彻应作为安全教育培训的重要内容，定期组织职工培训，应组织相关人员就安全操作规程进行考试，并做好培训考核记录。

（3）安全生产制度修订后，应及时组织职工学习，使相关岗位职工及时了

解掌握新修订的安全生产制度。岗位安全生产操作规程、岗位安全生产职责等岗位管理制度应上墙，并及时更新。

（4）对相关方的安全生产制度宣传由相关方管理单位部门实施，对相关方人员的安全教育应视同对本单位职工的安全教育。

2.3 操作规程

2.3.1 编制安全操作规程

（1）编制设备操作规程，包括设备运行前的检查、启动、停机、检修等工作流程。

（2）编制现场作业规程，包括高空、电气、机械等作业的安全措施和操作规程。

（3）编制应急处置程序，包括各种事故类型的应急处理流程和措施。

（4）新技术、新材料、新工艺、新设备设施投入使用前，组织编制或修订相应的安全操作规程，并确保其适宜性和有效性。

（5）对安全操作规程进行培训，确保员工掌握操作技能并严格执行规程。

2.3.2 安全操作规程修订要求

（1）定期对安全操作规程进行修订，根据生产实际情况更新规程内容。

（2）修订后的规程应通知相关人员，并进行培训，确保所有操作规程始终符合最新的安全生产法律法规和规章制度的要求。

2.4 文档管理

2.4.1 文件管理制度

（1）建立文件分类和编号制度，明确各类文件的存储、归档和保密要求。

（2）建立文件传阅和审核制度，确保文件管理的规范化、标准化。

（3）定期清理过期或无用的文件，保持文件库房的整洁有序。

2.4.2 记录管理制度

（1）对生产运行中各项数据和信息进行记录，明确记录内容、格式、存储、保密等要求。

(2) 建立记录审核和归档制度,确保记录的真实性和可靠性。

(3) 定期清理无用的记录,保持记录室的整洁有序。

2.4.3 档案管理制度

(1) 对生产过程中的各类文件、记录、资料进行整理、归档、保管和利用。

(2) 建立档案借阅和使用制度,确保历史资料的保存和利用价值。

(3) 定期清理无用的档案,保持档案室的整洁有序。

2.4.4 评估与改进

(1) 定期对文档管理、记录管理和档案管理制度进行评估,如发现问题及时改进,提高管理水平。

(2) 加强安全生产宣传教育,提高员工安全意识和技能,降低事故风险。

(3) 不断完善和更新安全管理制度,加强事故隐患排查治理,保障生产安全。

第 3 章
教育培训

3.1 教育培训管理

3.1.1 培训的对象与内容

水电厂的培训对象应包括管理人员、技术人员、普通员工等。培训内容应包括基础知识、操作技能、安全生产等方面。具体如下:

(1) 管理人员:应接受系统的管理培训,以提高其管理能力和水平。管理人员培训内容包括企业管理、人力资源管理、财务管理等方面。

(2) 技术人员:应接受专业技能的培训,以提高其技术水平。技术人员培训内容包括机械设备维护、电气知识、控制技术等方面。

(3) 普通员工:需要接受操作技能的培训,确保其具备完成各项任务的技能和能力。培训内容包括机械设备操作、电气知识、安全生产等方面。

3.1.2 培训计划

制订教育培训计划是教育培训管理的重要组成部分。在制订培训计划时,应该根据企业实际情况,确定培训对象、培训内容、培训时间和地点等信息,并在计划执行过程中及时调整。制订好培训计划后,应该及时向员工公布。

3.2 人员教育培训

3.2.1 管理人员培训

水电厂的管理人员应接受系统的管理培训,以提高其管理能力和水平。管理人员培训内容包括:

(1) 企业管理:包括组织架构、流程优化、项目管理等方面。

(2) 人力资源管理:包括招聘、薪资管理、员工培训等方面。

(3) 财务管理:包括会计核算、财务分析、预算管理等方面。

3.2.2 员工上岗培训

水电厂的普通员工需要接受操作技能的培训,确保其具备完成各项任务的技能和能力。培训内容包括:

(1) 机械设备操作:包括发电机组、水轮机、调节系统等设备的操作技能。

(2) 电气知识:包括电力基础知识、电气安全等方面的知识的培训。

(3) 安全生产:包括安全标准、应急措施等方面的知识。

3.2.3 特种作业人员培训

特种作业人员是指在水电厂中从事高空作业、电焊、切割、挖掘等特殊作业的人员。这些人员需要接受特种作业培训,并取得相应的证书才能上岗作业。特种作业人员培训内容包括:

(1) 特种作业安全规程:包括特种作业操作步骤、注意事项、危险源识别等方面的知识。

(2) 特种作业操作技能:包括高空作业、电焊、切割、挖掘等方面的技能。

3.2.4 年度教育及考核

水电厂需要每年对员工进行一次全面的教育和考核,确保员工掌握最新的技术和知识,同时也可以评估员工的综合素质和工作表现。年度教育及考核内容包括:

(1) 技术培训:包括最新技术、新产品知识、新工艺等方面的培训。

(2) 安全生产培训:包括安全标准、应急措施等方面的知识的培训。

(3) 综合素质考核:包括员工的业绩、工作态度、团队协作能力等方面的评估。

3.2.5 外来人员安全教育

水电厂还需要对外来人员进行安全教育,让他们了解水电厂的安全规章制度和操作流程,确保外来人员在水电厂内安全作业。外来人员安全教育内容包括:

(1) 安全规章制度:包括进出厂规定、安全标准等方面的知识。

(2) 操作流程:包括工作区域、操作流程、应急处理等方面的知识。

总之,水电厂的教育培训管理应该是一个长期、有计划、系统化的过程。通过科学、系统的教育培训,可以提高员工技能和知识水平,保障安全生产。

第 4 章
现场作业行为安全管理

4.1 工作票和操作票管理

4.1.1 一般要求

(1) 在电厂范围内开展工作和操作均须依照管理要求办理工作票(含工作许可单)和操作票。

(2) 部门职责：

①发电部：负责电厂月度操作票和工作票的统计和初步检查工作,发现不合格两票,及时汇报电厂厂部;负责统计本部门员工累计办理工作票张数和操作项数,按照电厂《安全生产奖惩规定》要求上报厂部;督促本部门员工按部门规定认真落实和执行。

②检修部：负责统计本部门员工累计办理工作票张数,按照电厂《安全生产奖惩规定》要求上报厂部,按照本部门规定的要求督促本部门员工认真落实和执行。

③综合部(安生分部)：综合部是工作票及操作票的归口管理部门,负责核查月度工作票和操作票合格率,在电厂月度安全会上通报两票的执行情况;审核和落实两票的相关奖惩;检查在生产中本规定的落实和执行情况。

(3) 工作票所列人员的职责

①工作票签发人职责：确认工作必要性和安全性;确认工作票上所填安全措施信息正确、完备;确认所派工作负责人和工作班人员是否适当、足够,精神状态是否良好。

②工作负责人(监护人)职责:正确安全地组织工作;确认工作票所列安全措施正确、完备,符合现场的实际条件,必要时予以补充;工作前向工作班全体成员告知危险点,督促、监护工作班成员执行现场的安全措施和技术措施;确认工作班人员变动合适,在工作票中进行注明。

③工作许可人职责:负责接收工作票,审查工作票中所列安全措施是否正确完备,是否符合现场条件;确认工作现场布置的安全措施是否完善,确认检修设备有无突然来电的危险;如对工作票所列内容有疑问,应向工作票签发人询问清楚,必要时应要求补充。

④工作班成员职责:熟悉工作内容、工作流程,掌握安全措施,明确工作中的危险点,并履行签字确认手续;遵守安全规章制度、技术规范和劳动纪律,执行安全规程和实施现场安全措施;正确使用安全工器具和劳动保护用品。

(4) 操作票所列人员的职责:

①ON-CALL 组长职责:根据操作任务的要求,指派合格的操作人和监护人,根据当时的运行方式和设备状态,全面详细地布置操作任务和说明操作目的,交待安全注意事项;通知操作人填写操作票,在执行操作前对操作票进行审核,确认无误后签字确认。

②操作人职责:根据 ON-CALL 组长要求指派任务,操作人核对现场设备状态和图纸,填写操作票,并在操作过程中认真按照操作票复诵和操作。

③监护人职责:根据 ON-CALL 组长要求指派任务,监护人认真查看现场设备状态和图纸,核实操作票填写的正确性,并在操作过程中认真按照操作票进行唱票和监护操作人操作。

4.1.2 工作票管理

(1) 基本要求:

①电气工作票、机械工作票、动火工作票是允许在电气设备、机械设备上进行工作的书面命令,也是明确安全职责,向工作人员进行安全交底、实施安全措施、履行工作许可与监护、工作间断、转移和终结手续的书面依据。

②在电气设备、机械设备上进行工作,必须贯彻执行工作票制度。工作票制度是保证安全工作的一项组织措施。由于工作场所、环境、设备布置、施工方法以及在施工中的安全条件各有不同,因此,所采取的安全措施亦各不相同。

③由于设备不同,工作任务及其要求采取的安全措施也不一样,故工作

票又分为电气第一种工作票、电气第二种工作票、机械工作票、一级动火工作票、二级动火工作票、工作许可单。

④工作票编号由电厂 MIS 系统自动生成(年份-月日-当日次序),已结束、作废的工作票由电厂发电部统一保存至少三个月。

⑤电厂综合部(安生分部)每月对工作票执行情况,尤其是动态执行情况进行检查、分析、解决存在的问题。统计工作票的月合格率,对不合格工作票予以考核。

工作票月合格率＝(当月使用的工作票份数－不合格份数)÷当月使用的工作票份数×100％。

⑥事故抢修时,可以不填用工作票,但应遵守以下规定:事故抢修系指设备运行中发生故障,需要紧急抢修而工作量不大;事故抢修工作时间超过 4 小时的应填用工作票;在开始工作前,必须按规程规定做好安全措施(停电、验电、挂地线、装设遮栏和悬挂标示牌),履行许可手续,并由工作负责人负责监护工作,方能开工;抢修工作应记入运行日志中。

⑦如设备损坏严重,在短时间内不能修复,需转入事故检修时,应填写工作票并履行工作许可手续,然后才能进行检修工作。

(2) 工作票的种类及使用范围:

①电气第一种工作票:

a. 填用电气第一种工作票的工作为:在高压设备上工作,需要将高压设备全部停电或部分停电,以及进行高压试验工作;在高压室内的二次回路或照明回路上工作,需要将高压设备停电或做安全措施的工作;在高压设备上或者在其他电气回路上工作,以及邻近高压设备工作,需要将高压设备停电或做安全措施的工作;在高压室遮栏内或导电部分小于设备不停电时的安全距离进行继电器和仪表等的检查试验时,需将高压设备停电;高压试验工作;使用携带型仪器在高压回路上进行工作,需要高压设备停电和做安全措施的工作。

b. 以下情况可填用一张总的电气第一种工作票:在一个电气连接部分同时有检修和试验,且安全措施相同,可填写一张工作票,但在试验前应得到 ON-CALL 组长许可;施工设备属于同一电压、位于同一楼层、同时停送电,且不会触及带电导体时,允许在几个电气连接部分共用一张工作票;若一个电气连接部分或一个配电装置全部停电的工作,则所有不同地点的工作,可以发给一张工作票,但要详细填明主要工作内容。

②电气第二种工作票：

a. 填用电气第二种工作票的工作为：带电作业和在带电设备外壳上的工作；控制盘和低压配电盘、配电箱、电源干线上工作；无需将高压设备停电或系统一次部分已停电（停机），二次结线回路上的工作；二次回路上的工作需要在二次方面另作安全措施的工作；转动中的发电机励磁回路上的工作；非当值值班员用绝缘棒和电压互感器定相或用钳形电流表测量高压回路的电流的工作；无需将高压设备停电更换表计或试验表计的工作；蓄电池的试验、检查、维护工作；主变取少量油样的工作；不需要停电的电力电缆工作；GIS设备外壳上的清扫工作。

b. 以下情况可填用一张电气第二种工作票：施工设备属于同一电压、位于同一楼层、同时停送电，且不会触及带电导体时，允许在几个电气连接部分共用一张工作票；在几个电气连接部分上依次进行不停电的同一类型的工作仅需一张工作票的填用；若一个电气连接部分或一个配电装置全部停电，则所有不同地点的工作仅需一张工作票的填用，但要详细填明主要工作内容。

③机械工作票：

a. 填用机械检修工作票的工作为：需将生产机械设备、系统停止运行或退出备用，由ON-CALL人员按《电业安全工作规程（热力和机械部分）》规定采取断开电源，隔断与运行设备联系的热力系统的工作；对机械设备进行消压、吹扫等其他检修工作；在水轮机及其附属的机械设备上的工作；在技术供水系统（除电机及其控制电气设备）上的工作；在压缩空气系统（除电机及其控制电气设备）上的工作；在压油装置系统（除电机及其控制电气设备）上的工作；在油水汽系统上的自动装置工作；需要在油水汽系统上做安全措施的工作；在调速器系统的机械部分上的工作；在金属蜗壳的排水系统，厂房上下游排风系统（除电机及其控制电气设备）上的工作；发电机风洞内的机械设备上的工作；水工的机械设备上的工作。

b. 以下情况可填用一张机械工作票：机组年度检修工作中，机组的安全隔离措施已全部完成，相关水轮发电机及辅助机械设备的工作仅需一种机械工作票的填用；同一系统、同一地点、安全措施相同的多个阀门、法兰的消缺维护工作。

④动火工作票：

凡是在地下厂房运行设备区域开展电焊、气割、切割、打磨、电钻、喷灯等工作，必须办理动火工作票。

a. 一级动火工作票

在以下区域开展动火工作需办理一级动火工作票：主变压器本体及其油管路；水轮发电机机组各导轴承油槽及其油管路；发电机组制动风闸及其油管路；机组压油槽及压油装置、集油槽、储油罐本体；中控室、继保室、蓄电池室、计算机监控系统设备间；厂房电缆道、电缆竖井、电缆间；透平油库及管路（含油处理室）、绝缘油库及管路；存放易燃易爆危险物品的仓库和场所；机组进水口闸门油压启闭机及其油管路。

b. 二级动火工作票

在以下区域开展动火工作需办理二级动火工作票：发电机定转子本体、上导、风洞、下导、水车室内（各导轴承油槽及其油管路除外）；水轮机室转轮本体、尾水管里衬专用平台；废油箱（罐）及其管道系统；GIS 室；各配电室；坝顶桥机；尾水台车；其他非一级动火区域的防火重点部位均为二级动火区域。

⑤工作许可单

电厂范围内不需要安全隔离措施的工作，可在办理"工作许可单"许可手续后开展相关工作；工作结束后需办理终结手续。

(3) 工作票填写和签发

①工作票工作负责人根据工作需要填写工作票。填写后，应对照接线图作一次核对，确认正确无误后，向工作票签发人提交工作票。

②工作票签发人对工作票进行核对、审查无误后签发，同时在工作票备注栏明确工作内容的验收级别。工作负责人不能签发工作票。

③工作许可单由当班 ON-CALL 人员根据现场实际情况办理许可手续，不需要签发。

(4) 工作票的接收

①工作票（一式两份）应在开工前一日由工作票签发人通过 MIS 系统转交至工作许可人，临时工作可在工作开始以前直接交给工作许可人。

②ON-CALL 组长收到工作票后，应对工作票全部内容做仔细审查，特别应对安全措施是否符合现场实际情况、是否正确完备认真核对，确保无问题后，填上收到工作票时间并签名。

③若在审查工作票中发现问题时，应向工作票负责人询问清楚。如仍有疑问时应向签发人询问清楚，如工作票确有问题，需要重新填写时，ON-CALL 组长应拒收工作票。

④ON-CALL 组长验收工作票合格后，工作负责人方可离去。

⑤ON-CALL 组长签收工作后，应开始准备相关工作的安全措施。

(5) 布置安全措施

ON-CALL 人员根据 ON-CALL 组长的命令和工作票上安全措施要求,进行倒闸操作和布置安全措施,每执行一项在安全措施执行栏先写明与措施对应的编号,再划一个钩(√)。

(6) 工作许可

①工作负责人在开工前到办票室办理工作许可手续。

②工作许可人将一份工作票交给工作负责人,一份自持,共同到施工现场,向工作负责人详细交待安全措施布置情况和安全注意事项。当近邻有带电设备时,应向工作负责人交待带电部位。

③工作负责人应认真对照检查,认为满足安全工作的要求时,将所持的一份工作票交工作许可人,由工作许可人在一式两份工作票上填写许可工作的时间并签名,然后工作负责人也在一式两工作票上签名。

(7) 工作开工

①工作负责人收到已经办理许可的一份工作票后,应随身携带作为得到许可开工的凭证,并带领工作班全体成员进入现场。

②在现场,工作负责人应将分工情况、安全措施布置情况、带电部位以及安全注意事项向全体人员进行交待,全体人员均确认无问题时在工作票上签字,然后由工作负责人下达开工命令。在未得到工作负责人的开工命令的情况下,任何人不得开始进行工作。

③开工后,工作负责人和许可人,不允许任何一方随意变更接线方式和安全措施。如需变动,应取得对方同意,并按规定办理手续。

(8) 工作监护

①开工后,工作负责人必须始终在工作现场,对工作人员的安全认真监护,及时纠正违反安全规定的动作。

②所有工作人员(包括工作负责人)不许单独留在高压室内。

③工作负责人(监护人)在全部停电时,可以参加工作班工作。在部分停电时,只有在安全措施可靠、人员集中在一个工作地点、不致误碰导电部分,方可参加工作。

④工作票签发人或工作负责人,还应根据现场安全条件、施工范围、工作需要等具体情况,增设专责监护人,专责监护人不得兼做其他工作。

⑤工作期间,工作负责人因故必须离开工作地点时,应指定能胜任的人员临时代替。离开前应交待清楚,并告知全体工作人员。原工作负责人返回时,同样要履行交接手续。

⑥工作许可人如发现工作人员违反安全规程或任何危及工作人员安全的情况,应向工作负责人提出改正意见,必要时可暂停工作,并立即报告上级。其他人员发现上述问题时,也应提出改进意见,必要时迅速通知工作负责人令其改正。

(9) 变更工作负责人

①工作票签发人在生产现场时:工作票签发人通知工作许可人,向工作负责人说明原因,并命令全部工作班成员暂停工作,集中撤离工作现场,收回工作票。工作票签发人将工作票交给新的工作负责人,并详细交待工作内容及安全措施。由新旧工作负责人正式办理交接手续。双方认为无误后,分别签名。工作票签发人填写变动时间并签名。新工作负责人将工作票交值班员并经许可后,通知全体工作班成员开始工作。

②工作票签发人不在现场时:签发人将变动情况分别通知原工作负责人、新工作负责人和许可人,要求同时停止工作,撤离现场,由新旧工作负责人认真进行交接,双方认为无误后,在工作票上分别签名,许可人代替签发人填写变动时间,签名,并将变更情况备注栏注明,经许可后方可开始工作。

③旧工作负责人不在工作现场,且工作内容和安全措施不变时:新工作负责人按照签发人许可,去现场按照上述规定办理变动手续。

④若需扩大工作任务,或变更、增设安全措施时,必须终结工作票,填写新工作票,重新履行许可手续。

(10) 工作间断与转移

①工作间断时,工作班组所有成员必须从工作现场撤出,所有安全措施保持不动,工作票仍由工作负责人执存。当日内的工作间断后继续工作,无需通过许可人。多日工作时,每日收工后,应清扫工作现场,并将工作票交回值班员,次日复工时应经值班员许可,取回工作票。开始工作前,工作负责人必须重新认真检查安全措施,确认符合工作票的要求。但当检修设备在检修期间已失去备用条件,同时系统运行方式的改变对检修的安全条件没有任何影响,并且与运用中的设备明显隔离时,则无需每天收回工作票和每天履行工作许可手续。无工作负责人(或监护人)带领,工作班人员不得进入工作地点。

②在未办理工作票终结手续前,运行人员不准将施工设备合闸送电。在工作间断期间,若有紧急需要,ON-CALL人员也可在工作票未交回的情况下合闸送电,但应先将工作班全体人员已经撤离工作地点通知工作负责人或部门负责人,在得到他们可以送电的答复后,方可执行,并应采取下列措施:

a. 拆除接地线（或断开接地刀闸）和临时遮栏、标示牌，恢复常设遮栏，换挂"止步，高压危险！"的标示牌。

b. 必须在所有通道派专人守候，以便告诉工作班人员"设备已经合闸送电，不得继续工作"，守候人员在工作票未交回以前，不准离开守候地点。

c. 将送电情况记入 ON-CALL 日志中。

③在检修工作结束前，如需要将其中某一检修设备进行合闸送电（包括临时性合闸送电）时，工作负责人应办理送电申请手续，经 ON-CALL 值班领导的工作票签发人批准后，可按下列规定进行：

a. 全体工作人员撤离工作地点。

b. 将该系统的所有工作票收回，拆除一切安全措施，恢复常设遮栏。

c. 经工作负责人和值班员全面检查无误后，由值班员进行送电操作。

d. 将送电情况记入 ON-CALL 日志中。

工作班如需继续工作，应重新履行工作许可手续。

④在同一电气连接部分用同一工作票依次在几个工作地点转移工作时，全部安全措施应由值班员在开工前一次做完，不需再办理转移手续。但工作负责人在转移工作地点时，应向工作人员交待带电范围、安全措施和注意事项。

(11) 工作延期

①由于某些原因，工作负责人对所担任的工作任务确认不能按批准期限完成时，当日工作应在批准期限的前两小时，申明理由办理延期手续。如不办理延期手续而发生对外少供电时按事故统计。事故负责者为施工方。

②多日工作应在批准期限前一日办理申请延期手续。

③延期手续必须经过批准才能生效。

④经批准后，由工作许可人填上许可延期的期限，经双方签名，下联交至工作负责人。

电气第一种工作票、机械检修工作票延期手续只能办理一次，电气第二种工作票、一级动火工作票、二级动火工作票不能办理延期，必要时必须重新开工作票。

(12) 工作终结

①工作完毕后，工作人员应进行检查。经查无问题后，所有人员从设备和架构上撤到地面（撤下的人员未经许可，不准接触和攀登设备、架构进行任何工作）。经工作负责人全面检查合格后，由工作负责人带领工作班全体成员撤离工作地点。

②工作负责人持已按票面要求完结验收单和工作票去值班室申请办理工作结束手续,工作许可人应携带工作票,会同工作负责人共同到现场核对检查,无问题时,办理验收和工作终结手续。

③工作许可人将一式两份工作票填上工作终结时间,双方签名后,在工作负责人所持工作票上盖"工作已结束"章,并将已盖章的两份工作票进行存档。

一般情况下,工作负责人及工作班成员在设备恢复送电无问题后,方可离开。

(13) 工作票填写的相关要求

①电气第一种工作票的填写要求:

a. 电气第一种工作票第1项的填写:在"工作负责人(监护人)"栏,填写组织人员安全地完成工作票上所列工作任务的总负责人的姓名,对多班组复杂的工作,工作负责人应由部门主管工程师及以上人员担任,"工作负责人"栏应填该负责人姓名,负责人只能为一人。

在"班组"栏,填写参加本工作票上所列工作的班组名称。可不填部门名称,但应将参加工作的所有班组均填上。

在"附页"栏,如果工作票上要求采取的安全措施填写不完,用"工作票安全措施附页"填写时,该栏填写本工作票安全措施附页的张数;如果无需用"工作票安全措施附页"时,该栏必须填写"无"。

b. 电气第一种工作票第2项的填写:参加工作的成员人数为6人及以下时,在"工作班人员"栏,填写参加工作的全体成员姓名;参加工作成员有6人以上的,除主要成员6人姓名应填写在票上外,其他成员的姓名可不填写在票上,但总人数必须填写清楚;"共……人"栏,填写包括工作负责人在内的所有工作成员的总数。

c. 电气第一种工作票第3项的填写:在"设备名称"栏,要明确写明要工作的具体设备;在"工作地点"栏,填写实际工作地点。工作地点以一个电气连接部分(配电装置的一个系统中用刀闸或其他电气元件截然分开的部分)为限;在"工作内容"栏,要明确填写工作项目的具体内容。应填写双重称号。如涉及开关、母线、架构、变压器上工作,应注明电压等级。

d. 电气第一种工作票第4项"计划时间"栏的填写:填写工作开始至工作终结交付验收合格为止的时间,不包括送电操作时间。申请票的时间应包括停送电操作时间。

e. 电气第一种工作票第5项"安全措施"的填写:填写要求 ON - CALL

人员做好的安全措施,如断开电源、隔断与运行设备的联系,对检修设备消压等。填写时应具体写明必须停电的设备名称(包括应拉开的开关、刀闸和保险等),必须关闭或开启的阀门,并悬挂标示牌;还应写明按《安规》规定应加锁的阀门。所有安全措施均填写设备编号,必须由工作许可人填写每项安全隔离措施的执行情况。

f. 电气第一种工作票第 6 项"危险点控制"栏的填写:必须填写所有的危险点,以及所采取的防范措施。工作班全体人员已明确此工作存在的上述危险及其防范措施,工作票签发人签名确认。由工作许可人填写工作地点保留的带电部分和补充安全措施。

g. 电气第一种工作票第 7 项"签收"栏的填写理解并核实此工作票上注明的所有安全措施,由 ON-CALL 组长填写收到工作票的时间,并签名确认。

h. 电气第一种工作票第 8 项"许可"栏的填写:工作许可人确认并填写"以上安全措施已经完成并足以确保工作安全",填写工作的时间从何时至何时,工作许可人和工作负责人对以上的安全措施的实施情况和工作时间进行核对后分别签名,工作负责人应向全体工作班成员交代安全措施、危险点和防范措施,最后所有工作班成员签名确认。

i. 电气第一种工作票第 9 项"工作负责人变更栏"的填写:由工作票签发人填写,工作期间工作负责人因故必须离开工作地点时,重新指定担任的工作负责人。工作负责人只允许变更一次。办完手续后工作票签发人和工作许可人分别签名,以保证工作交待清楚、保证工作内容安全。若无工作负责人变更,该栏不填写。

j. 电气第一种工作票第 10 项"工作延期栏"的填写:延期手续必须经过 ON-CALL 组长同意才能生效。经批准后,由工作许可人填上许可延期的期限,经工作负责人、工作许可人双方签名后,下联交工作负责人。延期手续只能办理一次。若工作不需延期,该栏不填写。

k. 电气第一种工作票第 11 项"工作结束"栏的填写:工作负责人确认该票指定的公共已经完成,现场已清理完毕,所有有关人员已全部撤离工作现场,所有有关人员已被通知停止工作,所有有关门户、围栏等已恢复原状之后,填写工作结束时间,工作负责人和工作许可人分别签名。

l. 电气第一种工作票第 12 项"工作终结"栏的填写:接地线拆除组数、编号和接地刀闸已拉开并锁上组数、编号情况的时间由工作许可人填写并签名,由 ON-CALL 组长填写确认此工作已终结的时间并签名。

电气第一种工作票第10项"备注"栏的填写：填写"工作票作废的原因"、"工作班成员更换"等不属于工作票1～12项,需注明备忘的事项；工作票终结时,需填写安全措施未恢复的原因等。本栏不得填写安全措施。

②电气第二种工作票填写的要求：

a. 电气第二种工作票第1项的填写：在"工作负责人（监护人）"栏,填写组织人员安全地完成工作票上所列工作任务的总负责人的姓名,对多班组复杂的工作,工作负责人应由部门主管工程师及以上人员担任,"工作负责人"栏应填该负责人姓名,负责人只能为一人。

"班组"栏：填写参加本工作票上所列工作的班组名称。可不填部门名称,但应将参加工作的所有班组均填上。

"工作班成员"栏：参加工作的成员人数为6人及以下时,填写参加工作的全体成员姓名；参加工作成员有6人以上的,除主要成员6人姓名应填写在票上外,其他成员的姓名可不填写在票上,但总人数必须填写清楚；在"共……人"栏,填写包括工作负责人在内的所有工作成员的总数。

b. 电气第二种工作票第2项的填写：在"设备名称"栏,要明确写明要工作的具体设备；在"工作地点"栏,填写实际工作地点。工作地点以一个电气连接部分（配电装置的一个系统中用刀闸或其他电气元件截然分开的部分）为限；在"工作内容"栏,要明确填写工作项目的具体内容。应填写双重称号。如涉及开关、母线、架构、变压器上工作,应注明电压等级。

c. 电气第二种工作票第3项"计划工作时间"栏的填写：填写工作开始至工作终结交付验收合格为止的时间,不包括送电操作时间。申请票的时间应包括停送电操作时间。

d. 第二种工作票第4项,"工作条件（停电或不停电）"栏的填写：填写进行该项工作时为保证人身安全、设备安全所必须具备的工作条件,即要断开的各种交直流电源（必须写清楚名称或编号）等。

工作条件分为三类："停电"、"不停电"、"部分停电"。

"停电"：系指一次设备及其二次回路均做停电措施的作业（不含备用状态的设备）。停用或切换有关操作把手（或开关）；拉开有关交直流开关、刀闸、保险器。

"不停电"：系指一次设备及其二次回路均不做停电措施的作业（含备用设备）。要写明主设备状态（运行、备用或运行方式）。

"部分停电"：系指一次设备其二次回路其中之一做停电措施的作业。写明主设备的状态（运行、备用、检修）。

e. 第二种工作票上第5项,"注意事项(安全措施)"栏的填写:填写各种开关断开后为防止误合必须悬挂的安全标示牌,以及装设安全围栏,需封的端子,需断开的压板等安全措施。

"工作条件"为"停电"的安全措施:主设备安全措施;悬挂有关标示牌或其他标志(如隔离布帘等);关闭(或打开)有关系统的阀门;停用有关保护或控制回路的连片或端子(要注明在运行人员监护下检修人员自理);工作组的自理措施及其他注意事项。

"工作条件"为"不停电"类的安全措施:要求运行监视、调整、控制、联系等运行方式所采取的措施;不停电状态下的检修人员自理措施或注意事项(如:保持安全距离,勿动无关设备,注意保持压力、液位、温度等运行参数,切换有关把手,电压、电流回路带电作业措施,防止误触碰、防振动措施,监视有关设备,停用有关保护(退压板要注明压板编号),脱离运行系统等。

"工作条件"为"部分停电"的安全措施:写明作业部位停电的具体措施或需在工作过程投、切电源的措施(注明检修人员自理);如在工作过程中临时需要停电或给电的作业应注明"与运行和有关班组联系好"的字样并在工作中认真执行有关措施;参照停电或不停电的安全措施内容填写补充的安全事项。

f. 第二种工作票上第6项,"危险点控制"栏的填写:必须填写所有的危险点,以及所采取的防范措施。工作班全体成员已明确此工作存在的上述危险及其防范措施之后,工作票签发人签名确认。

g. 第二种工作票上第7项,"许可"栏的填写:工作许可人确认以上安全措施已经完成并足以确保工作安全,并填写工作时间从何时至何时,工作许可人和工作负责人对安全措施的实施情况和工作时间进行核对后分别签名确认,工作负责人应向全体工作班成员交代安全措施、危险点和防范措施,最后所有工作班成员签名确认。

h. 第二种工作票上第8项,"工作结束"栏的填写:工作负责人确认该票指定的工作已经完成;所有有关人员及工具等均已撤离现场;所有有关人员已被通知停止工作;所有有关门户、围栏等均已恢复原状,并填写工作结束时间;工作负责人和工作许可人确认后分别签名。

i. 第二种工作票上第9项"备注"栏的填写:填写"工作票作废的原因"、"工作班成员更换"等不属于工作票1~8项,需注明备忘的事项,不得填写安全措施。

③机械工作票填写的要求：

a. 机械工作票第 1 项的填写：

在"工作负责人（监护人）"栏，填写组织人员安全地完成工作票上所列工作任务的总负责人的姓名，对多班组复杂的工作，工作负责人应由部门主管工程师及以上人员担任，"工作负责人"栏应填该负责人姓名，负责人只能为一人。

"班组"栏：填写参加本工作票上所列工作的班组名称。可不填部门名称，但应将参加工作的所有班组均填上。

"附页"栏：如果工作票上要求采取的安全措施填写不完，用"工作票安全措施附页"填写时，该栏填写本工作票安全措施附页的张数；如果无需用"工作票安全措施附页"时，该栏必须填写"无"。

b. 机械工作票第 2 项的填写：参加工作的成员人数为 8 人及以下时，在"工作班人员"栏填写参加工作的全体成员姓名；参加工作成员有 8 人以上的，除主要成员 8 人姓名应填写在票上外，其他成员的姓名可不填写在票上，但总人数必须填写清楚；"共……人"栏，填写包括工作负责人在内的所有工作成员的总数。

c. 机械工作票第 3 项的填写：在"设备名称"栏，要明确写明要工作的具体设备；在"工作地点"栏，填写实际工作地点；在"工作内容"栏，要明确填写工作项目的具体内容。应填写双重称号。

d. 机械工作票第 4 项"计划工作时间"栏的填写：填写工作开始至工作终结交付验收合格为止的时间，不包括送电操作时间。申请票的时间应包括停送电操作时间。

e. 机械工作票第 5 项"安全措施（填写不完可加附页）"的填写：填写要求 ON-CALL 人员做好的安全隔离措施，如断开电源、隔断与运行设备的联系，对检修设备消压、标示牌、遮拦等。填写时应具体写明必须停电的设备名称（包括应拉开的开关、刀闸和保险等），必须关闭或开启的阀门，并悬挂标示牌；还应写明按《安规》规定应加锁的阀门，所有安全措施均填写设备编号。安全隔离措施执行情况必须由工作许可人填写。

f. 机械工作票第 6 项"危险点控制"栏的填写：必须填写所有的危险点，以及所采取的防范措施。工作班全体人员已明确此工作存在的上述危险及其防范措施，工作票签发人签名确认。由 ON-CALL 人员补充安全措施，若没有则不填。

g. 机械工作票第 7 项"签收"栏的填写：理解并核实此工作票上注明的所

有安全措施,由值班负责人填写收到工作票的时间,并签名。

h. 机械工作票第8项"许可"栏的填写:工作许可人确认以上安全措施已经完成并足以确保工作安全,并填写工作时间为何时至何时,工作许可人和工作负责人对安全措施的实施情况和工作时间进行核对后分别签名。工作负责人应向全体工作班成员交代安全措施、危险点和防范措施,最后所有工作班成员签名确认。

i. 机械工作票第9项"工作负责人变更"栏的填写:由工作票签发人填写,工作期间工作负责人因故必须离开工作地点及时间时,重新指定担任的工作负责人。工作负责人只允许变更一次。办完手续后工作票签发人和工作许可人分别签名,以保证工作交待清楚、保证工作内容安全。若无工作负责人变更,该栏不填写。

j. 机械工作票第10项"工作延期"栏的填写:延期手续必须经过ON-CALL组长同意才能生效。经批准后,由工作许可人填上许可延期的期限,经工作负责人、工作许可人双方签名后,下联交工作负责人。延期手续只能办理一次。若工作不需延期,该栏不填写。

k. 机械工作票第11项"工作结束"栏的填写:工作负责人确认该票指定的工作已经完成;所有相关人员及工具均已撤离现场;所有相关人员已被通知停止工作;所有相关门户、围栏等已恢复原状,并填写工作结束时间;工作负责人和工作许可人分别签名确认。

l. 机械工作票第10项"备注"栏的填写:填写"工作票作废的原因"、"工作班成员更换"等不属于工作票1~11项,需注明备忘的事项;工作票终结时,需填写安全措施未恢复的原因等。本栏不得填写安全措施。

④动火工作票填写的要求:

a. 动火工作票第1项的填写:

"工作负责人(监护人)"栏:填写组织人员安全地完成工作票上所列工作任务的负责人的姓名,负责人只能为一人。

"班组"栏:填写参加本工作票上所列工作的班组名称。可不填部门名称,班组只能为一个。

b. 机械工作票第2项的填写:在"动火执行人"栏填写参加动火工作的成员名单,一般为一人,也可以为多人,不能超过三人。

c. 动火工作票第3项的填写:在"工作地点"栏,填写实际工作地点;"设备名称"栏,要明确填写要工作的具体设备。

d. 动火工作票第4项"动火内容"栏:要明确填写工作项目的具体内容。

应填写双重称号。

e. 动火工作票第 5 项"动火方式"栏：要明确填写动火的方式（焊接、打磨、切割、电钻、使用喷灯等）。

f. 动火工作票第 6 项"申请动火时间"栏：要明确填写动火动作的计划工作时间，填写工作开始至工作终结交付验收合格为止的时间，不包括送电操作时间。申请票的时间应包括停送电操作时间。

g. 动火工作票第 7 项"运行应采取的安全措施"栏的填写：要求 ON-CALL 人员做好的安全隔离措施，如断开电源、隔断与运行设备的联系，对检修设备消压、标示牌、遮拦等。填写时应具体写明必须停电的设备名称（包括应拉开的开关、刀闸和保险等），必须关闭或开启的阀门，并悬挂标示牌；还应写明按《安规》规定应加锁的阀门，所有安全措施均填写设备编号。安全隔离措施执行情况必须由工作许可人填写。

h. 动火工作票第 8 项"检修应采取的安全措施"栏的填写：要求检修人员完成现场动火工作的安全防护工作（如佩戴护目镜、防护手套等），完成工作现场危险源的阻隔工作，清理现场的易燃易爆危险化学品等，配置一定量的消防设备和器材，由工作票签发人、安监部门负责人、动火部门负责人负责审核采取的安全措施是否到位，并进行确认签字。

i. 动火工作票第 9 项"补充安全措施"栏：由 ON-CALL 人员补充安全措施，若没有则写"无"。

j. 动火工作票第 10 项"许可"栏：工作许可人确认以上安全措施已经完成并足以确保工作安全，并填写工作时间为何时至何时，工作许可人和工作负责人对安全措施的实施情况和工作时间进行核对后分别签名。

k. 动火工作票第 11 项"现场确认"栏：要求消防（ON-CALL 组长）负责人、工作负责人、动火执行人在现场确认应配置的消防器材和采取的消防设施、安全措施已符合要求，可燃性、易爆性气体含量或粉尘浓度测定合格，并在现场签字确认。

l. 动火工作票第 12 项"工作结束"栏：工作负责人确认该票指定的工作已经完成；所有相关人员及工具均已撤离现场；所有相关人员已被通知停止工作；所有相关门户、围栏等已恢复原状，并填写工作结束时间；工作负责人和工作许可人分别签名确认。

m. 机械工作票第 13 项"备注"栏：填写"工作票作废的原因"、"工作班成员更换"等不属于工作票 1~12 项，需注明备忘的事项；工作票终结时，需填写安全措施未恢复的原因等。本栏不得填写安全措施。

n. 一级动火工作票要求时间跨度1天,二级动火工作票要求时间跨度不超过5天。

⑤工作许可单填写的要求:

a. 工作许可单第1项的填写:

"工作负责人(监护人)"栏:填写组织人员安全地完成工作票上所列工作任务的总负责人的姓名,对多班组复杂的工作,工作负责人应由部门主管工程师及以上人员担任,"工作负责人"栏应填该负责人姓名,负责人只能为一人。

"班组"栏:填写参加本工作票上所列工作的班组名称,可不填部门名称,但应将参加工作的所有班组均填上。

"工作班成员"栏:参加工作的成员人数为6人及以下时,填写参加工作的全体成员姓名;参加工作成员有6人以上的,除主要成员6人姓名应填写在票上外,其他成员的姓名可不填写在票上,但总人数必须填写清楚;"共……人"栏,填写包括工作负责人在内的所有工作成员的总数。

b. 工作许可单第2项的填写:在"设备名称"栏,要明确填写要工作的具体设备;在"工作地点"栏,填写实际工作地点;在"工作内容"栏,要明确填写工作项目的具体内容。应填写双重称号。如涉及开关、母线、架构、变压器上工作,应注明电压等级。

c. 工作许可单第3项"计划工作时间"栏:填写工作开始至工作终结交付验收合格为止的时间。

d. 工作许可单第4项"工作条件(停电或不停电)"栏:填写进行该项工作时为保证人身安全、设备安全所必须具备的工作条件。

e. 工作许可单上第5项"注意事项(安全措施)"栏:填写现场应具备安全措施及其他安全注意事项。

f. 工作许可单第7项"许可"栏:工作许可人确认以上安全措施已经完成并足以确保工作安全,并填写工作时间从何时至何时,工作许可人和工作负责人对安全措施实施情况和工作时间进行核对后分别签名确认。

g. 工作许可单上第8项"工作结束"栏:工作负责人确认该许可单指定的工作已经完成;所有有关人员及工具等均已撤离现场;并填写工作结束时间;工作负责人和工作许可人确认后分别签名。

h. 工作许可单上第9项"备注"栏:填写工作许可单作废原因等不属于工作票1~7项需注明备忘的事项,不得填写安全措施。

4.1.3 操作票管理

(1) 操作票的一般规定和要求：

①操作票采用统一格式，编号由电厂 MIS 系统自动生成(年份-月日-当日次序)。

②下列操作可以不用操作票：

a. 事故处理。

b. 拉合开关的单一操作。

c. 拉开接地刀闸或拆除全厂仅有的一组接地线。上述操作必须记入运行日志里。

③必须使用操作票来进行电气倒闸操作，并遵守以下各项：

a. 操作票应由操作人填写和打印，票面应清楚整洁，不得涂改。

b. 每份操作票只能填写一个操作任务。

c. 操作票填写设备的双重名称，即设备名称和编号。

d. 电气操作必须严格按照操作监护制度执行，不允许在无人监护的情况下进行操作。倒闸操作必须由两人执行，其中对设备较为熟悉者作监护人。特别重要和复杂的倒闸操作，由熟练的值班员操作，值班负责人或 ON-CALL 组长监护。倒闸操作中途不准换人，监护人不准离开操作现场，不准做与操作无关的事情。

e. 操作人和监护人应根据模拟图或接线图核对所填写的操作项目，确保正确无误，分别签名，然后经值班负责人、ON-CALL 组长审核签名。

f. 倒闸操作开始前，应先在模拟图上进行模拟操作预演(有条件的进行微机预演)，操作时核对设备名称、编号、位置和状态，核对无误后再进行操作。操作中应认真执行监护复诵制。发布和复诵操作命令应严肃认真、准确、宏亮、清晰。

g. 操作时必须按操作票的顺序逐项操作，操作过程中不准跳项、漏项。操作中发生疑问时，应立即停止操作并向 ON-CALL 组长报告，弄清问题后再进行操作。不得随意更改操作票，不准随意解除闭锁装置。每操作完一项，应检查无误后做"√"记号，应注明主要开关(220 kV 开关)拉、合时间，全部操作完毕后进行复查。

h. 倒闸操作必须根据广西中调值班调度员命令，受令人复诵无误后执行，值守工程师接收指令和汇报的全过程(包括对方复诵命令)都要录音并作好记录。

i. 操作票最后一项的下方应有"以下空白"字样。

j. 在操作结束后,填写操作结束时间,加盖"已执行"字样章。

④必须使用操作票来进行电厂油、水、气系统及其他辅助设备操作,并遵守以下各项:

a. 操作票应由操作人填写和打印,票面应清楚整洁,不得涂改。

b. 每份操作票上只能填写一个操作任务。

c. 操作票上填写设备的双重名称,即设备名称和编号。

d. 填写操作票时,要根据设备状态和运行方式等实际情况填写操作任务。操作时应核对设备名称、阀门编号、实际位置是否与操作票内容相符,审核的程序与电气操作票相同。

e. 一个操作任务一般应始终由一个操作人和监护人进行,中途不得更换,若遇时间较长的大型操作,可以在操作告一段落进行交接班,但接班者必须重新核对操作票,确认无误后,各有关人员应在原操作票上签字,方可继续操作。

f. 在操作开始前,应先在现场进行模拟操作预演,操作时核对设备名称、编号、位置和状态,核对无误后再进行操作。操作中应认真执行监护复诵制。发布和复诵操作命令应严肃认真、准确、宏亮、清晰。

g. 每操作完一项,应检查无误后做"√"记号。

h. 操作票最后一项的下方应有"以下空白"字样。

i. 在操作结束后,填写操作结束时间,加盖"已执行"字样章。

(2)操作票的用词

①设备简称和用词:

a. 变压器:主变压器称"主变"、厂用高压变压器称"厂高变"。

b. 断路器:"出口断路器"、"母联断路器"、"高压侧断路器"、"低压侧断路器"、"中压侧断路器"、"××线出线断路器"、"进线断路器(厂用电)"等。

c. 隔离开关:"线路侧隔离开关"、"母线侧隔离开关"、"主变侧隔离开关"、"主变低压侧隔离开关"、"Ⅰ段母线侧隔离开关"、"Ⅱ段母线侧隔离开关"等。

d. 母线:"Ⅰ段母线"、"Ⅱ段母线"、"Ⅲ段母线"等。

e. 熔断器:"熔断器"等。

f. 线路:"220 kV ××线"。

②操作术语的用词(操作用词一般要求动词在前加操作内容;设备状态改变用词一般要求名词在前加初始状态至结果):

a. 断路器:合上、断开。
b. 隔离开关:合上、断开。
c. 保险:装上、卸下。
d. 继电保护及自动装置:投入、退出。
e. 控制方式:切至。
f. 小车式断路器:推至、拉至。
g. 接地线:装设、拆除。
h. 接地开关:合上、断开。

③检查、验电、装、拆安全措施的用词:
a. 检查:××(设备名称)××(状态)。
b. 验电:在××(设备名称)××处(明确位置)三相验明确无电压。
c. 装设接地线:在××(设备名称)××处(明确位置)装设××接地线(编号)。
d. 拆除接地线:拆除××(设备名称)××处(明确位置)××接地线(编号)。

(3) 操作票的相关管理规定

①已执行、未执行及作废的操作票至少保存三个月,由电厂发电部保存管理。

②电厂综合部(安生分部)每月对操作票执行情况,尤其是动态执行情况检查、分析、解决存在的问题,统计操作票的月合格率,对不合格操作票予以考核。

操作票月合格率=(当月使用的操作票份数－不合格份数)÷当月使用的操作票份数×100%。

③操作票面或执行过程中未遵守管理要求规定,操作违反《电业安全工作规程》,或有下列情况之一者,为不合格操作票:

a. 操作票无编号;编号不符合规定;未填写操作开始和结束的日期时间;操作票缺页;不按规定填写双重编号。

b. 一张操作票上填写超过一个操作任务;填写的操作任务不明确,操作项目不完整,设备名称、编号不规范;操作项目顺序不对。

c. 装设接地线(合地刀)前或检查绝缘前没验电,或没有指明验电地点;装、拆接地线没有写明地点,接地线无编号。

d. 主要断路器(220 kV)分合闸时间未填写。

e. 操作前不审票、不根据模拟图进行模拟操作预演;不做必要的模拟手势;不根据模拟图或接线图核对操作项目;操作中不唱票、不复诵和监护;全部操作完毕后不进行复查;操作票漏打"√"或多打"√"。

  f. 各级签名人员不具备资格、代签名、没有签名或未签全名。

  g. 未盖章或盖章不规范;票面模糊不清、有涂改。

  h. 与规定的操作术语不相符,设备名称、编号、操作票修改。

4.1.4 考核

（1）凡未按要求办理工作票和操作票,经厂部核实后,对相关人员进行扣罚 100 元,扣罚其所在部门 200 元,取消其及所在部门月度评优资格。

（2）不合格"两票"处罚：

①对操作票不合格者,若发现一次操作差错即中断千项操作无差错累计数,从零重新开始累计,且个人出现的一次操作差错一次性扣罚 20 元,之后每一次扣罚都在上一次扣罚金额的基础上翻倍扣罚（次数以年度为统计单位进行考核,不累计至下一年）,同时取消其月度评优资格。

②对工作票不合格者,若发现一张工作票差错即中断百张无差错累计数,从零重新开始累计。个人出现的第一份不合格票一次性扣罚 20 元,之后每一次扣罚都在上一次扣罚金额的基础上翻倍扣罚,同时取消其月度评优资格。

③违反本规定造成生产安全事故事件的相关责任人,根据电厂《安全生产奖惩规定》进行处罚。

4.2 劳动保护管理标准

4.2.1 劳动保护管理职责

（1）综合部为电厂劳动保护工作的管理部门,与电厂各部共同做好以下几个方面工作：

①贯彻执行国家和地方有关劳动保护的法律、法规、规定,建立健全企业劳动保护工作的规章制度和管理标准,组织制定和落实劳动保护计划。

②采取各种生产安全和工业卫生方面的技术和组织措施,改善员工的劳动条件。

③开展劳动现场安全卫生检查,进行劳动安全卫生知识教育培训,预防工伤事故和职业病危害的发生,协助调查和处理员工伤亡事故和职业病案例。

④管理和发放劳动防护用品。

⑤合理确定劳动工作时间,保证员工休息,使其劳逸结合,保障员工人身安全和健康。

(2) 配合公司工会从保障职工劳动权益的角度实施监督。

(3) 员工应遵守安全操作规程,坚持安全生产;发现危急征兆,应立即采取措施,尽力避免危害事故的发生和蔓延,当人力无法抗拒时,可先撤离后报告;对违章指挥,有权拒绝执行。

4.2.2 管理内容与方法

(1) 作业现场安全卫生要求:

①厂房和其他设施安全稳固,符合防火、防爆规定。

②厂房内根据劳动安全卫生要求的条件设置温度调节、通风、采光、照明、除尘、防毒、防噪等设施。

③生产区域内的设施、设备布局合理,厂内道路畅通。

④在易触电、易坠落等危险部位,设置防护设施和明显的警告标志。

(2) 劳动安全卫生教育:

①对新入职职工,按电厂管理制度要求进行三级安全教育,职工考试合格后,方可上岗。

②特种作业人员必须经相关机构培训合格,并取得资格证书后方可上岗。

③对从事电气作业,进行异常状况处置、急救、抢救方法的教育和训练。

(3) 劳动防护用品

①综合部根据电厂岗位、工作条件制定劳动防护用品配置表(附后),并按公司相关规定制订年度劳动防护用品计划。

②定期发放的劳动保护用品由综合部根据配置表定期采购,发放到个人。

③根据工作需要领用的劳动保护用品,经申请人所在部门审批后领用。

(4) 劳动防护用品费用:

劳动防护用品费用在年度预算中列支。

(5) 女职工劳动保护:

①怀孕期间可申请岗位照顾,经厂领导批准后,调整到工作量较轻松岗位予以照顾。

②哺乳期期间,每天可在工作时间内哺乳,上、下午各一次,每次不超过一小时,两次哺乳时间可以合并使用,哺乳时间算作劳动时间。女职工在哺乳期内不得安排其从事国家规定的第三级体力劳动强度的劳动和哺乳期禁忌从事的劳动,不得延长其劳动时间,一般不得安排其从事夜班劳动。

（6）职业病防治：

①电厂配合公司人力资源部做好职业病预防、控制及防治工作。

②电厂应做好职业病告知工作，在存在职业病危害的作业场所悬挂职业病告知卡。

③电厂应定期开展作业场所环境监测，及时将监测结果告知作业人员，并上报公司人力资源部。

4.3 安全工器具管理

4.3.1 安全工具种类

（1）电力安全工器具：是指为防止触电、灼伤、坠落、摔跌、物体打击、中毒等危害，保障人身安全的各种专用工具和器具。

（2）基本绝缘安全工器具：是指能直接操作带电设备或接触及可能接触带电体的工器具，如电容型验电器、绝缘杆、绝缘罩、绝缘隔板、携带型接地线、绝缘绳和绝缘夹钳等。

（3）辅助绝缘安全工器具：是指绝缘强度不是承受设备或线路的工作电压，只是用于加强基本绝缘安全工器具的保安作用，用于防止接触电压、跨步电压、泄露电流电弧对操作人员的伤害，如绝缘手套、绝缘靴、绝缘胶垫等。

（4）一般防护用具：是指防护工作人员发生事故的工器具，如安全带、安全帽、脚扣、升降板、梯子等。

（5）预防性试验：为防止使用中的电力安全工器具性能改变或存在隐患而导致在使用中发生事故，对电力安全工器具进行试验、检测和诊断的方法和手段。

4.3.2 管理要求

（1）管理原则：

①遵循"谁主管、谁负责"、"谁使用、谁负责"的原则，相关部门负责各自使用安全工器具的日常管理和预防性试验，落实资产全寿命周期管理要求，严格计划、采购、验收、检验、使用、保管、检查和报废等全过程管理，做到"安全可靠、合格有效"的管理工作流程。

②在使用或试验中损坏的安全工器具，由各部门负责人员登记，并出具不合格或报废证明，经部门负责人批准后由各部门重新填写采购单，物资部门负责按采购计划组织采购，严把产品质量，保障物资供应。

③综合部负责监督各部门安全工器具的使用和预防性试验。

（2）各班组管理要求：

①根据工作实际，提出安全工器具添置、更新需求。

②建立安全工器具管理台账，做到帐、卡、物相符，试验报告、检查记录齐全。

③组织开展班组安全工器具培训，严格执行操作规程，正确使用安全工器具，严禁使用不合格或超试验周期的安全工器具。

④安排专人做好班组安全工器具日常维护、保养及定期送检工作。

（3）安全工器具的使用、保管：

①安全工器具严禁超范围使用。

②安全工器具应有固定放置地点，安全工器具均应编号，对号存放。

③绝缘棒及验电器应垂直放置或悬挂，橡胶绝缘工器具应放在避光的柜橱内，并撒上滑石粉。

④安全工器具应存放温度为-15℃~35℃，相对湿度为50%~80%的干燥通风的支架或专用箱柜内。

⑤各专用安全工器具室内不得存放不合格的安全用具及其他物品。

（4）安全工器具的试验：

①各部门使用的安全工器具应按照《电业安全工作规程》及国家有关规定进行定期试验，未经试验及试验不合格、损坏的安全工器具严禁使用。试验要求如表4-1和4-2。

表4-1 常用电气绝缘工具试验一览表

序号	名称	电压等级（kV）	周期	交流电压（kV）	时间（min）	泄漏电流（mA）	附注
1	绝缘棒	6~10	每年一次	44	5		
		35~154		四倍相电压			
		220		三倍相电压			
2	绝缘挡板	6~10	每年一次	30	5		
		35(20~44)		80			
3	绝缘罩	35(20~44)	每年一次	80	5		
4	绝缘夹钳	≤35	每年一次	三倍线电压	5		
		110		260			
		220		400			
5	验电笔	6~10	每六个月一次	40	5		发光电压不高于额定电压的25%
		25~30		105			

续表

序号	名称	电压等级(kV)	周期	交流电压(kV)	时间(min)	泄漏电流(mA)	附注
6	绝缘手套	高压	每六个月一次	8	1	≤9	
		低压		2.5		≤2.5	
7	橡胶绝缘鞋	高压	每六个月一次	15	1	≤7.5	
8	核相器电阻管	6	每六个月一次	6	1	1.7~2.4	
		10		10		1.4~1.7	
9	绝缘绳	高压	每六个月一次	105/0.5 m	5		

表 4-2 登高安全工具试验标准表

序号	名称		试验静拉力(N)	试验周期	外表检查周期	试验时间(min)
1	安全带	大皮带	2205	半年一次	每月一次	5
		小皮带	1470			
2	安全绳		2205	半年一次	每月一次	5
3	升降板		2205	半年一次	每月一次	5
4	脚扣		980	半年一次	每月一次	5
5	竹(木)梯		试验荷重 1 765 (180 kg)	半年一次	每月一次	5

②应进行预防性试验的安全工器具:按规程规定的试验周期进行试验的安全工器具;新购置的安全工器具;检修后及零件经过更换的安全工器具;对性能发生疑问或发现缺陷时的安全工器具。

③安全工器具经预防性试验合格后,应由检验机构在合格的安全工器具上(不妨碍绝缘、使用性能且醒目的部位)牢固粘贴"合格证"标签或可追溯的唯一标识,并出具检测报告。各班组负责人员负责本部门安全工器具定期送至检验单位送检,并填写安全工器具台账及试验(检查)一览表(表 4-3)。

表 4-3 右江电厂安全工器具台帐及试验(检查)一览表

部门:　　　　　　　　　　　　　　　　　　　　　　　　　　制表时间:

序号	名称	规格	数量	试验值	试验(检查)周期	试验(检查)日期	试验(检查)结果	试验单位

(5) 检查与考核

①各部门每月应检查安全工器具和特殊防护用品使用及保管情况,发现问题及时解决。

②各班组每季度检查一次安全工器具和特殊防护用品的发放和使用情况,并进行评价、考核,对所发现的问题提出纠正措施和考核意见。

4.4 钥匙管理

4.4.1 人员职责

(1) 各级生产人员应遵守钥匙管理要求,发电部负责检查、监督各级成员执行情况并对违反要求的班组实行考核。

(2) 值班负责人负责检查、督促本值(班)成员做好钥匙管理。

(3) 值班成员对违反钥匙管理的其他成员给予提醒或制止。

4.4.2 日常生产钥匙管理

(1) 生产钥匙配备两套:一套用于运行人员巡检设备、检修人员或其他需要人员外借;另一套用于事故紧急备用。日常生产钥匙由发电部统一进行管理。

(2) 巡检用钥匙和外借钥匙均放置在办票室钥匙箱,电子锁钥匙放置在中控室,事故紧急备用钥匙放在中控室钥匙箱,安全工器具及设备操作工器具柜钥匙放在交接班室钥匙箱,按类分别挂放整齐。

(3) 各类钥匙和其放置地点都应贴好标签,标签描述准确完好,钥匙按位置悬挂。

(4) 各类钥匙如有损坏或丢失,应查明原因并及时补齐。

(5) 钥匙的借用必须经值班负责人同意并在《钥匙借用登记表》上登记,紧急备用钥匙作为事故紧急备用不得外借(规定中控室钥匙箱内的钥匙为紧急备用钥匙)。

(6) 钥匙的借用要明确使用时间且时间不得过长,不允许带出生产现场。

(7) 《钥匙借用登记表》的内容包括借用人、借用时间、借用钥匙种类及用途、经办人、归还时间、归还人、经办人。

(8) 外来人员借用钥匙时,应在《钥匙借用登记表》上注明其联系电话。

(9) 运行交接班各值要有专人对钥匙进行检查,检查钥匙是否齐全,放置是否正确。

(10) 中控室钥匙箱钥匙、办票室钥匙箱钥匙、交接班室钥匙箱钥匙和电子锁钥匙均统一存放在中控室,由值班员负责管理并按值移交。"远控值班"模式时,钥匙统一由 ON-CALL 值长负责管理,并按值移交。

4.4.3 紧急解锁钥匙管理

(1) 正常倒闸操作做隔离措施,不得使用 220 kV/110 kV GIS 解除闭锁钥匙,如确属工作需要必须使用紧急解锁钥匙才能操作,必须经发电部部长审核操作票,总工程师或主管生产领导批准同意,方可使用;用毕立即交回并注销登记。

(2) 任何情况下,严禁用强行拆除闭锁装置的办法解除闭锁进行操作。

(3) 使用紧急解锁钥匙进行的操作,必须在具有相应等级授权人员的严格监护下进行,不得一人操作。

(4) 设备紧急解锁钥匙应单独存放,存放位置应加锁。

(5) 设备紧急解锁钥匙的标签和编号应与存放位置的标签和编号对应,且标签和编号应规范清晰。

(6) 设备紧急解锁钥匙的使用要详细记录,记录内容包括:使用时间、使用地点、使用人、使用用途、批准人、经办人、归还时间、归还人、经办人。

(7) 在检修工作中,检修人员需要进行拉、合断路器、隔离开关试验时,需要用到紧急解锁钥匙,必须由工作许可人和工作负责人共同检查措施无误后,经值长检查确认,值班领导同意,由运行人员使用解锁钥匙进行解锁操作。

(8) 严禁非当班值班人员和检修人员使用紧急解锁钥匙。

4.4.4 电子密码卡管理

(1) 发电部负责对右江电厂重要设备室准入实行权限管理。

(2) 电子密码卡由发电部统一授权管理和发放,作为日常工作使用的电子密码卡均统一存放在中控室,由值班员负责管理并按值移交。"远控值班"模式时,电子密码卡统一由 ON-CALL 值长负责管理,并按值移交。

(3) 电子密码卡借用必须履行借用、归还登记手续,并在《钥匙借用登记表》中详细记录。

(4) 10 kV 配电室作为应急逃生通道,电厂人员和保洁人员需熟知其密码,设置密码为"8010",输入密码后,并按"♯"键确认,即可开门。

4.5 相关方安全管理

4.5.1 职责

(1) 右江电厂厂长对相关方管理负领导责任。

(2) 电厂各分管副职领导对分管范围内相关方的管理负直接领导责任。

(3) 发电部在工程(工作)质量和安全方面对以下工作负责：

①负责审查工作票所列安全措施是否正确完备，是否符合现场条件；工作现场布置的安全措施是否完善；负责检查停电设备有无突然来电的危险。

②在开工前根据现场系统设备运行情况以及工作的具体需要做好相关的安全措施。在检查所有安全措施正确完善并已实施后方可许可工作。

③在项目实施过程中，由于工作需要必须变更安全措施时，运行人员必须通知工作负责人，告知其具体情况，收回工作票并终止工作。待安全措施具备时方可许可继续工作。

(4) 检修部在工程(工作)质量和安全方面对以下工作负责：

①应正确安全地组织相关方开展工作；督促、监护工作人员遵守相关安全规定。

②监督相关方严格遵守本厂的技术标准和管理制度；参与并监督一般性单项验收。

③负责检查工作票所载安全措施是否正确完备和值班员所做的安全措施是否符合现场实际条件。

④工作前对工作人员交待安全事项；确保工作班人员变动合适；坚决杜绝违章作业行为。

(5) 综合部是外包工程安全工作的归口管理部门，对以下工作负责：

①签订合同前，审查相关方的安全资格认证和特种作业证书。

②审查相关方的安全管理人员是否满足要求。

③明确相关方的安全责任，签订安全生产责任书为合同附件。审查相关方制定的保证安全施工的安全技术措施，组织验收施工单位搭设的施工作业平台。

④如果在同一区域或系统，由两个及以上外包单位施工，协调组织各外包队伍明确各自的安全责任，并签订书面协议，作为工程的附件。

⑤监督施工单位按行业、工种、工作性质配备必要的、符合安全技术要求

的个人防护用品和护具。

⑥施工现场进行定期检查,发现安全隐患及时通知乙方整改,必要时可责令停工整改。

(6) 相关方职责:

①负责对员工进行安全教育和培训,自觉遵守电厂安全管理制度,履行安全管理职责。

②协助电厂开展安全告知工作,接受电厂安全监督检查和协调管理。

③做好自查自纠工作,管理措施落实到位,保障人员、设备安全。

④按照相关行业标准,规范作业,遵守劳动纪律,安全文明作业。

4.5.2 管理内容与要求

(1) 在相关方施工过程中要始终坚持贯彻"安全第一、预防为主、综合治理"的工作方针。各部门及相关方要严格执行有关安全管理制度。坚决杜绝违章作业、违章指挥行为。做到"有章可依、有章必依、违章必究"。真正将安全生产责任制落到实处。

(2) 综合部

①应向相关方索取相关资质证书、文件或证明,严把资格审核关,做好对相关方安全告知工作,做好资质、安全措施审查工作,签订安全生产责任书,明确双方权利、义务和责任,监督相关方做好安全工作。

②综合部应经常深入现场,检查监督相关方遵守电厂安全管理制度,发现有违反安全管理制度的情况及时纠正,并按规定给予惩处。对于情节严重的,电厂有权停止该合同的执行。

③综合部代表厂部行使工程项目的全过程管理和监督职能,对实施过程中发现的问题要及时指导纠正、协调处理,必要时可责令相关方停工整改。综合部质量负责人代表厂部组织重要的单项验收工作。工程全部竣工后,综合部代表厂部按照规定组织相关人员进行总体验收。

④综合部负责组织总体验收工作。综合部质量负责人在核查并认可竣工资料合格后,根据生产工作情况,及时组织安排项目的总体验收。验收人员一般由电厂及相关方负责人组成。验收时,必须深入现场,验收必须严格按有关工程验收规范进行,参与验收的各部门人员须在各自的职责范围内对现场实物、技术质量等方面进行核实查证,严格把关,并做好验收投入运行和使用的接收准备工作。检查结果一致认为项目符合有关要求或仅存在较小的问题时,验收组应在现场给出检查、验收结论,并在项目竣工验收单上签字

认证。检查发现尚存在较多问题,项目不予验收,责令相关方按汇总的存在问题进行返工,待整改完善后,另组织验收。

(3) 检修部

①检修部必须指定专门的工作负责人。工作负责人应按照厂部相关管理制度办理工作票;监护工作班成员的工作过程;监督工作班成员在工作中严格按照本厂的安全管理规定、检修规程、作业指导书等相关管理制度、技术规程开展工作;综合部代表厂部参与并监督承包单位一般性单项验收;监督现场的安全文明施工情况;协调其他事宜等。

②检修部要积极配合相关方开展工作,监督相关方依照电厂管理制度开展工作,纠正作业中的不安全行为,检查施工质量。

(4) 发电部

发电部要积极做好相关方项目的工作票、动火票办理等事宜。

(5) 相关方

①相关方在项目开工前要组建项目的安全管理组织机构,明确各级人员的安全责任,并指定专职的安全管理人员。项目实施过程中必须严格遵守电厂的各项安全管理规定,注意现场的安全文明施工,坚决杜绝违章作业、野蛮施工、冒险施工的行为。完工后现场要达到工完、料尽、场地清的效果。

②相关方在开工前的各项工作完成后,凭借综合部签发临时门禁卡方可进入电厂。

4.5.3 相关方事故处理

(1) 右江电厂发包的工程,不得"以包代管",对相关方在电厂施工过程中发生的人身伤害和生产设备损坏等事故,都要进行认真调查,严格执行"四不放过"原则。

(2) 发生人身重伤及以上人身事故、一般及以上火灾事故、生产设备损坏事故等事故,要及时汇报给右江公司安全生产办公室。按照有关规定,需向地方政府汇报的事故,必须同时汇报给地方政府,各单位均不得隐瞒事故。

(3) 根据事故具体情况组成调查组。调查组成员一般包括发包单位的领导、安全监察部门等部门、承包单位的负责人和安全负责人等。如果上级或当地政府有要求的,按要求执行。

(4) 根据事故调查组的分析结论和责任认定,由承担主要责任的一方具体负责统计、填写事故报告,处理善后事宜。

4.6　生产运行区域安全管理

生产运行区域是指进水塔启闭机室、214出线平台地下厂房运行机组段、公用辅助运行设备、GIS室、中控室等已移交电厂管理的区域设备所在。进入上述生产运行区域的右江公司、右江电厂、来访人员、施工单位、送(出)货等所有人员,均应服从安全管理。

4.6.1　进入生产运行区域管理规定

(1) 进入厂房的所有人员必须遵守以下几点要求:
①在厂房内禁止吸烟;
②进入厂房生产现场,必须按规定戴安全帽;
③高空作业时,必须系好安全带;
④不准在生产区域随意行走;
⑤禁止进入厂房警戒线(黄线)以内;
⑥严禁乱动、乱碰厂房内的所有设备;
⑦禁止生产现场互相追逐、打闹;
⑧严禁酒后作业。

(2) 右江电厂地下厂房实行来访登记制度。

(3) 若公司人员陪同参观人员进厂参观,必须事先电话征询中控室值守值长意见,在得到值守值长许可后方能到中控室领取安全帽柜钥匙,并及时给参观人员发放安全帽。(中控室电话　外线:2453006/2453007　内线:3006/3007)

(4) 离开厂房时,公司陪同人员应向中控室人员说明所有参观人员已离开,并负责将安全帽摆放整齐,如数归还至安全帽柜,安全帽柜钥匙可暂放在柜上,由值守值长统一回收保管,以备下次使用。

(5) 公司陪同人员进出地下厂房时必须在《右江水力发电厂地下厂房参观登记表》上按照有关要求进行登记,并负责参观人员的人身安全,禁止参观人员现场乱碰、乱爬设备,禁止参观人员踏进黄色警戒线范围内。

(6) 一旦厂房发生事故或火灾事故等情况,应立即终止所有参观人员参观活动,一切听从当班ON-CALL值长和参观领队的统一安排,有序、有组织地撤离。

4.6.2　厂房公用安全帽管理规定

（1）发电部是厂房安全帽柜的管理部门，负责组织保洁人员对安装间安全帽柜进行整理、清洁、清扫工作，对安全帽的完好性进行核实；若发现安全帽有损坏、脱绳等情况，应及时通知发电部更换或处理。

（2）发电部值守值长负责管理好安装间安全帽柜钥匙。

（3）安装间安全帽只提供给参观人员使用，未经许可任何人不得擅自挪用。

4.7　进入有限空间作业管理

4.7.1　基本情况

（1）有限空间是指封闭或部分封闭，进出口较为狭窄有限，未被设计为固定工作场所，自然通风不良，易造成有毒有害、易燃易爆物质积聚或氧含量不足的空间。有限空间作业是指作业人员进入有限空间实施的作业活动。

（2）右江电厂有限空间分类：

①封闭、半封闭设备：调速器压力油罐，高、低压气罐，尾水管，蜗壳等。

②地下有限空间：检修集水井，渗漏集水井，集水井排水廊道，化粪池，事故集油池等。

4.7.2　有限空间危险作业规范及安全防范措施

（1）按照先检测、后作业的原则，凡是进入有限空间危险作业场所作业，必须根据实际情况先检测其氧气、有害气体、可燃性气体含量，将检测结果记录在"工作票安全措施栏"内，符合安全要求后，方可进入作业。未经检测，严禁作业人员进入有限空间。

（2）确保有限空间危险作业现场的空气质量，其中氧气含量：$18\% < O_2 < 23.5\%$，可燃气体含量：$LEL < 25\%$。

（3）有限空间危险作业进行过程中，在氧气浓度、可燃性气体浓度可能发生变化的危险作业中应保持必要的测定次数或连续检测。

（4）作业时所用的一切电气设备，必须符合有关用电安全技术操作规程，照明应使用安全矿灯或12伏以下的安全灯，使用超过安全电压的手持电动工具，必须按规定配备漏电保护器。

（5）作业人员进入有限空间危险作业场所作业前和离开时应准确清点人数，采取必要通风措施，保持有限空间空气流通良好。

（6）严禁无关人员进入有限空间危险作业场所，并应在醒目处设置警示标志。

（7）在有限空间危险作业场所，必须配备相应的抢救器具，以便在非常情况下抢救作业人员，必须设有专人现场监护。

（8）当作业人员在与输送管道连接的密闭设备（如油罐、气罐等）内部作业时必须严密关闭阀门，加挂链条上锁，并在醒目处设立"禁止操作"的标志。

（9）进入有限空间危险作业前应履行审批手续，填写工作票。逐项落实各项措施，经有限空间危险作业场所负责人和安全部门负责人审核、厂长批准后，方可进入作业。

（10）作业（施工）完毕后，现场及时清理干净，安全员、操作人必须在表内签名确认。

（11）按规定正确穿戴劳动防护用品、防护器具和使用工具。

4.7.3 进入有限空间危险作业人员职责

（1）严格按照右江电厂《两票管理制度》执行，按要求写明工作内容、地点、时间、作业场所需采取的安全措施。

（2）值班负责人作业前应检查作业场所安全措施是否符合要求。

（3）按规定穿戴劳动防护服装、防护器具和使用工具。

（4）熟悉应急预案，掌握报警联络方式。

4.7.4 作业监护人的职责

（1）监护人必须有较强的责任心，熟悉作业区域的环境、工艺情况，能及时判断和处理异常情况。

（2）监护人应对安全措施落实情况进行检查，发现落实不好或安全措施不完善时，有权提出暂不进行作业。

（3）监护人应和作业人员拟定联络信号。在出入口处保持与作业人员的联系，发现异常时，应及时制止作业，并立即采取救护措施。

（4）监护人应熟悉应急预案，掌握和熟练使用配备的应急救护设备、设施、报警装置等，并坚守岗位。

（5）监护人应携带工作票到工作现场并负责保管、记录有关问题。

4.7.5 禁止要求

(1) 禁止以下作业
①无办理工作票的作业。
②与"工作票"内容不符的作业。
③无监护人员的作业。
④超时作业。
⑤不明情况的盲目救护。
(2) 禁止以下人员进入有限空间危险作业
①在经期、孕期、哺乳期的女性。
②有智力、听力、视力等严重生理缺陷者。
③患有深度近视、癫痫、高血压、过敏性气管炎、哮喘、心脏病、精神分裂症等疾病者。
④有外伤疤口尚未愈合者。

4.7.6 培训以及应急救援

(1) 培训：应对有限空间作业负责人员、作业者和监护者开展安全教育培训，培训内容包括：有限空间存在的危险特性和安全作业的要求；进入有限空间的程序；检测仪器、个人防护用品等设备的正确使用；事故应急救援措施与应急救援预案等，培训应有记录。培训结束后，应记载培训的内容、日期等有关情况。

(2) 应急救援：生产管理部门应制定有限空间作业应急救援预案，明确救援人员及职责，落实救援设备器材，掌握事故处置程序，提高对突发事件的应急处置能力。预案每年至少进行一次演练，并不断进行修改完善。有限空间发生事故时，监护者应及时报警，救援人员应做好自身防护，配备必要的呼吸器具、救援器材，严禁盲目施救，导致事故扩大。

4.8 高处作业管理

4.8.1 基本情况

(1) 高处作业：离坠落基准面高度为 2 米以上(含 2 米)地点进行的工作，都应视为高处作业。

（2）高处作业分一般高处作业和特殊高处作业两类。在作业基准面2米（含2米）以上30米以下（不含30米）的，称为一般高处作业；符合以下情况的高处作业为特殊高处作业：

①在作业基准面30米（含30米）以上；

②雨雪天气；

③夜间；

④在有限空间内的高处作业；

⑤接近或接触带电体；

⑥突发灾害的高处作业。

4.8.2 高处作业的规定和要求

（1）高处作业应使用合格的脚手杆、脚手板、挡脚板、吊架、梯子、防护围栏、安全带、安全绳、防坠器和移动脚手架等。作业前，应认真检查所使用的安全设施是否结实、牢固。

（2）从事高处作业的人员必须身体健康。凡患有恐高症、精神病、癫痫病及经医师鉴定患有高血压、心脏病等不宜从事高处作业病症的人员，不准参加高处作业。凡发现工作人员有饮酒、精神不振时，禁止高处作业。高处作业人员需经过培训，且持有高空作业证。

（3）作业基准面30米以上作业人员，每次作业前必须经过体检，合格后方可从事作业。如遇紧急情况，可将半年内的体检报告作为批准作业的依据。

（4）高处作业人员应穿着轻便服装（工作服、检修服）、工作鞋；不得穿硬底、铁掌和易滑的鞋。

（5）在没有脚手架或者没有栏杆的脚手架上工作，高度超过1.5 m时，必须使用安全带，或采取其他可靠的安全措施。安全带的挂钩或绳子应挂在结实牢固的构件上，或专为挂安全带用的钢丝绳上，禁止挂在移动或不牢固的物件上。

（6）工作人员高处作业必须戴安全帽、系安全带，使用安全带应事先详细检查有无破裂或损伤，禁止使用不合格品；安全带必须系在施工作业地点的上方牢固构件上，不得系挂在有尖锐棱角的部位；安全带系挂点下方应有足够的空间，如空间不足可短系使用；安全带必须高挂（系）低用，不得采用低于腰部水平的系挂方法；严禁使用绳子捆绑腰部代替使用安全带。

（7）高处作业所用的工具、材料严禁上下投掷，要用绳系牢后往下或往上吊送；高处作业必须使用工具袋，较大的工具应用绳拴在牢固的构件上，不准随意乱放,以免从高空坠落发生事故。

(8)在进行高处工作时,不准在工作地点的下面通行或逗留,工作地点下面应有围栏或装设其他保护装置,防止落物伤人。如在格栅式的平台上工作,应采取防止工具和器材掉落的措施。

(9)垂直上下层同时进行工作时,中间必须搭设严密牢固的防护隔板、罩棚或其他隔离设施。

(10)高处作业人员严禁骑坐在脚手架的栏杆上或踏在、倚在未安装牢固的设备、管道或其他构件上。

(11)当有六级以上(含六级)的大风和雷电、暴雨、大雾等气象条件时,禁止进行露天高处作业。

(12)高处作业人员不得站在不坚固的结构物(石棉瓦、木板条等)上进行作业。

(13)高处作业应有充足的照明,禁止在灯光昏暗的情况下进行高处作业。

(14)在30米以上高处作业,要专门设置与地面联系的通信设施(如对讲机等),并由专人负责通信联系。

(15)使用梯子应符合下列规定和要求:

①在使用前应对梯子进行检查,平时有专人负责保管、维护、修理,禁止使用有缺陷的梯子进行高处作业。

②在梯子上工作时,梯子与地面的斜角度为60°左右。工作人员必须蹬在距梯顶不少于1 m的梯蹬上工作。

③梯子的支柱应能承受工作人员携带工具攀登时的总重量。梯子的横木应嵌在支柱上,不准使用钉子钉成的梯子。梯阶的距离不得大于40 cm。

④工作前应把梯子安置稳固,禁止使其动摇或者倾斜过度。在水泥或者光滑坚硬的地面上使用梯子时,其下端应安置橡胶套或橡胶布,同时应用绳索将梯子下端与固定物缚住。

⑤靠在管子上使用的梯子,其上端应有挂钩或用绳索缚住。严禁将梯子架设在不牢固的支持物上使用。

⑥严禁两人同时站在同一单梯子上进行工作,作业人员不得站在梯子顶端,用靠梯时应距顶端不得少于四步,用人字梯时不得少于两步。靠梯、人字梯应用绳索进行固定,且固定连接绳索在作业前要检查合格,不得用电线等其他物品代替。

⑦梯子上有人时,严禁移动梯子。

⑧在转动机器附近使用梯子时应在梯子与机械的转动部分之间,设置临时的防护隔离设施。

⑨人字梯应具有坚固的铰链和限制开度的拉链。

⑩软梯必须每半年进行一次荷重试验,试验时以 500 kg 的重量挂在绳索上,经 5 min 若无形变或损伤即认为合格,然后才准许继续使用。实验结果应作记录,由试验负责人签字。过期未试验的软梯,禁止继续使用。

⑪软梯的架设应指定专人负责或由使用者亲自架设。未经批准的人员不准攀登软梯,也不允许做软梯的架设工作。

(16) 使用脚手架(或作业平台)应符合下列规定和要求:

①搭设脚手架(或作业平台)的杆柱应使用焊接钢管或无缝钢管。禁止使用弯曲、压扁或者有裂缝的钢管。各个钢管的连接部分应完整无损,以防倾倒或移动。

②脚手板使用毛竹或楠竹,再用螺栓将竹片并列连接而成。螺栓直径 8 mm~10 mm,间距 500 mm~600 mm,螺栓离端部 200 mm~250 mm。竹片宽度不应小于 30 mm,厚度不应小于 8 mm。

③禁止使用铁丝、绳索和电线等作为钢管脚手杆的连接材料,应使用符合标准(GB 15831—2006 钢管脚手架扣件)的扣件材料。新购置的扣件材料应有出厂合格证明。

④脚手架荷载必须能足够承受站在上面的人员和物件等的重量,并留有一定裕度,严禁超荷载使用。禁止在脚手架上进行起重作业、聚集人员或放置超过计算荷重的材料。

⑤脚手架应装有牢固的梯子,以便工作人员上下和运输材料。

⑥离地面高度超过 1.5 m 的脚手架,应设有 1.2 m 高的围栏,并在其下部加设 12 cm 高的护板。

⑦作业层应铺满、铺稳脚手板,脚手板与脚手板应连接牢固,间隙不得超过 100 mm×100 mm。脚手板的两头应放在横杆上,固定牢固。脚手板不准在跨度间有接头。

⑧搭设好的脚手架,未经验收不得擅自使用。使用的工作负责人每天上脚手架前,必须进行脚手架整体检查。

⑨脚手架上使用电焊、气焊时,应做好防火措施,防止火星和切割物溅落引起火灾。

⑩脚手架上禁止乱拉电线。若必须使用临时电源线路,应确保脚手架的金属结构可靠接地。

⑪在工作过程中,不准随意改变脚手架的结构,有必要时,须经过搭设脚手架的技术负责人和验收负责人同意。

4.8.3 高处作业相关人员的职责

(1) 高处作业负责人(监护人)职责:
①负责制定安全措施并监督实施,组织安排作业人员,对作业人员进行安全教育,确保作业安全;
②负责确认高处作业安全措施执行到位,如遇危险情况命令停止作业;
③高处作业过程中不得离开作业现场;
④监督高处作业人员按规定完成作业,及时纠正违章作业。

(2) 高处作业人员职责:应遵守高处作业安全管理标准,按规定穿戴劳动保护用品和安全保护用具,认真执行安全措施,在安全措施不完善或没有办理有效作业票时应拒绝高处作业的申请。

(3) 高处作业所在部门(含 ON-CALL 组)职责:会同高处作业负责人检查安全措施是否落实到位;不定期对作业现场进行安全巡视和督查,确保作业场所符合高处作业安全规定。

(4) 综合部(安生分部)职责:负责对高处作业的安全设施进行三级安全验收,对高处作业现场进行安全巡视和检查,督促和检查高处作业安全措施的落实,如发现高处作业有违规违章行为及时制止,并按照电厂的相关管理制度进行处理和处罚。

4.9 消防安全管理

4.9.1 一般要求

(1) 右江电厂消防安全管理工作贯彻"谁主管,谁负责"、"设备、消防一体化"的原则。

(2) 各部门应积极贯彻"预防为主,防消结合"的工作方针,建立防火责任制,明确职责,制定切实可行的消防管理与防火检查等制度。

(3) 综合部是电厂防火安全管理部门,各相关部门必须在综合部统一协调下,管理消防安全。

4.9.2 组织机构

(1) 为加强消防工作组织领导,增强预防火灾和处理灾情的能力,右江电厂成立消防领导小组，成员如下：

组长：常务副厂长。

副组长：副厂长、总工程师。

成员：各部门责任人。

(2) 消防领导小组办公室设在综合部，由主管安全的副部长兼任。

4.9.3 职责

(1) 消防领导小组职责：

①负责消防安全管理领导工作。

②贯彻执行国家有关法律法规及上级单位有关规章制度，建立健全各级消防安全责任制。

③批准年度消防安全工作计划，保证经费的投入。

④组织防火检查，及时处理涉及消防安全的重大问题。

(2) 消防领导小组办公室职责：

①负责消防领导小组办公室的日常管理工作。

②负责宣传国家及地方政府的消防法规，贯彻执行国家有关法律法规及上级单位有关规章制度，接受地方消防部门的业务指导。

③建立、健全电厂消防网络，根据"定配置地点、定规格数量、定责任部门"原则，制定消防管理制度。

④组织全厂消防知识培训。

⑤对移动式消防器材的配置、补充定额进行审核。

⑥负责所管辖范围内消防器材的年检。

⑦根据《电力设备典型消防规程》和有关标准制定各处消防器材的配置定额。

(3) 其他部门职责：

①贯彻执行消防法规、本厂及上级单位有关规章制度，成立本部门防火安全领导小组，落实消防安全责任制，保证本部门的消防安全符合规定。

②督促所属班组（值）设置义务消防员，保证义务消防员的技能、数量符合《电力设备典型消防规程》要求。

③制订本部门年度消防安全工作计划。

④负责所管辖范围内消防设施、器材日常巡检等工作，并对移动式消防设备、器材、空气呼吸器、防毒面具等统一建立台账。

⑤负责本部门责任范围的防火检查和火灾隐患的整改工作。

4.9.4　消防安全责任区域划分

（1）固定式消防设备、设施的责任区域由检修部管理。固定式消防设备、设施指消防水系统、联控设备、消防自动报警系统、设备专用消防设施等。

（2）移动式消防器材责任区域见《右江发电厂消防安全责任区域划分表》。

4.9.5　管理规定

（1）右江电厂属重点防火单位,其消防管理应严格遵守《中华人民共和国消防法》、《中华人民共和国消防条例》、《电力设备典型消防规程》及上级单位有关规定。

（2）各部门责任区域应保持干净、整洁,不得堆放杂物,不得遗留可燃物。

（3）消防器材的发放：

①消防设施的合理配置是贯彻"预防为主、防消结合"方针的前提和必要条件,其配置一定要做到适量、适用、合理。

②所配备的消防器材要做到定人保管,定点放置,定期检查,始终保持良好备用状态,发现人为的损坏、挪用,按"谁损坏,谁负责"的原则进行处理。

③各类消防器材的领发应指定专人负责,补发由所需部门书面申请报综合部审核,并经综合部负责人签字后方可领用。

④需更换的消防器材,必须以旧更新,并写明更换原因,到期需更换的灭火器必须申报,由综合部审核,综合部负责人签字后方可领用更换。

（4）消防器材、消防设施的使用及安全管理：

①消防器材及消防设施主要包括：各种灭火器、消防栓、水枪、火灾自动报警器及灭火系统、消防装备、阻燃防火材料及其他消防产品,只限消防专用,禁止占用或挪用,禁止非工作性移动位置,禁止损坏。

②消防器材及设施的日常维护和保养,由归口部门进行。

③消防器材及设施必须纳入生产设备管理中,配置的灭火器一律实行挂牌责任制,实行定位放置,定人负责、定期检查维护的"三定"管理。

④各部门对责任范围消防器材、设施,应设立台账,各类消防器材的领发原则上由部门兼职防火员(安全员兼任)负责。

⑤各部门对所辖区域消防设施的定期检查、维护,每月不应少于一次,以保证能有效投入使用。定期检查、维护时,应认真填写记录,巡检内容包括：

a. 消防设施、器材及消防安全标志是否就位、完整。

b. 灭火器材数量是否充足,压力是否正常,外形是否完好。

c. 消防栓柜门是否完好,阀门有无锈蚀现象,消防水带、水枪是否完好,水带卷法是否符合要求。

d. 消防水系统各组成部件有无损坏,各水喷头有无渗漏现象。

e. 消防通道是否畅通。

f. 防火门是否处于正常状态。

g. 安全疏散标志、应急照明是否完好。

h. 自动报警、自动灭火系统是否正常完好。

⑥消防器材在使用后必须更换到位,在使用过程中,应注意不要损坏,并保持无灰尘、无油污。

⑦新接管运行区域移动式消防器材的补充,由责任部门协助综合部进行。

⑧消防器材在巡检中发现失效、损坏、过期等情况,应及时报告责任部门及综合部,查明原因,及时更换。

⑨移动式消防器材应放置在干燥、通风、取用方便的地方,防止日晒雨淋及生锈损坏。放置部位处应有禁止阻塞标志,防止物品放置造成消防通道堵塞。

⑩操作人员应掌握消防器材的使用,掌握扑灭火灾的基本办法,熟悉各部位消防器材及设施的配备情况。

(5) 油库安全防火管理:

①油库区要有明显的"严禁烟火"标志。

②油库区禁止动火,因工作需要确需动火作业时,需办理相应动火手续,落实技术措施、组织措施、安全措施后,方可进行。

③油库区必须安装防爆灯具,且其功率不得超 60 W。

④储油罐凡有排气呼吸阀、安全阀的,要定期进行安全检查、维护,保持阀门完好。

⑤油库区周围不准堆放易燃物品。

⑥油库区通道及出入口不准堵塞,保持畅通。

⑦油库区禁止乱拉临时线,电器设备应采取防爆措施。

⑧对本部门的消防器材要妥善保管,工作人员应熟悉放置地点及使用方法。

(6) 防火检查:

①电厂每半年组织一次防火巡检。巡查的内容包括:

a. 火灾隐患的有关整改情况及防范措施的落实情况。

b. 消防车通道、消防水源、消防管道、主要阀门、消防栓情况。

c. 灭火器材配置及有效情况。

d. 重点工种人员以及其他员工消防知识的掌握情况。

e. 用火、用电有无违章情况。

f. 安全出口、疏散通道是否畅通，安全疏散指示标志、应急照明是否完好。

g. 消防设施、器材和消防安全标志是否在位、完整。

h. 消防安全重点部位的人员在岗情况。

i. 其他消防安全情况。

②每年应对自动消防设施进行全面检查测试，并出具检测报告，存档备查。

③严格按照有关规定定期对灭火器进行维护保养和维修检查。对灭火器应当建立档案资料，记明配置类型、数量、存放地点、设置及检查维修部门（人员）等有关的情况。

(7) 火灾隐患整改：

①对下列违反消防安全规定的行为，应当责成有关人员当场改正并督促落实：

a. 违章进入储存易燃易爆危险物品场所的。

b. 违章使用明火作业或者在具有火灾、爆炸危险的场所吸烟、使用明火等违反禁令的。

c. 将安全出口上锁、遮挡，或者占用、堆放物品影响疏散通道畅通的。

d. 消火栓、灭火器材被遮挡影响使用或者被挪作他用的。

e. 消防设施管理、值班人员和防火巡查人员脱岗的。

f. 违章关闭消防设施、切断消防电源的。

g. 其他可以当场改正的行为。

h. 违反前款规定的情况以及改正情况应当有记录并存档备查。

②对不能当场改正的火灾隐患，应当及时将存在的火灾隐患向电厂综合部和责任部门负责人或消防安全责任人报告，提出整改方案。责任部门或者消防安全责任人应当确定整改的措施、期限以及负责整改的有关人员，并落实整改资金。

③在火灾隐患未消除之前，应当落实防范措施，保障消防安全。不能确保消防安全，随时可能引发火灾或者一旦发生火灾将严重危及人身、设备安全的，应当将危险部位停产停业整改。

④火灾隐患整改完毕，负责整改的部门应当将整改情况记录报送消防安

全责任人签字确认后存档备查。

(8) 消防安全教育培训：

①通过多种形式开展经常性的消防安全宣传教育。宣传教育和培训内容包括：

a. 有关消防法规、消防安全制度和保障消防安全的操作规程。

b. 本部门、本岗位的火灾危险性和防火措施。

c. 有关消防设施的性能、灭火器材的使用方法。

d. 报告火警、扑救初起火灾及自救逃生的知识和技能。

e. 各部门应当组织新上岗和进入新岗位的员工进行上岗前的消防安全培训。

②下列人员应当接受消防安全专门培训：

a. 电厂的消防安全责任人、消防主管（专责）。

b. 专、兼职消防管理人员。

c. 其他依照规定应当接受消防安全专门培训的人员。

(9) 防火应急预案的编制及演练：

①灭火和应急预案应当包括下列内容：

a. 组织机构，包括：灭火行动组、通信联络组、疏散引导组、安全防护救护组、火警监控组。

b. 报警和接警处置程序。

c. 应急疏散的组织程序和措施。

d. 扑救初起火灾的程序和措施。

e. 通信联络、安全防护救护的程序和措施。

f. 按照灭火和应急预案，至少每年进行一次演练，并结合实际，不断完善预案。各部门应当结合本部门实际，参照制定相应的应急方案，至少每年组织一次演练。消防演练时，应当设置明显标识并事先告知演练范围内的人员。

4.10 安全标志管理办法

4.10.1 一般要求

(1) 电厂安全标志依据《图形符号安全色和安全标志》(GB/T 2893.5—2020)，制定管理要求，实行安全、警示、动态管理原则。

(2) 管理内容主要包括安全警示标志、标牌的采购、制作、安装和维护等方面。

4.10.2 采购、制作

(1) 安全警示标志、标牌的采购、制作由电厂综合部负责,采购制作的标志和标牌必须符合《图形符号安全色和安全标志》(GB/T 2893.5—2020)的规定。

(2) 安全警示标志:

①安全警示标志包括:安全色和安全标志。

②安全色是指传递安全信息含义的颜色,包括红色、蓝色、黄色和绿色。

a. 红色:表示禁止、停止,危险等意思;

b. 蓝色:表示指令,要求人们必须遵守的规定;

c. 黄色:表示提醒人们注意,凡是警告人们注意的器件、设备及环境应以黄色表示;

d. 绿色:表示给人们提供允许、安全的信息。

③对比色是使安全色更加醒目的反衬色,包括黑、白两种颜色。

④安全标志的分类:禁止标志、警告标志、指令标志和提示标志四类。禁止标志的基本形式是带斜杠的圆边框;警告标志的基本形式是正三角形边框;指令标志的基本形式是圆形边框;提示标志的基本形式是正方形边框,提示标志提示目标位置时要加方向辅助标志,按实际需要指示方向时,辅助标志应放在图形标志的左方;如指示右向时,应放在图形标志的右方;文字辅助标志的基本形式是矩形边框。

⑤颜色:安全标志所用的颜色应符合《安全色》(GB 2893—2001)规定。

(3) 安全标志牌的要求:

①标志牌的衬边:安全标志牌要有衬边。除警告标志边框用黄色勾边外,其余全部用白色将边框勾一窄边,即为安全标志的衬边,衬边宽度为标志边长或直径的 0.025 倍。

②标志牌的材质:安全标志牌应采用坚固耐用的材料制作,一般不宜使用遇水变形、变质或易燃的材料。有触电危险的作业场所应使用绝缘材料。

③标志牌表面质量:标志牌应图形清楚,无毛刺、孔洞和影响使用的任何疵病。

④尺寸:

a. 标志尺寸的选择应以标志传递的信息所要保证的最大观察距离为准。

要根据所要传递信息的要求及客观环境的条件(场景的大小及标志所设的位置)确定最大观察距离。

b. 最大观察距离确定后,按《图形标志 使用原则与要求》(GB/T 15566—1995)表1中规定尺寸系列选择合适的标志尺寸。

c. 组合标志应在选定了每个单一标志的大小后,再根据《图形标志 使用原则与要求》(GB/T 15566—1995)第7章相关布置要求确定其尺寸。

⑤标志牌的型号选用符合《安全标志使用导则》(GB 16179—1996)有关规定。

(4) 制作:

①各种图形标志必须按照规定的图案、线条宽度成比例放大制作,不得修改图案。

②图形标志(公共信息图形标志除外)应带有衬边。除警告标志用黄色外,其他标志均使用白色作为衬边。衬边宽度为标志尺寸的0.025倍。

③用灯箱显示标志时,灯箱的制作应符合有关标准的规定。

④有触电危险的场所,应使用绝缘材料制作标志。

⑤室外露天场所设置的消防安全标志及交通标志宜用反光材料或自发光材料制成。

⑥对防火有要求的标志应使用不燃材料,否则应在其外面加设玻璃或其他不燃透明材料制成的保护罩。

⑦特殊场合使用的标志的材料应符合有关规定。

4.10.3 设置安装

(1) 固定方式:标志牌的固定方式分附着式、悬挂式和柱式三种。悬挂式和附着式的固定应稳固不倾斜,柱式的标志牌和支架应牢固地联接在一起。

(2) 设置要求:

①标志牌应设在与安全有关的醒目地方,并使大家看见后,有足够的时间来注意它所表示的内容。环境信息标志宜设在有关场所的入口处和醒目处;局部信息标志应设在所涉及的相应危险地点或设备(部件)附件的醒目处。

②标志的偏移距离应尽可能小。对位于最大观察距离的观察者,偏移角不宜大于15°,如受条件限制,无法满足该要求,应适当加大标志的尺寸。

③标志牌的平面与视线夹角应接近90°,观察者位于最大观察距离时,最大夹角不低于75°。

④标志牌不应放在门、窗、架等可移动的物体上,以免这些物体位置移动

后,看不见安全标志。标志的正面或其邻近不得有妨碍人们视读的固定障碍物(如广告牌等),并尽量避免经常被其他临时性物体所遮拦。

(3) 高度:

①标志牌的设置高度应尽量与人眼的视线高度相一致。悬挂式和柱式的环境信息标志牌的下缘距地面的高度不宜小于 2 m。

②局部信息标志的设置高度应视具体情况确定。

③"紧急出口"标志的设置高度遵照《消防安全标志设置要求》(GB 15630—1995)第 6.10.1 条的规定。

(4) 图形标志方向:

①设置很有方向性的图形标志时,应避免其方向与实际场景的方向相矛盾。

②导向标志中的图形标志如含有方向性,则其方向应与箭头所指方向相一致,如不一致,应改变图形标志的方向。

③设置禁止标志时,标志中的否定直杆应与水平线成 45°夹角。

(5) 照明要求:

①标志牌应设置在明亮的环境中。如在应设置标志的位置附近无法找到明亮地点,则应考虑增加辅助光源或使用灯箱。

②用各种材料制成的带有规定颜色的标志经光源照射后,标志的颜色仍应符合有关安全色标准的规定。

(6) 固定:各种方式设置的标志都应牢固地固定在其依托物上,不能产生倾斜、卷翘、摆动等现象。室外设置时,应充分考虑风压力的作用。

4.10.4　布置要求

(1) 布置准备:现场安全标志的布置要先设计,后布置。项目技术负责人要根据现场的实际设计好具有针对性、合理的安全标志平面布置图,现场以此进行布置。

(2) 布置方式:

①图形标志、箭头、文字等信息一般取横向布置,亦可根据具体情况,采取纵向布置。

②多个标志牌在一起设置时,应按警告、禁止、指令、提示类型的顺序,先左后右、先上后下地排列。

(3) 图形标志之间的间隔:

①两个或更多提示标志在一起显示时,标志之间的距离至少应为标志尺寸的 0.2 倍。

②正方形标志与其他形状的标志，或者仅多个正方形标志在一起显示时，标志尺寸小于 0.35 m 时，标志之间的最小距离应大于 1 cm；标志尺寸大于 0.35 m 时，标志之间的最小距离应大于 5 cm。

③两个引导不同方向的导向标志并列设置时，至少在两个标志之间应有一个图形标志的空位。

（4）导向标志的布置：

①标志中的箭头应采用《图形符号 箭头及其应用》(GB 1252—1989)第 3.1.1 条中的形式，箭头的方向不应指向图形标志。

②箭头的宽度不应超过图形标志尺寸的 0.6 倍。箭杆长度可视具体情况加长。

③标志中的箭头可带有正方形边框，也可没有该边框。没有边框时，箭头的位置可按有边框时的位置确定。

④标志横向布置：箭头指左向（含左上、左下），图形标志应位于右方；箭头指右向（含右上、右下），图形标志应位于左方；箭头指上向或下向，图形标志一般位于右方。

⑤标志纵向布置：除(b)的情况，图形标志均应位于下方；箭头指下向（含左下、右下）时，图形标志位于上方。

（5）图形标志与文字或文字辅助标志结合：

①与某个特定图形标志相对应的文字应明确地排列在该标志附近，文字与图形标志间应留有适当距离。不得在图形标志内添加任何文字。

②文字横向排列时一般位于图形标志的右方或下方，也可放于左方。文字竖向排列时位于图形标志下方，在标志杆上呈现时，则应位于标志杆的上部。

③文字横向排列时的总高度或竖向排列时的总宽度一般不超过图形标志尺寸的 0.6 倍。

④尽可能只设置图形标志，不设或少设文字辅助标志。如使用文字辅助标志，必须与图形标志连用，不得单独使用。亦可采用中、英文的文字辅助标志。民族自治区可加入相应的民族文字。

（6）图形标志、箭头和文字结合：文字不应位于箭头的头部（道路交通标志的方向地点标志除外），也不宜位于图形标志与箭头之间。

4.10.5 使用

（1）在进入作业现场的大门入口，必须悬挂"进入作业现场必须正确佩戴安全帽"、"高空作业施工必须系安全带"等标志牌。

（2）具有火灾危险物质的场所，如：仓库、易燃易爆场所等场地，应悬挂"禁止吸烟"、"禁止烟火"、"当心火灾"、"禁止明火作业"等标志牌。

（3）高处作业场所、深基坑周边等场所应悬挂"禁止抛物"、"当心滑跌"、"当心坠落"等标志牌。

（4）在各种需要动火、焊接的场所，应悬挂"必须戴防护眼镜"、"当心火灾"、"必须穿防护鞋"、"注意安全"等标志牌。

（5）在脚手架、高处平台、地面的深沟（坑、槽）等处应悬挂"当心坠落"、"当心落物"、"禁止抛物"等标志牌。

（6）旋转的机械加工设备旁应悬挂"禁止戴手套"、"禁止触摸"、"当心伤手"等标志牌。

（7）设备、线路检修、零部件更换，应在相应设施、设备、开关箱等附近悬挂"禁止合闸"、"禁止操作"等标志牌。

（8）有坍塌危险的建筑物、构筑物、脚手架、设备等场所，应悬挂"禁止攀登"、"禁止逗留"、"当心落物"、"当心坍塌"等标志牌。

（9）有危险的作业区如：起重吊装、交叉作业、高压、高压线、输变电设备的附近，应悬挂"禁止通行"、"禁止靠近"、"禁止入内"等标志牌。

（10）专用的作业场所的沟、坎、坑、洞等地方，应悬挂"禁止跨越"、"禁止靠近"、"当心滑跌"、"当心坑洞"等标志牌。

（11）在总配电房、总配电箱、各级开关箱等处应悬挂"当心触电"、"有电危险"等标志牌。

（12）龙门吊吊篮应悬挂"禁止乘人"、"禁止逗留"、"当心落物"等标志牌。

（13）在砂轮机等机械设备的旁边应悬挂"当心机械伤人"、"当心伤手"等标志牌。

（14）在通向紧急出口的通道、楼梯口、消防通道口等地应悬挂"紧急出口"、"安全通道"、"安全出口"、"消防通道"等标志牌。

（15）在出入通道口、基坑边沿等处设置对应的标志牌，夜间还应设红灯警示，保证有充足的照明。

（16）大型设备设施安装、拆除等危险作业现场设置警戒区或安全隔离设施和警示标志，并安排专人现场监护。

（17）设备检修、清理等现场应设置警戒区域，设有明显的警示牌、标识或围栏，夜间照明要良好。

（18）吊装孔上的防护盖板或栏杆上应设置警示标志。

（19）作业现场应设安全通道标志。

（20）跨越道路管线应设置限高标志。

（21）孔洞口应悬挂"当心跌落"等标志牌，隧道口应设置禁止超车、限速、限高、隧道开灯等标志牌。

4.10.6 检查与维修

（1）ON-CALL人员负责日常的检查工作，以避免安全标志牌被随意地挪移或破坏，保证标志牌的作用充分发挥。

（2）工作现场安全标志，不得随意挪动，确需挪动时，须经原设置人批准，并备案。

（3）对损坏和偷窃标志牌者要严肃查处。要经常教育工作人员遵守安全警示标志牌的要求，要爱护安全标志牌，对破坏安全警示牌的行为要坚决制止，并按照《右江水力发电厂安全生产奖惩制度》进行处罚。

（4）发电部对安全标志牌每月至少检查一次，如发现破损、变形、褪色等不符合要求的情况时及时修整或更换。

（5）检修工作结束后，发电部要统一收集、保管标志牌，以备后续检修工作使用。

第 5 章
特种设备及危化品管理

5.1 油区管理

5.1.1 职责

（1）电厂综合部：

①综合部是油区施工作业的主管部门，负责编制并监督落实《右江水力发电厂消防安全管理规定》。

②负责对动火工作票签发人、工作负责人、工作许可人资质审查，并以正式文件形式在电厂范围及各外委单位公布。

③负责对油区管理要求执行情况随时进行检查、考核及修正。

（2）电厂发电部：

①负责油区日常检查巡视、消防设施的日常检查维护等。

②发电部是厂外油库日常管理部门，落实并执行《右江水力发电厂消防安全管理规定》。

（3）电厂检修部以及外委项目部：

①是油区管理要求的执行和责任主体部门，认真按照相关程序办理和操作。

②负责对本部门、本项目部人员进行培训，熟悉油区管理要求。

③检修部是厂内油处理室（俗称：油囊室）日常管理部门，落实并执行《右江水力发电厂消防安全管理规定》。

5.1.2 管理内容和程序

(1) 油区的安全措施：

①油区围墙四周应挂有"严禁明火"、"严禁吸烟"等明显的警告标示牌。

②厂外油库必须有消防车行驶的车道，不准堵塞，并保持通畅。

③油区内一切电气设施（如开关、照明灯、电动机、插座、摄像头）均应为防爆型，且照明灯功率不得超 60 W。电力线路必须是暗线或电缆，不准有架空线。

④储油罐凡有排气呼吸阀、安全阀的，要定期进行安全检查、维护，保持阀门完好。

⑤油区必须配备充足的消防器材（如：灭火器、消防栓、消防水带和砂子等）。

⑥油区必须有充足的照明。

⑦油区必须有明显的接地装置。

⑧油区必须有足够的排风设施，保持排风机连续运行。

(2) 油区的安全制度：

①油区的出入制度：

a. 油库区大门正常时应关闭锁好，需进入工作时，需要履行钥匙借用手续进行钥匙借用，方能进入。

b. 出入油区必须进行登记，并交出火种，关闭通信工具。

c. 非电厂人员（除经电厂许可的相关专业工作人员外）进入油区必须有专人陪同。

d. 不准穿有铁钉的鞋和容易产生静电火花的化纤服装进入油区。

②防火、防爆规定：

a. 油区内严禁带电作业，严禁用明火烘烤设备和管道，严禁吸烟。

b. 油库区不准搭建临时建筑，不准设立仓库，油区周围必须经常清除杂草。

c. 油区的消防设备，按照发电部巡检要求进行检查。定期试验应由发电部负责，经常保持消防器材处于良好的备用状态。

d. 油区内严禁用铁器工具相互敲击，在油区工作，应用铜制扳手、木锤、紫铜锤、防爆电筒。

e. 当油区起火或其他火灾蔓延至管道时，工作人员应立即停止工作，并迅速停运滤油机，关闭储油罐的进油阀和出油阀，根据情况，可将油排至事故油池中。

  f. 油区及其附近 10 米范围内需要动火作业时，需办理"动火票"，并采取有效的安全防范措施后，方可动火作业。

  g. 油区以及周围 50 米内，严禁燃放烟花爆竹。

  （3）油区日常安全管理：

  ①油区应按规定定期对油库进行巡检，并在巡检本上进行登记，同时在日志上做好记录。发现有无关人员进入应前往制止。

  ②遇气温气候异常变化，应酌情增加油区巡检次数。如发现问题及时处理，处理不了的及时上报。

  ③化验按规定的项目和期限执行。

  ④油罐要装至安全容量，采取措施，定期清洗，改善保管条件，减少自然损耗，延缓质量变化。要加强对设备的检查、维护和保养，采取可靠的防锈措施，防止设备锈蚀损坏。

  ⑤油区要确保通风良好。

  ⑥油区要保持清洁整齐，秩序良好，做到设备无锈蚀，地面无油迹。禁止储存其他易燃易爆物品和堆放杂物，不准搭建临时建筑。

  ⑦油区发现缺陷，应及时填写缺陷通知单，并及时汇报 ON-CALL 组长，由 ON-CALL 副组长组织安排消缺处理。

  ⑧严格按照《运行规程》要求进行设备的启停操作，根据情况定期进行风机切换，并按设备运行记录规定做好相应记录。

  ⑨对设备运行操作时，操作人员应按规定使用防爆工具。

  ⑩严禁在油库区内架设任何临时电线。

  ⑪设备检修中禁止将油泻放于地面，若地面有积油和漏油应及时进行清理，如暂不能清除，应采取措施不能任其自流。

  （4）油区消防安全：

  ①油罐区内及装卸区附近，禁止存放危险品、爆炸品和其他易燃物资。

  ②日常中应注意保证油区消防通道畅通。消防道路上，不准堆放任何材料、设备、砖瓦、砂石等障碍物品，以保证消防车通行无阻。

  ③厂区内的消防设备均属于灭火专用，不准移作他用。必须统一编号，按号放置明显固定位置。并由指定部门负责，如发现数量不足或损坏情况，应予补充或更换。

  ④消防设备要经常检查，防止失效。二氧化碳灭火器、干粉灭火器，严禁放在热源附近，以免引起爆炸。消火栓周围 5 米内，严禁堆放材料、其他物品

和停放车辆。应经常检查油区消防水系统正常,确保消防水系统有充足的压力。油区运行中若发生火险情况时,应立即汇报 ON-CALL 组长及有关部门领导,并应采取相应有效的隔离措施,必要时可拨打火警电话"119"。

⑤油库区周围围墙应完好齐全,并挂有"严禁烟火"等明显的警告标示牌。

⑥油库区内的一切电气设备检修工作,都必须停电后进行。严禁带电作业。

(5) 用火管理:

①油区内用火系指:电焊、气焊、铅焊、塑料焊等;喷灯、烘烤箱;使用电钻、砂轮、架设临时电线等;明火烧烤物件,吸烟。

②为严格控制火源危险,凡可用可不用火的坚决不用,能够拆卸的设备,应拆下移到安全地方后用火。

③特殊情况下,必须在带有易燃物料和带压的设备、管道上用火时,应报主管生产的副厂长批准。

④在进行用火前,按《动火工作票管理制度》执行,必须先办理动火工作票,经批准后,方可动火。

5.1.3 主要风险与关键控制

(1) 主要风险:

①无动火工作票动火作业,安全措施不完善,程序不规范,签发人、工作许可人和工作负责人无资质和备案。

② 未按规程操作。

③日常检查不到位。

④消防设施不健全,无法正常使用。

(2) 关键控制:

①严格按照《电力生产安全工作规程》《工作票和操作票管理规定》《动火工作票管理制度》以及相关要求履行动火工作票程序;动火工作票相关人员认真履行职责,运行人员严格按照相关规定对动火工作进行监督,在工作许可前对安全措施进行审核。

②运行人员严格按规程操作。

③运行人员加强日常检查,做好交接班记录。

④定期检查维护消防设施,定期试验。

5.2 危险化学品管理

所谓易燃易爆化品，系指国家标准《危险货物品名表》(GB 12268—2012)中以燃烧爆炸为主要特性的压缩气体、液化气体、易燃液体、易燃固体、自燃物品和遇湿易燃物品、氧化剂和有机过氧化物以及毒害品、腐蚀品中部分易燃易爆化学物品。

5.2.1 职责

(1) 电厂综合部负责制定并组织实施本规定，并负责易燃、易爆品管理和防火、防爆监督检查。

(2) 检修部和发电部负责对易燃、易爆品的控制。

5.2.2 工作程序

(1) 接触危险化学品人员的要求：

①与危险化学品有接触的工作人员，必须接受相关的法律、法规、规章及安全知识、职业健康安全防护、应急救援知识的培训，考核合格后方可上岗。

②各级员工严格执行有关危险化学品的各种安全制度，并落实各级安全责任制，所有进入作业场所的人员都必须按要求穿戴好劳动防护用品。

③综合部要定期检查各部门危险化学品安全工作的落实情况。

④综合部做好全体员工的学习宣传教育工作。

⑤综合部负责危险化学品的出入库、装卸管理。

(2) 危险化学品的运输、装卸：

①所有的危险化学品由供方负责运输时，综合部要在签订合同前，对供方的运输、装卸资格和能力进行调查评价，以确保危险化学品能安全到达目的地。

②危险化学品由电厂负责运输时，综合部要确保运输方运输车辆具有危险化学品运输资格；押运员、司机具有运输危险化学品的资格。

③仓库管理员和采购人员在危险化学品取样分析前，要考察运输过程中危险化学品的各种标识、包装是否完好、清晰，防护措施是否完整，确认无误后方可放行。

④危险化学品在装卸时必须严格执行公司危险化学品装卸有关规定：

a. 易燃、易爆化学品在装卸过程中要轻拿轻放，不得撞击、拖拉和倾倒，不得超高堆放、随意乱放。

b. 对碰撞或互相接触即可易燃易爆的危险化学品,应按规定进行运输和装卸,不得混合装运。

c. 对遇热、遇潮容易引起燃烧、爆炸的易燃易爆品,在装运时应当采取隔热、防潮措施。

d. 对有毒、有腐蚀性的危险化学品在装卸时要防止泄漏,并配备防护器具。

e. 装卸车的所有人员都必须按规定佩戴劳动防护用品。

(3) 危险化学品的储存、出入库:

①危险化学品入库必须办理入库手续,并放在专用的危险化学品仓库,分类分区存放,做出明确的标识,并保持一定的间隔;出库时要遵循先进先出的原则。

②储存时,应严格按技术文件要求储存,要做好防潮、防水、通风工作,并定期检查储存情况,危险物品的发放定期核对,随发放,随登记,做到账、卡、物相符。发现单物不符、标志不清、包装损坏、重量误差等情况,应立即报请上级领导妥善处理。

③对不可配装的危险化学品,储存时必须要有严格隔离措施,剧毒物品应单独存放。

④在满足使用要求下,应尽量减少危险化学品的储存量。

⑤遇火燃烧、易燃、易爆等危险物品,注意防火措施,严禁露天堆放。

⑥危险物品仓库要符合《建筑设计防火规范》(GB 50016—2014)要求,并与生产、生活区之间达到消防规定的安全间距,小于规定安全间距应建造隔离墙。

⑦危险化学品仓库和储藏室必须有明显的禁火标志,必须配置足够的消防水源和消防器材设备。

⑧库房和储存室内严禁住人。

(4) 危险化学品的生产和使用:

①危险化学品在生产和使用过程中主要根据工艺规格要求使用,注意在使用过程中的防护措施。

②生产和使用易燃、易爆危险化学品的单位或场所要有良好通风条件,加强对火源、电源的管理,并配备相应的消防器材。各单位使用的危险化学品的安全技术要求和急救措施要明示,让每位员工知道。

③生产和使用剧毒物品、腐蚀物品的场所,必须加强安全技术措施,杜绝

跑、冒、滴、漏，操作人员必须配备专用的劳动防护用品和用具，做好个人防护。

④各种气瓶在使用时，距离明火 10 m 以上，氧气瓶的减压器上应有安全阀，严防沾染油脂，不得曝晒、倒置，平时使用与液化气瓶工作间距不小于 5 m。

⑤盛装危险化学品的容器应由具有资质的单位定期检测。

（5）报废处理：

①危险物品用后的包装物（或容器）不经彻底洗涮，不得改作他用。

②剧毒物品使用后的包装物（或容器）要统一回收登记造册，在综合部人员的监护下，由专人负责销毁。

③剧毒物品的废弃物的报废处理，必须预先提出申请，制定周密的安全保障措施，经当地有关部门批准后方可处理。

④危险物品和废渣，必须加强管理，不得随同一般垃圾运出。

⑤综合部编制电厂危险化学品的安全技术说明书，发放到相关部门单位，接触人员要熟悉安全技术说明书的内容，并严格按其要求操作。

⑥当发生问题时，按照《事故应急预案》的要求执行，并参照《事故事件管理制度》的要求及时汇报、处理。

5.3 起重作业及起重设备设施管理

电厂起重设备主要包括主厂房桥机、GIS 桥机、尾水台车、进水塔双向门机、仓库桥机、仓库叉车以及水车室电动葫芦、检修用手拉葫芦、液压搬运车，各类型千斤顶等。

5.3.1 职责

（1）电厂综合部是电厂起重设备安全使用归口管理部门，主要履行以下职责：

①负责运行维护人员的特种作业培训，特种作业证核发、复审联系工作，并建立特种作业人员培训档案和特种作业证统计档案。

②办理《起重机械安全使用许可证》。

③负责摆放、设置起重机械安全警示标志。

④定期组织进行起重机械安全检查（每月一次），并将检查情况书面下达各部门。

（2）检修部是起重设备的主要使用部门，主要履行以下职责：

①明确起重机械设备专责,设备专责记录起重机械运行状况和维修保养工作内容。积极采用先进技术,降低故障率。

②编制起重机械年度检修计划,并组织实施,确保起重机械健康运行。

③根据起重机械运行情况,加强日常维修保养。

④起重机械操作人员应持有当地劳动行政部门核发的特种作业上岗证,并定期参加复审,参加特种作业培训。

⑤在起重机械操作室内应张贴起重机械操作指南以及安全注意事项。

⑥建立起重机械安全技术管理档案,主要包括以下资料:

a. 产品质量合格证明。大修改造后的起重机械应有质量验收证明(或质量验收报告)。更改部分须有变更设计的证明文件。

b. 起重机械安装验收证明和报告。

c. 使用、维护、保养、检查和试验记录。

d. 定期安全检查和事故记录。

e. 设备出厂技术文件。

f. 起重机械操作指南、安全操作规程以及司机守则等。

g. 安全技术监督检验报告。

5.3.2 起重设备的安全作业管理

(1) 严格执行起重设备安全管理制度,严格执行国家标准的《起重吊运指挥信号》。

(2) 起重司机必须经过专门培训,司机未经安全操作规程考核合格和分场鉴定合格,不得进行单独操作,新司机学习操作期间要在当班司机指导下进行。

(3) 起重司机应熟悉下述知识:

①所操作的起重机各机构的构造和技术性能。

②起重操作规程。

③安全运行要求。

④安全防护装置性能。

⑤电动机和电气方面的基本知识。

⑥指挥信号。

⑦保养和基本维护知识。

(4) 司机操作前应对制动器、吊钩、钢丝绳和安全装置进行检查,发现性能不正常时,应在操作前排除故障。

(5) 开车前必须鸣铃或报警,操作中接近人时也给人以断续铃声或报警。

(6) 操作应按指挥信号进行,对紧急停车信号,不论何人发出都应立即执行。

(7) 当起重机上或其周围确认无人时,才可以闭合主电源,如电源断路装置上加锁或有标牌时,应由有关人员除掉后,才可闭合主电源。

(8) 闭合主电源前,应使所有的控制器手柄置于零位。

(9) 工作中突然断电时,应将所有的控制器手柄扳回零位,在重新工作前,应检查起重机动作是否正常。

(10) 进行维护保养时,应切断主电源并挂上标示牌或加锁,如有未消除的故障,应通知接班司机。

(11) 司机在下列情况下必须发出信号:

①起升和下降物件或开动大车和小车时。

②起重机的吊具接近地面人员时。

③起重机的吊物从视界不清的处所通过时。

(12) 指挥人员发出的信号与司机预见不一致时,司机应发出瞬间信号,在确认指挥信号与指挥意图一致时才能开车。

(13) 在运行中,发现起重机有异常现象必须立即停车检查,排除故障,未找出原因,不能开车。

(14) 起重机械作业人员应严格执行"十不吊":

①指挥信号不明不准吊。

②机械安全装置失灵或"带病"时不准吊。

③现场光线阴暗看不清吊物起落点时不准吊。

④吊物重量不明或超负荷不准吊。

⑤斜牵斜挂不准吊。

⑥散物捆扎不牢或物件装放过满不准吊。

⑦吊物上有人不准吊。

⑧埋在地下物不准吊。

⑨棱刃物与钢丝绳直接接触无保护措施不准吊。

⑩进水口双向门机在六级及以上风时不准吊。

(15) 司机操作时应严格遵守下列要求:

①转控制器手柄要匀调,应逐级变换挡位,使机构逐渐加速,以确保各机构工作平稳而无冲击;

②除为了防止发生事故而须紧急停车外,严禁开"反车"制动;

③起升物件时要紧密注意起重工的指挥,在绳扣绷紧前,应慢速逐渐起钩,待捆绑牢固,挂钩工离开后方可起吊,当降落物件接近地面时,应慢速落

钩。待确认物件稳妥后方可正式落钩,以防物件倾倒;

④钩降至最低极限位置时,在卷筒上所剩的钢丝绳不得少于5圈;

⑤钩上升或下降时,钢丝绳应位于卷筒或滑轮钢槽内;

⑥起重机工作时不得进行检查和维修;

⑦吊重物接近或达到额定起重能力时,吊运前应检查制动器,并用小高度短行程试吊后,再平稳吊运。

(16)对起重工的安全操作要求:

①指挥信号明确,并符合标准规定。

②吊挂时,吊挂绳之间的夹角宜小于120度,以免吊挂绳受力过大。

③绳链所经过的棱角处应加衬垫。

④指挥物体翻转时,应使其重心平稳变化,不应产生指挥意图之外的动作。

⑤进入悬吊重物下方时,应先与司机联系并设置支撑装置。

⑥多人绑挂时应有一人负责指挥。

5.3.3 起重设备设施管理

(1)技术档案管理:起重设备出厂技术文件,如图纸、质量证明书、安装及使用说明书;安装后的位置,起用时间;日常使用、保养、维护、变更、检查和实验等记录;设备故障记录;设备存在的问题和评价。

(2)起重设备的铭牌:起重设备名称型号;额定起重能力;制造厂名、出厂日期;其他所需参数和内容。

(3)起重设备的安全防护装置齐全完善,并有产品合格证。

(4)具备起重设备安全操作规定,检修制度。

(5)设备常规检查项目:

①起重设备正常的技术性能;

②所有的安全防护;

③吊钩、吊钩螺母及放松装置;

④制动器性能及零件的磨损情况;

⑤钢丝绳的磨损和端尾的固定情况。

5.3.4 起重设备的维护保养及检修

(1)定期检查维护:定期检查包括年度检查、每月检查和每日检查(有作业时)。

①每年对在用的起重机械至少进行一次全面检查。

②其中载荷试验可以结合吊运相当于额定起重量的重物进行，其按额定速度进行起升、运行、回转、变幅等机构安全性能检查。停用1年以上的起重机械，使用前也应做全面检查。起重机械遇4级以上地震或发生重大设备事故，露天作业的起重机械经受9级以上的风力后，使用前都应做全面检查。

（2）每月至少应检查下列项目：
①安全装置、制动器、离合器等有无异常情况。
②吊钩、抓斗等吊具有无损伤。
③钢丝绳、滑轮组、索道、吊链等有无损伤。
④配电线路、集电装置、配电盘、开关、控制器等有无异常情况。
⑤液压保护装置、管道连接是否正常。
停用1月以上的起重机械使用前也应做上列检查。

（3）每次作业前应检查下列项目：
①各类极限位置限制器、制动器、离合器、控制器以及联锁开关、紧急报警装置，升降机的安全钩或其他防断绳装置的安全性能等。
②轨道的安全状况。
③钢丝绳的安全状况。

（4）检修管理：
①检修起重机械应取得安全认可证书，凭证进行检修。起重机械安装修理安全认可证书有效期为3年。
②起重机械检修的安全质量，经施工单位自检合格后，在使用前须向所在地区的地、市劳动部门申请安全技术监督检验。
③检修起重机械的技术文件和施工质量资料，在竣工验收后，交由使用单位存入起重机械安全技术档案。

5.3.5 起重设备使用许可与定期检验

（1）起重机械使用单位应先具备下列条件，并向所在地区的地、市部门申请取得起重机械准用证后方可使用。具体条件如下：
①起重机械经百色市质量监督管理部门检验合格。
②起重机械作业人员持有质量监督管理部门考核后签发的起重机械指挥Q3、桥门式起重机司机Q4。
（2）起重机械进行检修时，应办理有关工作票许可手续。
（3）经检查发现起重机械有异常情况时，必须及时处理，严禁"带病"运行。

5.4 压力容器管理制度

5.4.1 一般要求

压力容器,是指盛装气体或者液体,承载一定压力的密闭设备,其范围规定为:工作压力大于或者等于 0.1 MPa,且工作压力与容积的乘积大于或者等于 2.5 MPa·L 的盛装气体、液化气体和最高工作温度高于或者等于标准沸点液体的固定式容器。其中超高压容器应符合《超高压容器安全技术监察规程》(TSG R0002—2005)的规定,非金属压力容器应符合《非金属压力容器安全技术监察规程》(TSG R0001—2004),简单压力容器应符合《简单压力容器安全技术监察规程》(TSG R0003—2007)。移动式压力容器、气瓶按各自的技术监察规程管理。

电厂各部门在生产、技术引进与开发、改扩建项目和设备管理中,凡涉及固定式压力容器设计、选型、采购、制造(含现场组焊)、安装、验收、使用、检验、修理、改造、报废更新等工作,必须严格执行国家有关法律法规。

5.4.2 职责分工

(1) 电厂综合部是电厂压力容器管理的归口管理部门,主要履行以下职责:

①贯彻执行《特种设备安全监察条例》(国务院令第 373 号)和国家有关法令法规,广西右江水利开发有限责任公司的有关制度和管理规定,制定电厂压力容器管理规定并负责监督执行;

②负责建立和健全电厂压力容器管理体系,制定压力容器的安全管理规章制度。建立以岗位责任制为核心内容的全员参与管理的压力容器管理模式;

③指导各使用部门参与压力容器的设计、采购、安装、验收、使用、检验、修理、改造和报废更新等管理环节的全过程管理;

④全面负责电厂压力容器和安全附件定期检验工作,组织编制压力容器及安全附件的年度定期检验计划,并组织实施;

⑤负责组织电厂新压力容器技术验收工作;负责组织电厂压力容器注册登记、闲置压力容器停用、报废压力容器注销、压力容器及安全附件延期检验、压力容器安装告知等手续办理;负责向当地安全监察机构及上级管理部

门报送统计报表,定期检验计划及实施情况报告;

⑥参与压力容器事故抢险、上报、调查和处理;

⑦负责组织压力容器安全管理及作业人员参加技术培训和考核并取得相应资质。

⑧配合、指导设备运行及维护部门,组织压力容器操作及管理人员的培训,并取得相应资格。

(2) 电厂发电部主要履行以下职责:

①负责检查电厂压力装置运行管理,保证操作工艺指标符合工艺操作规程,严禁压力容器超温超压运行;

②根据压力容器年度定期检验计划,组织压力容器的倒空、置换,以保证压力容器按期检验。对不能按时倒空影响定期全面检验的压力容器负责提出延期检验的书面申请;

③负责组织制定延期检验压力容器的监控使用措施;

④负责组织编制事故应急救援预案,参与事故调查和处理,并定期组织演练。

(3) 电厂检修部主要履行以下职责:

①贯彻执行《特种设备安全监察条例》(国务院令第373号)、《固定式压力容器安全技术监察规程》(TSG R0004—2009)等有关法令法规及公司、电厂有关压力容器的制度和规定;

②负责编制并申报压力容器更新计划、年度定期检验计划;参加本单位压力容器采购、安装验收及试车;负责本单位新压力容器的技术验收申报工作;

③负责年度定期检验、修理、改造计划及延期检验等技术文件的编制,并按电厂的指示进行相关工作;

④定期向电厂厂部报送当年压力容器数量和变动情况的统计报表;压力容器定期检验计划的实施情况,存在的主要问题及处理情况等报告;

⑤负责制订本单位压力容器年度定期检验计划及安全附件检验计划并组织实施;

⑥协助有关部门做好压力容器作业人员的技术培训和考核工作;

⑦负责建立和健全本单位压力容器技术管理档案。做好检修、修理改造等有关技术资料的及时归档工作。

5.4.3 压力容器使用管理

(1) 应当建立健全压力容器安全管理制度和岗位安全责任制度。

(2)压力容器的使用单位在压力容器投入使用前或者投入使用后30日内到使用登记机关逐台办理使用登记手续,取得《特种设备使用登记证》。未经电厂技术验收的新容器或经验收组确认安全状况等级达不到使用登记要求的新容器,不能办理使用登记手续。

(3)压力容器的使用单位,必须建立压力容器技术档案,压力容器技术档案应包括下列内容:

①资料目录;

②特种设备使用登记证;

③固定式压力容器登记卡;

④《固定式压力容器安全技术监察规程》(TSG 21—2016)规定的压力容器设计文件及设计变更通知书;

⑤《固定式压力容器安全技术监察规程》(TSG 21—2016)规定的压力容器制造、现场组焊技术文件和资料;

⑥压力容器安装记录(一般包括压力容器安装告知书、设备安装前的检查验收记录、设备安装记录、基础检查记录、隐蔽工程记录、压力试验记录、压力容器安装监督检验证书);

⑦压力容器的年度检查、定期检验报告,以及有关检验的技术文件和资料;

⑧维修和技术改造的方案、图样、施工方案、材料质量证明书、施工质量证明文件等技术资料;

⑨检查、检修记录;

⑩安全附件校验、修理和更换记录;

⑪有关事故的记录资料和处理报告。

(4)压力容器运行中应重点检查的项目和部位,运行中可能出现的异常现象和防止措施以及紧急情况的处置和报告程序。

(5)压力容器安全管理人员和操作人员应当持有相应的特种设备作业人员证。

(6)压力容器操作人员应当严格执行工艺操作规程、岗位操作规程及有关的安全规章制度,发现压力容器有下列异常现象之一时,应立即采取有效的紧急措施,并及时按程序上报:

①压力容器工作压力、介质温度或壁温超过规定值,采取措施仍不能得到有效控制;

②压力容器的主要受压元件发生裂缝、鼓包、变形、泄漏等危及安全的

现象；

③安全附件失效；

④接管、紧固件损坏，难以保证安全运行；

⑤发生火灾等直接威胁到压力容器安全运行；

⑥过量充装；

⑦压力容器液位超过规定值，采取措施仍不能得到有效控制；

⑧压力容器与管道发生严重振动，危及安全运行；

⑨真空绝热压力容器外壁局部存在结冰、介质温度和压力明显上升；

⑩其他异常情况。

（7）压力容器使用部门应当实施压力容器的年度检查，由电厂综合部专业管理人员根据本厂的实际情况，选择合适的时间组织实施。对检查中发现的安全隐患要及时消除。

（8）压力容器使用单位应建立固定式压力容器日常维护保养制度，按《固定式压力容器安全技术监察规程》(TSG 21—2016)要求进行日常维护保养，对发现的异常情况及时进行处理并记录。

（9）压力容器拟停用1年以内的，由使用部门提出申请，报电厂厂部批准；恢复使用时应报电厂厂部批准，安排检验单位进行全面检验，检验合格方可投用。压力容器拟停用1年以上的，报电厂厂部批准后进行封存，在封存30日内向登记机关申请报停，并将使用登记证交回登记机关保存；重新启用时报电厂厂部批准，安排检验单位进行全面检验，检验合格，持定期检验报告向登记机关申请启用，领取使用登记证。永久停用压力容器或报废压力容器由使用部门提出申请，报电厂厂部批准，持有关资料到登记机关办理注销手续。

（10）压力容器安全状况发生下列变化的，使用部门应当在变化后30日内持有关文件向登记机关申请变更登记：

①压力容器经过重大修理改造或者压力容器改变用途、介质的，应当提交压力容器的技术档案资料、修理改造图纸和重大修理改造监督检验报告；

②压力容器安全状况等级发生变化的，应当提交压力容器登记卡、压力容器的技术档案资料和定期检验报告。

5.4.4　压力容器的改造与维修

（1）压力容器的改造、维修单位应当是取得相应制造许可证或者安装改造维修许可证的单位。压力容器改造、维修前，从事压力容器改造维修的单位应当向压力容器使用登记机关告知。

(2) 严禁任意修改压力容器使用登记时的参数,如确需修改,应以书面形式委托原设计单位或者具有相应资格的设计单位进行校核,压力容器使用单位应向设计单位提供全面检验报告和相关文件,经设计单位同意并办理有关手续后方能修改操作参数。

(3) 电厂鼓励推行科学的管理方法,采用先进技术,提高压力容器安全性能和管理水平,增强压力容器防范事故的能力。

5.4.5 压力容器定期检验

(1) 压力容器检验单位应严格按照核准范围从事压力容器的定期检验工作;检验检测人员应取得相应的特种设备检验检测人员证书;检验检测人员从事检验检测工作不得同时在两个以上检验检测单位中执业。电厂综合部负责对进入电厂从事检验检测工作的单位进行资格审查和人员登记,不按规定进行资格审查和人员登记的检验检测单位,不准在电厂开展检验检测工作。

(2) 应根据本厂压力容器检验周期到期情况和装置停工检修计划及时安排到期压力容器的全面检验工作。每年1月份向电厂厂部上报年度应检压力容器明细表。

(3) 压力容器定期检验内容及要求、安全状况等级评定和定期检验周期的确定按《压力容器定期检验规则》(TSG R7001—2013)的规定执行。

(4) 压力容器经定期检验符合继续使用的安全状况等级后方可投入使用。

5.4.6 安全附件、密封件与紧固件

(1) 在用压力容器的安全附件管理应符合《固定式压力容器安全技术监察规程》(TSG 21—2016)、《压力容器定期检验规则》(TSG R7001—2013)、《安全阀安全技术监察规程》(TSG ZF001—2006)等规范标准要求。

(2) 应建立安全阀台账。

(3) 固定式压力容器安全阀的整定压力,一般不得高于压力容器的设计压力。

(4) 严禁任意变更压力容器安全阀的整定压力,如确需修改时,应由使用电厂综合部组织各部门讨论审核,经电厂厂部批准。必要时应先由压力容器原设计单位或具有相应资格的设计单位校核。

(5) 弹簧直接载荷式安全阀的定期校验原则上应该在校验室进行,进行

拆卸校验有困难时应采用在线校验。但安装在介质为有毒、有害、易燃、易爆的压力容器上的安全阀，不允许进行在线校验。在线校验必须在保证人员和生产安全的前提下进行，校验时应有主管压力容器安全的技术人员和具有相应资格的检验人员到场确认。

（6）安全阀校验应当委托有安全阀校验资格的检验检测机构进行。安全阀经校验后，必须加铅封。铅封的正面上部打印校验单位的代号，下部打印校验年份的后两位数，铅封的反面打印校验的月份。铅封处还应该挂有标牌，标牌上应该有校验机构名称、校验编号、安装的设备编号、整定压力和下次校验日期。

（7）新安全阀或备用安全阀在安装之前，应根据使用情况进行调试后，方可安装使用。已开启或压力超过整定压力与允许误差上限值之和未开启的安全阀、经修理或更换部件的安全阀，都必须重新校验。

（8）当压力容器与安全阀之间或安全阀出口管线上装有阀门时，在压力容器正常运行状态下阀门必须全开，并加铅封且定期检查，阀门的结构与通径应不妨碍安全泄放装置的正常运行。

（9）压力表的校验和维护应符合国家计量部门的有关规定。压力表（含新启用的压力表）应当划出指示工作压力的红线，由有相应资格的校验单位校验，压力表校验合格后应加铅封。校验单位应及时将校验合格证交使用单位，并注明下次校验日期。压力表的选用要求按《固定式压力容器安全技术监察规程》（TSG 21—2016）执行。

（10）压力容器液面计应实行定期检修制度，检修周期根据实际情况确定，但不应超过压力容器定期检验周期。压力容器上的玻璃管（板）等液面计应以能看清液位为准，并划有警戒红线，如有模糊不清或异常情况应及时清洗或修理，自动控制液面计应灵敏可靠。液面计的选用要求、耐压试验按《固定式压力容器安全技术监察规程》（TSG 21—2016）执行。

（11）现场温度计、自动控制温度计应灵敏可靠。测温仪表应定期校验，校验周期应符合国家有关规定。

（12）压力容器及其接管所用紧固件、密封件应符合相应标准。采用有特殊要求的紧固件、密封件应建立紧固件、密封件规格表和更换记录，并定期更换。

第6章

安全风险管控及隐患管理

6.1 安全生产风险分级管控管理

6.1.1 一般要求

(1) 基本定义

①危险源：水利水电工程、水库、水电站、水闸工程运行管理过程中存在的，可能导致人员伤亡、健康损害、财产损失或环境破坏，在一定的触发因素作用下可转化为事故的根源或状态。

②重大危险源：在水利水电工程、水库、水电站、水闸工程运行管理过程中存在的，可能导致人员重大伤亡、健康严重损害、财产重大损失或环境严重破坏，在一定的触发因素作用下可转化为事故的根源或状态。

③安全风险管控：通过识别生产经营活动中存在的危险、有害因素，并运用定性或定量的统计分析方法确定其风险严重程度，进而确定风险控制的优先顺序和风险控制措施，以达到改善安全生产环境、减少和杜绝安全生产事故的目标而采取的措施和规定。

(2) 全方位、全过程开展危险源辨识与风险评价，至少每季度开展1次（含汛前、汛后），及时掌握危险源的状态及其风险的变化趋势，更新危险源及其风险等级。

(3) 在每年第一次危险源辨识与风险评价的基础上，编写危险源辨识与风险评价报告，若有重大变化须重新编写危险源辨识与风险评价报告。电厂危险源辨识与风险评价报告须经相关部门负责人和监督部负责人、分管安全的电厂领导、电厂主要负责人签字确认,必要时应先组织专家进行审查。

6.1.2 风险管控方法和准则

(1)按安全风险等级实行分级管控,落实电厂各级管控责任。

(2)根据危险源辨识和风险评价结果,针对安全风险的特点,通过隔离危险源、采取技术手段、实施个体防护、设置监控设施和安全警示标志等措施,达到监测、规避、降低和控制风险的目的。

(3)强化对重大安全风险的重点管控,制定重大危险源管理控制措施,包括采取技术措施(设计、建设、运行、维护、检查、检验等)和组织措施(职责明确、人员培训、防护器具配置、作业要求等),并对措施的实施情况进行监控。

(4)风险等级为重大的一般危险源和重大危险源要报上级主管部门备案,危险物品、重大危险源要按照相关规定同时报有关应急管理部门备案。

(5)关注危险源风险的变化情况,动态调整危险源、风险等级和管控措施,确保安全风险始终处于受控范围内。

(6)风险变更前,对变更过程及变更后可能产生的风险进行分析,制定控制措施,履行审批及验收程序,并告知和培训相关从业人员。

(7)建立专项档案,定期对安全防范设施和安全监测监控系统进行检测、检验,组织进行经常性维护、保养并做好记录。

(8)针对电厂安全风险可能引发的事故完善应急预案体系,明确应急措施,对风险等级为重大的一般危险源和重大危险源实现"一源一案",定期组织开展相关演练。

(9)将危险源评价结果及所采取的控制措施告知从业人员,使其熟悉工作岗位和作业环境中存在的安全风险。针对存在安全风险的岗位,制作岗位安全风险告知卡,明确主要安全风险、隐患类别、事故后果、管控措施、应急措施及报告方式等内容。

(10)定期组织风险教育和技能培训,确保从业人员和进入风险工作区域的外来人员掌握安全风险的基本情况及防范、应急措施。将安全防范与应急措施告知可能直接影响的相关单位和人员。

(11)在醒目位置和重点区域分别设置安全风险公告栏,标明工程的主要安全风险名称、等级、所在工程部位、可能引发的事故隐患类别、事故后果、管控措施、应急措施及报告方式等内容。

(12)在重大危险源现场和存在重大安全风险的工作场所,设置明显的安全警示标志和危险源警示牌,并强化监测和预警。

6.1.3 风险告知和分级管控

（1）危险源风险评价是对危险源在一定触发因素作用下导致事故发生的可能性及危害程度进行调查、分析、论证等，以判断危险源风险程度，确定风险等级的过程。

（2）危险源风险评价方法主要有直接评定法、作业条件危险性评价法（LEC法）、风险矩阵法（LS法）等。

（3）对于重大危险源，其风险等级应直接评定为重大风险；对于一般危险源，其风险等级应结合实际选取适当的评价方法确定。

①对于维修养护等作业活动或工程管理范围内可能影响人身安全的一般危险源，宜采用作业条件危险性评价法（LEC法）。

②对于可能影响工程正常运行或导致工程破坏的一般危险源，应由不同管理层级以及多个相关部门的人员共同进行风险评价，宜采用风险矩阵法（LS法）。

（4）危险源分六个类别，分别为构（建）筑物类、金属结构类、设备设施类、作业活动类、管理类和环境类，各类的辨识与评价对象主要有：

①构（建）筑物类（水库）：挡水建筑物，泄水建筑物，输水建筑物，过船建筑物，桥梁，坝基，近坝岸坡等。

②构（建）筑物类（水闸）：闸室段，上下游连接段，地基等。

③金属结构类：闸门，启闭机械等。

④设备设施类：电气设备，特种设备，管理设施等。

⑤作业活动类：作业活动等。

⑥管理类：管理体系，运行管理等。

⑦环境类：自然环境，工作环境等。

（5）危险源辨识分两个级别，分别为重大危险源和一般危险源。

（6）危险源的风险评价分为四级，由高到低依次为重大风险、较大风险、一般风险和低风险，分别用红、橙、黄、蓝四种颜色标示。

（7）危险源辨识是指对有可能产生危险的根源或状态进行分析，识别危险源的存在并确定其特性的过程，包括辨识出危险源以及判定危险源类别与级别。危险源辨识应考虑工程正常运行受到影响或工程结构受到破坏的可能性，以及相关人员在工程管理范围内发生危险的可能性，储存物质的危险特性、数量以及仓储条件，环境、设备的危险特性等因素，综合分析判定。

（8）危险源由电厂相关部门负责人和（或）安全管理方面经验丰富的专业

人员及基层人员(5人及以上),采用科学、有效及相适应的方法进行辨识,对其进行分类和分级,汇总制定危险源清单,并确定危险源名称、类别、级别、事故诱因、可能导致的事故等内容,必要时可进行集体讨论或专家技术论证。

(9) 危险源辨识方法主要有直接判定法、安全检查表法、预先危险性分析法、因果分析法等。危险源辨识应优先采用直接判定法,不能用直接判定法辨识的,应采用其他方法进行判定。

(10) 当相关法律法规、规程规范、技术标准发布(修订)后,或构(建)筑物、金属结构、设备设施、作业活动、管理、环境等相关要素发生变化后,或发生生产安全事故后,应及时组织辨识。

6.1.4 重大危险源辨识和管理

(1) 危险源辨识方法

确定风险点后,应选用合适的危险源辨识方法对风险点内的危险源进行辨识。危险源辨识方法主要有工作危害分析法(JHA法)、安全检查表法(SCL法)、直接判定法等。

①工作危害分析法(JHA法)

工作安全分析是把一项作业活动分解成几个步骤,识别整个作业活动及每一步骤中的危害及危险程度。主要步骤:

a. 确定(或选择)待分析的作业;

b. 将作业划分为一系列的步骤;

c. 辨识每一步骤的潜在危害;

d. 确定相应的预防措施。

②安全检查表法(SCL法)

根据有关标准、规程、规范、国内外事故案例系统分析及研究的结果,结合运行经历,归纳总结所有的危害,确定检查项目并按顺序编制成表,以便进行检查或评审。

(2) 风险评价方法

危险源风险评价方法主要有作业条件危险性评价法(LEC法)、风险矩阵法(LS法)、直接评定法等。

①作业条件危险性评价法(LEC法)

a. LEC法中 D 值计算公式

$$D=LEC$$

式中:D——危险性大小值;

L——发生事故或危险事件的可能性大小；

E——人体暴露于危险环境的频率；

C——危险严重程度。

b. L 值取值标准

事故或危险性事件发生的可能性 L 值与作业类型有关，根据施工工期制定出相应的 L 值判定指标，L 值按表 6-1 规定确定。

表 6-1　事故或危险性事件发生的可能性 L 值对照表

L 值	事故发生的可能性
10	完全可以预料
6	相当可能
3	可能，但不经常
1	可能性小，完全意外
0.5	很不可能，可以设想
0.2	极不可能

c. E 值取值标准

人体暴露于危险环境的频率 E 值与工程类型无关，仅与施工作业时间长短有关，可从人体暴露于危险环境的频率，或危险环境人员的分布及人员出入的多少，或设备及装置的影响因素分析、确定 E 值的大小，按表 6-2 规定确定。

表 6-2　暴露于危险环境的频率因素 E 值对照表

E 值	暴露于危险环境的频繁程度
10	连续暴露
6	每天工作时间内暴露
3	每周 1 次，或偶然暴露
2	每月 1 次暴露
1	每年几次暴露
0.5	非常罕见暴露

d. C 值取值标准

发生事故可能造成的后果，即危险严重度因素 C 值与危险源在触发因素作用下发生事故时产生后果的严重程度有关，可从人身安全、财产及经济损失、社会影响等因素，分析危险源发生事故可能产生的后果确定 C 值，按表 6-3 规定确定。

表 6-3　危险严重度因素 C 值对照表

C 值	危险严重度因素
100	造成 30 人以上（含 30 人）死亡，或者 100 人以上重伤（包括急性工业中毒，下同），或者 1 亿元以上直接经济损失
40	造成 10 人~29 人死亡，或者 50 人~99 人重伤，或者 5000 万元以上 1 亿元以下直接经济损失
15	造成 3 人~9 人死亡，或者 10 人~49 人重伤，或者 1000 万元以上 5000 万元以下直接经济损失
7	造成 3 人以下死亡，或者 10 人以下重伤，或者 1000 万元以下直接经济损失
3	无人员死亡、致残或重伤，或很小的财产损失
1	引人注目，不利于基本的安全卫生要求

e. 危险源风险等级确定

危险源风险等级划分以作业条件危险性大小 D 值作为标准，表 6-4 规定确定。

表 6-4　作业条件危险性评价法危险性等级划分标准表

D 值区间	危险程度	风险等级	颜色标示
$D>320$	极其危险，不能继续作业	重大风险	红
$320 \geqslant D>160$	高度危险，需立即整改	较大风险	橙
$160 \geqslant D>70$	一般危险（或显著危险），需要整改	一般风险	黄
$D \leqslant 70$	稍有危险，需要注意（或可以接受）	低风险	蓝

②风险矩阵法（LS 法）

a. LS 法风险大小 R 值计算公式

$$R = LS$$

式中：R——风险值；

　　L——事故发生的可能性；

　　S——事故造成危害的严重程度。

b. L 值的取值过程与标准

L 值由管理单位三个管理层级（分管负责人、部门负责人、运行管理人员）、多个相关部门（运管、安全或有关部门）人员按照以下过程和标准共同确定：

第一步：由每位评价人员根据实际情况，参照水库、水闸危险源辨识与风险评价导则，初步选取事故发生的可能性 L 的数值，L 值参照表 6-5 取值。

表 6-5 L 值取值标准表

	一般情况下不会发生	极少情况下才发生	某些情况下发生	较多情况下发生	常常会发生
L 值	5	10	30	60	100

第二步：分别计算出三个管理层级中，每一层级内所有人员所取 Lc 值的算术平均数 Lj1、Lj2、Lj3。

其中：j1 代表分管负责人层级；

　　　j2 代表部门负责人层级（可为多个部门负责人的均值）；

　　　j3 代表管理（运行）人员层级（可为多个管理（运行）人员均值）；

第三步：按照下式计算得出 L 的最终值。

$$L = 0.3 \times Lj1 + 0.5 \times Lj2 + 0.2 \times Lj3$$

c. S 值取值标准

分析工程运行事故所造成危害的严重程度时，S 值应按照表 6-6 取值。

表 6-6 工程 S 值取值标准表

工程规模	小(2)型	小(1)型	中型	大(2)型	大(1)型
S 值	3	5	7	10	15

d. 危险源风险等级确定

按照上述内容，选取或计算确定危险源的 L、S 值，计算 R 值，再按照表 6-7 确定风险等级。

表 6-7 危险源风险等级划分标准表

R 值区间	风险程度	风险等级	颜色标示
D>320	极其危险，不能继续作业	重大风险	红
320≥D>160	高度危险，需立即整改	较大风险	橙
160≥D>70	一般危险（或显著危险），需要整改	一般风险	黄
D≤70	稍有危险，需要注意（或可以接受）	低风险	蓝

③风险辨识、评价与分级

内容包括危险源名称、类别、级别、所在部位或项目、事故诱因、可能导致的事故、危险源风险等级、颜色标示。

一般危险源按照风险等级，用"蓝黄橙红"四种颜色表示：

蓝色：表示低风险；

黄色：表示一般风险；

橙色:表示较大风险;

红色:表示重大风险。

6.1.5 风险信息的更新和持续改进

(1) 电厂主要负责人负责科学、系统、全面地组织开展危险源辨识与风险评价,严格落实相关管理责任和管控措施,有效防范和减少生产安全事故。具体工作如下:

①审核电厂危险源辨识与风险评价报告。

②负责组织开展电厂重大风险管控。

(2) 分管安全电厂领导负责协助电厂主要负责人组织开展危险源辨识与风险评价,严格落实相关管理责任和管控措施,有效防范和减少生产安全事故。具体工作如下:

①审核电厂危险源辨识与风险评价报告。

②协助电厂主要负责人组织开展电厂重大风险管控,督促相关部门落实重大风险的具体管控措施。

③负责组织开展较大风险管控,督促分管部门落实较大及以下风险的具体管控措施。

④督促监督部落实危险源辨识、风险评价与风险管控相关工作。

(3) 监督部负责统筹组织开展电厂危险源辨识与风险评价,监督相关部门落实相关管理责任和管控措施,有效防范和减少生产安全事故。具体工作如下:

①编制电厂危险源辨识与风险评价报告,并组织上报上级主管部门。

②协助组织开展电厂重大风险管控,监督相关部门落实重大风险的具体管控措施。

③督促相关部门开展危险源辨识与风险评价,监督落实较大及以下风险的具体管控措施。

④通过水利安全生产信息系统等方式,组织报送电厂危险源辨识与风险评价结果。

(4) 相关部门负责落实相关管理责任和管控措施,有效防范和减少生产安全事故。具体工作如下:

①对辨识出的危险源实施分级分类差异化动态管理,制定并落实各级安全风险管控责任,以及相应的控制措施和应急措施。

②定期对管辖范围内的危险源进行巡查,重大危险源和风险较大的一般

危险源每天巡查一次,一般风险和低风险危险源每月或每周巡查一次。

③制定范围内的重大危险源管理控制措施并组织实施,制定重大危险源应急预案,定期组织开展演练。

④制作本部门岗位安全风险告知卡,将危险源评价结果及所采取的控制措施告知相关从业人员,按规定定期组织风险教育和技能培训。

⑤设置管辖范围内的安全风险公告栏、安全警示标志和危险源警示牌。

6.2 隐患排查与治理管理

6.2.1 一般要求

(1)安全生产事故隐患是指生产经营单位违反安全生产法律、法规、规章、标准、规程和安全生产管理制度的规定,或者因其他因素在生产经营活动中存在可能导致事故发生,物的危险状态、人的不安全行为和管理上的缺陷。

(2)事故隐患分为一般事故隐患和重大事故隐患。一般事故隐患,是指危害和整改难度较小,发现后能够立即整改排除的隐患;重大事故隐患,是指危害和整改难度较大,应当全部或者局部停产停业,并经过一定时间整改治理方能排除的隐患,或者因外部因素影响致使生产经营单位自身难以排除的隐患。

(3)开展安全生产事故隐患排查治理工作,应当坚持"安全第一、预防为主、综合治理"的方针,重点治理重大安全事故隐患、防控安全生产重特大事故,保证安全生产持续稳定,实现安全生产目标。

6.2.2 职责及基本要求

(1)安全生产领导小组:

组　　长:厂长(常务副厂长或主持工作副厂长)

副组长:电厂分管安全的副厂长

成　　员:各部门负责人

(2)电厂安全生产事故隐患排查治理实行"总体监管、分工协作、各司其职、各负其责"的工作机制。主要职责如下:

①电厂安全生产领导小组负责审议通过电厂安全生产管理制度,并监督检查执行情况;对整改措施及投资费用的使用情况进行监督检查;组织协调重大安全生产事故的抢救、调查、处理和汇报工作。

②领导小组办公室负责落实领导小组安排的相关工作,负责督促、检查相关部门制度落实和安全生产事故隐患排查治理情况。

③电厂各部门按照职责分工,具体负责组织实施本部门管理区域和职责范围内的安全生产事故隐患排查和治理。

6.2.3 事故隐患排查内容

(1)安全生产事故隐患排查治理范围为电厂管理范围内的生产经营场所和设施以及电厂各部门的安全管理行为等。电厂管理范围内的生产经营场所和设施主要包括:发电厂、电厂各部门所属办公、生活场所和设施、压力容器、压力管道、电梯、起重机械、厂(场)内机动车辆等特种设备、电厂管理的其他经营场所和设施。

(2)安全生产事故隐患排查治理的主要内容包括:安全生产规章制度、监督管理、教育培训、事故查处等方面存在的薄弱环节,基础设施、技术装备、作业环境、防控手段等方面存在的事故隐患。主要针对以下方面的情况进行排查治理:

①安全生产法律法规、规章制度、规程标准的贯彻执行情况。

②安全生产责任制建立和落实情况。

③作业现场、作业环境、设备设施运行的安全状况。

④特种设备和危险物品的存储容器、运输工具的完好状况及检测检验情况。

⑤安全生产事故报告、调查处理及对有关责任人的责任追究和落实情况。

⑥安全生产基础工作及教育培训情况,特别是各部门主要负责人、安全管理人员和特种作业人员的持证上岗情况和生产一线工作人员的教育培训情况。

⑦制定监控措施和应急救援预案,进行定期检测、评估、监控和预案演练情况,应急救援物资储备、设备配置及维护情况。

⑧新建、改建、扩建工程项目的安全"三同时"(安全设施与主体工程同时设计、同时施工、同时投产和使用)执行情况。

⑨交通安全设施设置、道路维护等情况。

⑩对周边或作业过程中存在的易由自然灾害引发事故灾难的危险点排查、防范和治理情况等。

⑪事故隐患排查治理长效机制建立情况,以及其他可能存在薄弱环节和事故隐患的情况等。

6.2.4 隐患建档、治理与上报

(1) 电厂各部门是本部门(单位)安全生产事故隐患排查治理工作的直接责任主体,应当建立安全生产事故隐患排查治理工作机制,实行分级排查、专项排查和全面排查相结合的管理体系。生产部门至少每月进行一次排查,其他部门至少每季进行一次排查,监督部对各部门隐患排查工作进行不定期抽查。各类检查的相关材料(检查方案、检查记录、评估分析、隐患档案等)需报电厂备案。

(2) 开展事故隐患排查治理前需制定方案,明确排查的目的、范围、时限、方法和要求等方面的内容。

(3) 每季、每年各部门对事故隐患排查治理情况进行统计分析,开展安全生产预测预警;监督部每年对电厂事故隐患排查治理情况进行统计分析,开展安全生产预测预警。

(4) 电厂各部门应当保障事故隐患治理的专项资金投入和使用。

(5) 检查发现问题应落实整改责任人和整改期限;不能在限期内整改完成的应当及时向上级汇报说明原因。

(6) 重大事故隐患在治理前应采取临时控制措施,并制定应急预案。电厂对重大安全生产事故隐患实行登记、整改、销号的全过程管理,各相关部门应当及时对重大安全生产事故隐患的排查及治理情况进行登记并报告监督部,监督部汇总建档,并跟踪检查整改落实情况。

(7) 电厂各部门应当在事故隐患排查的基础上加强重点部位及专业、专项事故隐患的治理,解决影响安全生产的突出矛盾和问题;重点排查、治理违章指挥、违章作业、违反劳动纪律及习惯性违章行为;严格安全标准执行力度,加强现场管理,加大安全投入,推进安全技术改造;加强应急管理,完善事故应急救援预案体系,落实事故隐患治理责任与监控措施。

6.2.5 事故隐患报告和举报奖励制度

(1) 电厂生产部门应当建立安全生产事故隐患排查治理有奖举报制度,鼓励工作人员对生产工艺、流程、设备设施、作业环境及管理上存在的问题和事故隐患进行举报或提出建议,对查证属实的举报人或建议人给予适当奖励。

(2) 对事故隐患隐瞒不报或排查治理过程中违反有关安全生产法律、法规、规章、标准和规程规定的部门和个人,造成严重后果的,按有关规定追究其责任。

第7章
应急管理

7.1 应急准备

7.1.1 应急管理组织机构

为了应对可能发生的各类安全生产事故,最大限度地减少人员伤亡、财产损失、环境污染,快速、有效处置救援,电厂成立应急指挥部,受理各部门突发事故灾害的报告,指挥应急工作,并及时向有关领导和部门通报。当发生事故灾害时,应急指挥系统立即运转,各应急小组得知事故灾害发生后,应立即到应急指挥部报到,并履行各自职责。下设办公室在综合部,负责日常工作,主要是查点应急器材,确保其齐全有效,对应急队员应急处理技能的培训和安全防护知识器材使用进行培训,组织应急队员应急演练等工作。

应急管理组织机构应(1)明确应急组织机构人员;(2)明确组织机构内部人员和工作组职责。

7.1.2 应急预案

(1) 编制目的

为了预防和减少突发事件,规范突发事件应对活动,迅速、有效应对电厂运行管理中可能发生的各类突发事件,尽最大可能地减少人员伤亡、财产损失和社会影响,维持电厂安全生产正常秩序,本节结合工程运行管理实际,特制定预案。

（2）应急预案体系

电厂应急预案体系由综合预案、专项预案和现场处置方案构成。

①综合预案

综合预案是总体、全面的预案，主要阐述单位应急救援的方针与政策、应急组织机构及相应的职责、应急行动的总体思路、预案体系及响应程序、事故预防及应急保障、应急培训及预案演练等，是应急救援工作的基础和总纲。

②专项预案

专项应急预案是针对具体的事故类别、危险源和应急保障而制定的计划或方案，是为应对某一类型或某几种类型事故，或者针对重要生产设施、重大危险源、重大活动等内容而定制的应急预案。

③现场处置方案

现场处置方案是针对具体的装置、场所或设施、岗位所制定的应急处置措施，是在对特定的场所、设备设施和岗位的风险和危险源进行详细分析的基础上，针对典型的突发事件类型，制定的现场处置方案。

（3）应急工作原则

单位应急管理工作的总体原则是：统一指挥，分工负责；以人为本，减少损害；预警及时，快速响应；保障充分，措施得力；演练培训，常备不懈。

①统一指挥，分工负责。发生突发事件时，电厂突发事件应急领导小组负责对应急管理体制进行统一指挥，各部门按照各自的职责和权限，分工负责各项具体的应急管理和现场应急处置工作。

②以人为本，减少损害。突发事件发生时，有关领导和应急工作人员要把保障人的生命安全和身体健康放在第一位，最大程度地消除、减少和预防突发事件造成的人员伤亡、财产损失和社会影响。

③预警及时，快速响应。制定并执行科学合理的预警程序，确保预警信息的准确和及时发布，为应急准备提供足够的信息和时间。接到预警或应急响应指令后，有关应急管理部门、人员和措施响应动作要快速，不得延误时机。

④保障充分，措施得力。电厂应按照应急处置的实际需要，准备充分的物资。针对突发事件采取的各项措施要得力、可靠、注重实效，并避免产生继发事故。

⑤演练培训，常备不懈。要通过演练和培训等方式把应急预案的各项要求灌输到有关部门和人员的头脑中，使他们增强风险意识和应急处置能力。要贯彻落实"安全第一，预防为主，综合治理"的方针，坚持突发事故应急与平时预防常备相结合。做到事故警钟长鸣，应急常备不懈。

(4) 应急组织机构

应急领导小组负责统一领导应急工作,下设应急办公室。根据事故需要设置抢险技术组、医疗及后勤保障组、警戒疏散组、网络信息安全组、善后处理组。单位突发事件应急组织机构如图所示:

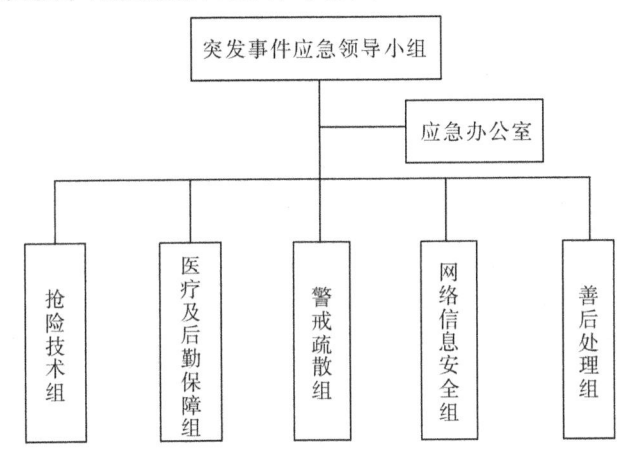

7.2 综合预案

7.2.1 事故风险描述

(1) 事件风险种类及危害

①自然灾害

存在影响单位正常运行,并对安全生产构成重大威胁的地震、洪水、台风等自然灾害,如:

a. 地震,强烈的地震可能造成水工建筑物损坏,严重时造成大坝溃决,造成闸门变形或损坏、电力设施和设备装置的破坏、供电系统瘫痪等,其产生的损坏和破坏可能导致人员高处坠落、物体打击等各类人身伤亡,也可能引起火灾、爆炸、洪水等次生灾害。

b. 洪水,由于暴雨、洪水暴发等原因,可能造成大坝、水闸、厂房及其他设备设施被水淹没,也可能导致水工建筑物损坏,甚至人身伤亡等。

c. 台风,台风可能造成水工建筑物及设备损毁、房屋建筑损毁、电网故障等,其产生的损坏和破坏可能导致物体打击、淹溺等各类人身伤亡。

②事故灾难

由于人的不安全行为、物的不安全状态、不良环境影响可能导致人身事故、火灾爆炸事故、特种设备事故、网络与信息安全事故、交通事故、水淹厂房、维修施工脚手架坍塌事故等。

a. 人身事故，根据《企业职工伤亡事故分类》(GB 6441—1986)，综合考虑起因物、引起事故的诱导性原因、致害物、伤害方式，单位生产过程存在的危险因素主要有物体打击、车辆伤害、机械伤害、起重伤害、触电、淹溺、高处坠落、坍塌、中毒和窒息及其他伤害(如摔、扭、擦、割伤)等。

b. 火灾爆炸事故，因各种电气设备引起火灾，办公楼、宿舍等场所违规用电、用火等引起火灾，仓库、油库危险物质泄漏和管理不善等引起火灾，以及在其他场所因违规用火等引起各类可燃物燃烧导致火灾等。

c. 特种设备事故，单位有起重设备、电梯等特种设备，可能导致人员伤亡、设备损坏、财产损失等各种危害。

d. 交通事故，车辆在行驶过程中，或外单位车辆在单位管理范围内行驶过程中，可能因道路、天气、环境及驾驶人员危险驾驶行为导致交通安全事故。

e. 网络与信息安全事件，因人为攻击、使用不当等原因导致网络通信受阻甚至瘫痪，或信息泄露、被篡改等，或者被不法分子利用进行非法内容传播，以及因设备故障引起网络通信故障等，可能引起设备运行异常，甚至对单位造成负面社会影响等。

f. 水淹厂房事故，当遭遇超标准洪水，或设备、管路等破裂，检修排水不畅，检修误操作等，可能造成水淹厂房事故，造成严重的经济损失和影响。

g. 施工单位使用的脚手架搭设材料不合格、脚手架搭设质量不合格及作业人员作业行为问题，可能导致脚手架坍塌，引起人员伤亡和设施损坏。

③公共卫生事件

食物、水源受到污染或生活环境受到污染等均可能导致传染病疫情、群体性不明原因疾病、食物中毒等公共卫生事件，因周边发生传染病疫情，员工或周边人员出入单位导致疫情传入等，严重时造成人员死亡事故。

④社会安全事件

因过往人员不服从封闭式管理、建设期征地拆迁遗留问题、周边村民上访、不法分子蓄意破坏、极端人员对社会或政府不满等，可能引起人群聚集、聚众闹事、围堵单位大门、破坏设备设施，以及打、砸、抢或大规模的破坏与恐怖袭击，造成人身伤亡、设备设施损坏及恶劣的社会影响。

(2) 突发事件分级

按照各类突发事件的性质、严重程度、可控性和影响范围等因素，分为Ⅰ级、Ⅱ级、Ⅲ级。

①Ⅰ级突发事件

Ⅰ级突发事件是指发生人员死亡事故且失去控制,严重威胁到职工生命和财产安全,单位无法凭借自身力量消除威胁,需上级相关部门启动相应级别预案的事件。突发事件的严重程度预期达到下列情况之一的即可认定为Ⅰ级事件:

　　a. 重特大洪水;

　　b. 死亡1人及以上,或者3人及以上重伤(急性工业中毒);

　　c. 造成经济损失500万元及以上;

　　d. 集体上访或非法集会、游行示威、阻工、罢工等造成严重社会影响;

　　e. 其他影响较大或单位应急救援力量无法处理的突发事件等。

②Ⅱ级突发事件

Ⅱ级突发事件是指发生的事件有蔓延趋势,现场人员无法控制事件的蔓延,需要事件发生附近区域部分职工疏散,对职工生命或单位安全产生威胁,需由单位应急领导小组启动相应级别应急预案,并动员单位应急力量进行应对的事件,突发事件的严重程度预期达到下列情况之一的即可认定为Ⅱ级事件:

　　a. 较大洪水;

　　b. 重伤3人(不含)以下,或者10人以上轻伤;

　　c. 造成经济损失500万元以下,100万元及以上;

　　d. 两台机组发生非正常停机事件;

　　e. 现场值班人员(或部门)依靠自身力量无法满足应急救援要求的突发事件。

③Ⅲ级突发事件

Ⅲ级突发事件是指突发事件时单位或现场值班人员(或部门负责人)能控制,而不需要附近区域职工疏散,事件仅影响最初发生区域,不会立即对其他设施、人员造成威胁。事故严重程度预期达到下列情况之一的即可认定为Ⅲ级事件:

　　a. 小洪水;

　　b. 局部环境污染;

　　c. 发生人员轻伤3人以上,且未发生重伤或死亡事故;

　　d. 预计经济损失100万元以下,10万元及以上;

　　e. 其他非严重性质事件等。

7.2.2 应急组织机构职责

(1) 突发事件应急领导小组的职责

①保障应急资金投入,组建应急救援队伍,建立应急物资保障制度,完善应急物资的储备、监管等,组织实施应急培训和演练,检查督促做好事故的预防措施和应急救援的各项准备工作。

②根据突发事件发展情况,决策和启动应急预案。发生紧急情况时,决定启动和解除应急命令。

③研究确定单位应对突发事件处置的重大事项决策和指导意见。

④领导、组织、协调全处突发事件应急处置工作,调集一切可利用资源处置突发事件。

⑤向社会应急协作部门联系应急救助事项。

⑥组织检查应急实施、善后工作,并听取各应急小组的工作汇报。

⑦组织或配合做好突发事件调查处理工作,并收集相关事故资料。

⑧当上级应急指挥机构介入后,协助上级应急指挥机构展开各项具体的应急响应工作。

⑨组织应急预案培训、演练;参与和按级别组织事故调查,总结应急工作经验教训。

(2) 突发事件应急领导小组人员分工

①组长:组织应急突发事件应急处置指挥工作,组织制定应急处理措施及计划,发布启动或结束应急响应指令。

②副组长:协助组长组织制定应急处理措施及计划,审定各项具体的应急处理方案,具体负责应急处置指挥工作。

③成员:在各自的职责范围内,负责执行组长、副组长下达的各项指令,具体组织实施应急处理措施,处理现场各种异常情况。

(3) 应急办公室的职责

①督促现场各项安全措施落实到位,组织协调应急日常管理工作。

②负责编制单位综合应急预案。

③负责突发事件信息的接收和预警级别初步分析。

④及时向应急领导小组汇报有关应急工作和应急救援信息。

⑤负责应急领导小组具体指令的发布和监督。

⑥协调安排应急值班和进行监督检查。

⑦负责整理汇总各应急处置工作组提交的现场证据,记录报告人、现场

调动、异常情况等。

⑧整理、编写、上报突发事件信息报告。

⑨负责各类信息的上传下达,紧急情况下的对内外联系及协调,协调安排应急值班和进行监督检查。

(4)抢险技术组职责

①为应急救援工作提供决策建议和技术支持。

②负责应急抢险的技术指导,并组织落实有关抢险措施,监督抢险方案的全面实施。

③做好特殊情况下的闸门现地操作工作及人员部署。

④负责收集和临时保管有关现场证据,并提交给应急办公室汇总。

⑤完成应急领导小组交办的其他工作。

(5)医疗及后勤保障组职责

①负责现场的治安保卫、重点部位的警戒、人员疏散和有关场所、路段交通管制、指挥,负责外部救援力量的引导。

②统一调度车辆,为防洪抢险提供交通保障。

③负责应急物资、设备、防洪器材等物品的采购和管理。

④负责应急抢险期间应急物资的调用供给和补充工作,并负责指挥和保障救援所需的场地、设备物资、人员等有序到位。

⑤负责应急抢险期间的紧急救治和送医协助工作。

⑥按照单位应急抢险要求,组织做好上级和应急抢险人员的食宿安排。

⑦负责保护现场,收集和临时保管有关证据,并提交给应急办公室汇总。

⑧负责协调和支援各救援小组之间的救援行动。

⑨负责做好宣传工作,及时对外发布新闻等。

⑩完成应急领导小组交办的其他工作。

(6)警戒疏散组职责

①负责现场的安全保卫,加强对重点部位的警戒,制止违法行为。

②及时疏散突发事件现场无关人员;支援其他应急处置工作组,保护好现场。

③根据应急处置工作需要,对单位管理范围内的道路进行交通管制,确保救援车辆能顺利进入现场。

④严密监视和排除火灾的发生,采取有效措施防止火灾扩大和次生灾害发生。

(7) 网络信息安全组职责

①组织网络系统检查分析及应急处理,确保信息设备安全运行。

②严密监视网络信息系统,采取有效措施防止次生灾害发生。

(8) 善后处理组职责

①跟踪和报告受伤人员医疗救护情况,做好伤亡人员及家属的安抚工作。

②制定善后处理措施方案,组织和协调处理好伤亡赔偿、损失确定、保险理赔、征用物资补偿等善后事宜,消除各种不良影响和不稳定因素。

③组织和监督有关部门对突发事件和应急救援中损坏、损失的各类设施物资等进行补充恢复。

④负责收集和临时保管有关现场证据,并提交给应急办公室汇总。

⑤完成应急领导小组交办的其他工作。

7.2.3 预警及信息报告

(1) 预警

①风险监测

a. 综合部人员与气象、水文、地质等部门保持紧密联系,及时了解恶劣天气、自然灾害信息并预警。

b. 发电部根据发电机、主变压器、启闭机等主要设备运行控制系统报警信息、现场视频监控、消防控制报警系统参数及监控量异常变化状况,分析事态发展情况,及时发布预警信息。

c. 综合部负责安全监督检查,对重要危险目标监控过程中发现的重大事故风险及时分析和报告。

d. 检修部负责水闸、水库、发电机、仓库、油库等水工建筑物和机电设备的巡视、检查、维修和保护,对可能导致突发事件的情况及时报告应急办公室。

e. 各部门定期组织对所辖设备进行大排查,及时发现、报告、跟踪和处理影响安全生产的问题。

f. 应急办公室人员应关注社会安全事件信息,及时发布预警信息。

②预警分级

电厂对各类突发事件按照其性质、严重程度、可控性和影响范围等因素,分为Ⅰ级预警、Ⅱ级预警、Ⅲ级预警。

Ⅰ级预警:可能发生Ⅰ级突发事件,单位无法凭借自身力量消除威胁,需上级相关部门救援力量支援的险情。

Ⅱ级预警:可能发生Ⅱ级突发事件,单位依靠内部救援能力或周边外部救援队伍能够及时控制的险情。

Ⅲ级预警:可能发生Ⅲ级突发事件,险情局限在某个生产系统或部门,依靠本部门或其他个别部门配合能及时控制的风险。

③预警发布

a. 当地发布的自然灾害预警信息达到蓝色级别时,由综合部及时发送信息,提醒各部门做好相应的应急准备。

b. 政府及有关部门发布了公共卫生事件预警信息后,综合部及时发送信息,提醒各部门做好相应的应急准备。

c. 应急办公室接到其他预警信息后,应当立即组织有关人员对报告事项调查核实、确认,分析险情信息,判定预警级别,并提出预警发布建议,经应急领导小组组长批准后,由应急办公室主任负责发布。

d. 预警信息的发布一般通过紧急会议、电话、短信系统、对讲机等方式进行,预警信息包括突发事件的类别、预警级别、起始时间、可能影响范围、警示事项、应采取的措施和发布单位等。

e. 预警期间,应根据情况变化适时调整预警级别。

f. 预警信息的内容包括突发事件名称、预警级别、预警区域或场所、预警期起始时间、影响估计及应对措施、发布时间等。

g. 预警信息的变更。预警信息发布后,有关部门和监控人员要严密跟踪事件的动态变化,收集最新情况,加以分析,如需调整预警级别,应及时报告突发事件应急办公室,应急领导小组做出预警级别变更决定,发布告知有关部门,并根据情况报告有关上级主管部门。

④预警行动

进入预警期后,各部门应加强对重点场所、重要设备、重要舆情的监测工作,采取必要措施,控制险情发展。

a. 运行人员监测措施包括:严格执行运行规程,严密监视预期事件动态变化情况。加强设备巡查,严密监视事故隐患动态变化情况。有针对性地做好预防措施。事件突发时,值班人及时报告应急办公室。

b. 维护人员监测措施包括:严格执行检修维护规程,严密监视事故隐患动态变化情况。及时组织缺陷消除工作。定期进行设备劣化趋势分析,提出设备治理方案。事件突发时,及时赶赴现场处理。

c. 电厂有关领导和其他部门人员根据自然灾害、公共卫生事件、群体性社会安全事件有关预警信息,做好应急组织管理准备工作,应急队伍和相关人员进入待命状态。

d.发生人身伤害等紧急情况时,事故现场可直接向办公室联系车辆,确保伤员得到及时救治。

e.对于可能导致严重事故,电厂应急救援能力不能控制或需要得到更多资源与支持的情况,应急领导小组组长可根据实际需要向上级相关部门请求援助。

⑤预警解除

根据事态发展,险情已得到有效控制且不会导致突发事件发生的,应急办公室提出预警解除建议,经应急领导小组组长批准后,由应急办公室主任发布预警解除信息。

(2)信息报告

①信息报告与通知

a.发现重大突发事件,电厂任何职工均有义务报告相关部门,并采取力所能及的措施投入救援工作。值班人员在接到报告以后,应马上到现场了解情况或向有关部门核实,根据情况决定是否上报部门值班负责人及相关部门领导。

b.部门值班负责人在接到报告后,应第一时间赶到现场,根据情况决定是否上报应急办公室。

c.对于重特大突发事件或事件有扩大趋势时,部门值班负责人要立即报告应急办公室,应急办公室上报并通知应急领导小组成员到指定地点集中,被通知人应在接到通知后马上赶到指定地点。

d.报警人员应报告内容包括:报告人姓名和电话、突发事件种类、现场具体位置、伤亡人数、受伤性质、患者目前状况。

e.接警人员应向报警人询问并确认如下事项:突发事件发生的时间、地点;人员伤亡及撤离情况;事件概况和初步处理情况;联系人和联系方式。

f.应急办公室主任或成员接到突发事件报告后应立即向应急领导小组组长报告,同时组织人员对突发事件信息予以核实,核实项(实际内容可依据报警记录调整)包括但不限于如下内容:突发事件的最新发展;最新人员伤亡信息及财产损失情况;突发事件发生的初步原因;突发事件概况和最坏影响;现场初步处理情况;突发事件对周边社会人员影响情况,是否波及社会人群或造成社会人员生命财产的威胁和影响。

②信息上报

a.应急领导小组组长根据突发事件类别、事态发展情况,按照《生产安全事故报告和调查处理条例》《水利安全生产信息报告和处置规则》等文件规定的内容和时限,向右江公司的有关部门报告单位发生的突发事件。信息上报内容包括突发事件发生时间、地点(设备名称)、可能产生的后果、已经采取的处置措施、是否可控和外援需求等。

b. 向上级主管部门、地方政府上报时间不得超过突发事件发生后 1 小时,必要时可越级上报。

c. 任何部门和个人对突发事件不得迟报、谎报、瞒报和漏报或授意他人瞒报、迟报、谎报突发事件,在应急处置过程中,应及时续报有关情况。

d. 事故应急工作结束后,编写应急工作情况总结,并在 48 小时内报上级有关部门。

e. 任何部门和个人有权向单位报告突发事件隐患,举报有关部门和个人不履行或者不按照规定履行突发事件应急处理职责的情况。单位相关部门接到报告、举报后,应当立即组织对突发事件隐患、不履行或者不按照规定履行应急处理职责的情况进行调查处理。

f. 应急处置过程中,要及时续报有关情况。

g. 应急救援工作结束后,由应急办公室组织和督促有关部门对应急救援工作进行总结,必要时,报上级主管单位备案。造成事故的,在事故调查结束后上报事故调查报告书。

7.2.4　应急响应

(1)应急响应分级

按突发事件的可控性、严重程度和影响范围,单位的应急响应一般分为Ⅰ级响应、Ⅱ级响应、Ⅲ级响应三级。

Ⅰ级应急响应:发生Ⅰ级突发事件时采取的响应行动,由单位请求上级相关部门等协助处置。

Ⅱ级应急响应:发生Ⅱ级突发事件时采取的响应行动,由单位统一组织实施抢险救援。险情进一步扩大时,经应急领导小组同意可提高到Ⅰ级进行应急响应。

Ⅲ级应急响应:发生Ⅲ级突发事件时采取的响应行动,由部门组织有关人员实施抢险救援。险情进一步扩大时,可提高到Ⅱ级进行应急响应。

(2)响应程序

突发事件应急响应程序包括接警、应急响应级别确定、应急启动等过程。

①接警

单位发生突发事件时,应急办公室接警电话为:XXXXXXX(24 小时值班电话)。

②应急响应级别确定

应急办公室对应急事件进行核实后,分析判断突发事件应急响应级别,向单位应急领导小组组长提出应急响应建议,由应急领导小组进行决策并组织发布启动指令。必要时,应急领导小组组长组织领导小组成员进行会商。

若应急领导小组在应急处置过程中,发现险情进一步扩大时,经讨论决定可提高一个响应级别。

③应急启动

应急领导小组组长或其授权人宣布启动应急预案,应急办启动相应的应急程序,通知各应急小组开展应急处置。

④应急救援

a. 启动Ⅲ级响应时,由应急办公室立即组织人员、装备到达突发事件现场,开展应急处置,若灾情不能得到有效控制,则立即向应急领导小组报告,申请支援。

b. 启动Ⅱ级响应时,由应急领导小组组织人员到达现场开展应急处置行动,应急办公室及各应急救援小组执行处置措施,并及时向当地政府部门、上级单位报告突发事件应急处置情况。

c. 启动Ⅰ级响应时,单位应急领导小组组长先行组织单位应急救援力量开展应急响应行动,并立即向右江公司、水行政主管部门、社会公共救援机构等相关机构报警或请求援助。上级救援力量到达现场后,及时移交指挥权,并配合做好应急处置工作,提供人员、技术和物资支持。

⑤应急响应及救援行动中的资源调配

突发事件应急领导小组可直接统一指挥和调配内部应急资源,有关部门必须按照需要随时待命,接受调度和安排。

⑥配合电网调度的应急处置

发生电网事故时,单位要配合电网调度执行相应预案,并按照电网应急处理指挥机构的命令进行妥善处理。

⑦配合政府对公共卫生和社会安全事件的应急处置

发生公共卫生和社会安全事件,单位必须配合执行当地政府职能部门制定的相关应急预案。

⑧扩大应急

如突发事件的规模、危害程度和影响范围等因素超过原定应急响应级别,致使事件状态有蔓延扩大危险,经应急领导小组组长同意,提升应急响应级别,扩大应急响应范围。

(3)处置措施

①先期处置

发生突发事件时,本着"先控制、后处置、救人第一、减少损失"的原则,现场人员根据具体情况和现有资源立即进行先期应急处置,尽快判明事件性质和危害程度,及时采取相应的处置措施,切断事故源,疏散抢救人员,停止设备运行,做好隔离警戒等,全力控制事态发展。

②启动预案后的应急处置

突发事件的具体处置措施和要求,按照单位预案体系中相应专项预案和现场处置方案执行。

(4)应急结束

①应急结束的条件

a. 事件现场得到控制,导致次生、衍生事故隐患消除。

b. 环境符合有关标准。

c. 设备经检修、调试后具备投运条件。

d. 采取了必要的防护措施以保护公众免受再次危害,并使事件可能引起的中长期影响趋于合理且尽量低的水平。

e. 经应急领导小组批准。

②应急预案关闭

经评估,应急结束的条件满足时,由突发事件应急领导小组宣布应急结束,现场应急状态解除。

③应急结束后的相关事项

a. 突发事件应急救援结束后,各预案归口责任部门组织编写应急工作总结报应急办公室。

b. 应急领导小组根据需要,向上级有关部门上报突发事件报告以及应急工作总结报告等。

c. 媒体沟通。必要时,应急领导小组研究后做好与新闻媒体的沟通工作,向社会、媒体通报事故信息。

7.2.5 信息公开

(1)应急办公室负责协调突发事件的对外发布工作,其他部门或个人不得对外发布突发事件信息。

（2）信息发布形式：电话、传真、短信、网络、广播。

（3）信息发布原则：严格遵守国家法律法规、实事求是、客观公正、及时准确。

（4）发布时限

①Ⅰ级、Ⅱ级：1小时内，向右江公司等有关部门报告。

②Ⅲ级：根据事件情况由应急领导小组决定是否发布有关信息。

（5）所有发布的信息必须经过突发事件应急领导小组的严格审核和批准。

7.2.6 后期处置

（1）消除突发事件后果

①应急结束后，应急办组织对事故现场的安全、环境进行检测、评估，如发现异常，及时处理，并报告应急领导小组。

②各部门清点人数，按职责分工清理现场，清点统计受损建筑物及修复设备。

③如发生环境污染的情况，由单位组织相关人员进行污染物质的收集处理，并对受污染的情况进行动态监测。

④组织对设备和设施状况针对性的检查。必要时，应组织开展技术鉴定工作，认真查找设备和设施在突发事件后可能存在的安全隐患。

⑤各管理部门负责组织对应急响应过程中动用的应急物资装备进行清点、补充、恢复。

（2）恢复生产秩序

各部门负责组织尽快恢复正常的生产秩序。

（3）进行善后赔偿

①应急处置完毕，及时向有关保险公司提出理赔申请，配合和处理有关理赔工作，直至完成理赔事宜。

②应急办公室负责应急救援结束后的有关伤亡人员的后续医疗救治、人员安置、善后赔偿等事宜的处理。

（4）应急救援总结和评估

①应急总结由应急预案责任部门编写后报应急办公室，应急办公室做全面系统的总结。总结内容应包括：人员到位情况、指挥是否得当正确、救援人员操作情况、人员伤亡、设备损坏、经济损失情况、出现的感人事迹、外部力量救援情况、对社会和环境影响、遇到哪些问题、需要改进的内容以及不足之

处、改进措施等。

②应急办公室根据应急总结情况，组织对应急救援情况进行评估，评价应急预案的适宜性、有效性，提出修订要求，由应急预案责任部门根据要求组织进行修订。

（5）事件调查

①事件发生后，应急办公室应立即组织当值值班人员、现场作业人员和其他有关人员在离开事故现场前分别如实提供现场情况信息，并形成原始材料。

②后勤保障组在救援中及时收集有关资料，连同其他救援组收集的有关资料，一并提交应急办公室妥善保管，包括：

a. 事件现场调查记录、照片、录像、绘制的草图。

b. 事件现场示意图，热力和电气系统事故时实时方式状态图，受害者位置图等，并标明尺寸。

c. 事件现场相关物件（如破损部件、碎片、残留物等），保持原样，并贴上标签，注明地点、时间、物件管理人。

③事件调查组成立后，应急办公室及时将有关材料移交事故调查组。

④事件调查组有权向有关部门及人员了解事故情况并索取有关资料，查阅有关运行、检修、试验、验收的记录文件和事故发生时的录音、计算机打印记录、现场监控录像等，任何人不得拒绝。

7.2.7　保障措施

（1）通信与信息保障

应急情况发生时，应急人员可以把单位固定电话、对讲机以及个人移动电话作为必要通讯工具。当需对单位全体人员进行预警时，可使用信息化平台或广播系统等。

（2）应急队伍保障

右江公司设立抢险技术组、医疗及后勤保障组、警戒疏散组、善后处理组、网络信息安全组五个专业应急处置工作组。发生突发事件时，各司其职、协同配合开展应急处置和救援工作。

当处内救援力量不足时，可以请求上级单位及其他有关单位给予支援。

（3）应急物资与装备

①综合部负责统一管理全单位消防系统和设施，确保安全可靠，随时取用，生活区和生产区消防水系统中的消防水必须保持足够的压力，运行人员

应定期进行巡视检查,检修人员加强维护,坚持每月对消防水系统实验一次。

②电厂的应急物资装备包括抢险、紧急医疗、火灾、生活等类别,综合部负责对单位各类别应急物资与装备的储备和管理情况进行监督检查。有关部门应按清单配备齐全应急设施、设备和有关物资,并由专人管理,建立完善的应急物资档案。对应急设施、设备和有关物资应及时维护,对报废的应急设备应及时更新。确保应急的设施、设备和有关物资储备充分,状态正常。

③直流电源、直流油泵应定期检查,每月进行试验,确保良好。

④责任部门随时更换失效、过期的药品、器材,并建立健全相应的跟踪检查制度和措施。

(4) 其他保障

单位应急救援费用根据相关规定进行列支,保证应急救援费用及时到位。

7.2.8 应急预案管理

(1) 培训

①应急预案的培训分为两级:单位级、部门级。预案培训应作为一项重要内容列入全单位、部门年度安全培训计划,各部门要严格按计划开展好应急预案的培训工作。

②单位级培训由综合部负责组织,培训对象是全体职工,培训方式采取每年一次集中培训。部门级培训由各部门负责,培训的对象是本部门人员、义务消防员,培训方式由各部门自定,培训的主要内容应能够突出应急预案实施的准确性和及时性,分析紧急状态下的危险环节,每半年不少于一次。

③各部门、班组要组织学习单位应急预案,或制定专门的学习计划进行培训,让每个员工都能熟练掌握应急预案主要内容。

(2) 演练

①演练频次与要点

a. 单位每年有计划组织全单位综合性应急演练或专项应急预案演练,原则上每年演练一次。

b. 各部门可根据实际需要组织现场处置方案的应急演练,原则上每半年演练一次。

c. 对单位整体应急预案体系在三年内进行全覆盖演练。

②演练的组织

演练应至少设置指挥组和评价组,指挥组主要是按紧急应变组织机构的设置形式模拟紧急状态下的应对措施,评价组主要是设置各类紧急状态和演习课题。

③演练方式

演练方式可采用桌面演练、实战演练。

④演练的评价与改进

a. 演练结束 5 天内,指挥组和评价组应分别进行总结分析,写出应急演习总结。

b. 在演习结束 7 天内,由突发事件应急领导小组负责组织演习讲评活动,查找差距、分析问题、商定改进措施,并形成演练的最终报告。

7.3 专项预案

7.3.1 传染病疫情事件专项应急预案

(1) 事件风险分析

①事件风险的类型、特点

传染病是指突然的、对公众健康或社会政治、经济等影响巨大,需要采取急救措施的疾病,包括:疫情暴发、新发或不明原因疾病流行或暴发、突发社会事件导致的疾病暴发或流行,疾病预防控制工作中出现的群体反应或偶合事件。

根据《中华人民共和国传染病防治法》的规定,传染病分为甲类、乙类和丙类。

a. 甲类传染病是指:鼠疫、霍乱;

b. 乙类传染病是指:传染性非典型肺炎、艾滋病、病毒性肝炎、脊髓灰质炎、人感染高致病性禽流感、麻疹、流行性出血热、狂犬病、流行性乙型脑炎、登革热、炭疽、细菌性和阿米巴性痢疾、肺结核、伤寒和副伤寒、流行性脑脊髓膜炎、百日咳、白喉、新生儿破伤风、猩红热、布鲁氏菌病、淋病、梅毒、钩端螺旋体病、血吸虫病、疟疾;

c. 丙类传染病是指:流行性感冒、流行性腮腺炎、风疹、急性出血性结膜炎、麻风病、流行性和地方性斑疹伤寒、黑热病、包虫病、丝虫病,除霍乱、细菌性和阿米巴性痢疾、伤寒和副伤寒以外的感染性腹泻病。

②传染病传播途径

a. 水与食物传播,病原体借粪便排出体外,污染水和食物,易感者通过污染的水和食物受染。菌痢、伤寒、霍乱、甲型毒性肝炎等病通过此方式传播。

b. 空气飞沫传播，病原体由传染源通过咳嗽、喷嚏、谈话排出的分泌物和飞沫，使易感者吸入受染。流脑、猩红热、百日咳、流感、麻疹等通过此方式传播。

c. 虫媒传播，病原体在昆虫体内繁殖，完成其生活周期，通过不同的侵入方式使病原体进入易感者体内。蚊、蚤、蜱、恙虫、蝇等昆虫为重要传播媒介。如丝虫病、乙型脑炎、蜱传回归热、虱传斑疹伤寒、蚤传鼠疫、恙虫传恙虫病。由于病原体在昆虫体内的繁殖周期中的某一阶段才能造成传播，故称生物传播。病原体通过蝇机械携带传播于易感者称机械传播。如菌痢、伤寒等。

d. 接触传播，有直接接触与间接接触两种传播方式。如皮肤炭疽、狂犬病等均为直接接触而受染，乙型肝炎为注射受染，血吸虫病、钩端螺旋体病为接触疫水传染，这些都是直接接触传播。

③事件危害

传染病疫情事件威胁单位员工、家属健康，影响单位正常生产运行，对单位声誉造成不良影响。

④事件分级

按照突发事件严重性和紧急程度，将急性传染病事件分为四级。分别为Ⅰ级传染病疫情事件、Ⅱ级传染病疫情事件、Ⅲ级传染病疫情事件和Ⅳ级传染病疫情事件。

a. Ⅰ级传染病疫情事件：

发生肺鼠疫、腺鼠疫病例；

发生一定规模的霍乱暴发疫情（5例及以上）；

发生新出现的传染病有集中发病趋势的疫情（3例及以上）；

发生一定规模乙类传染病暴发疫情，即在局部范围内，在疾病的最长潜伏期内发生出血热5例、伤寒或副伤寒10例、急性病毒性肝炎20例、痢疾30例、其他乙类传染病30例及以上；

发生丙类传染病局部流行倾向；

发生炭疽、天花、肉毒杆菌毒素等生物因子污染事件。

b. Ⅱ级传染病疫情事件：

发现霍乱散发病例、带菌者；

发现新出现的传染病确诊病人；

发生乙类、丙类传染病小规模暴发疫情，即在局部范围内，在该疾病的最长潜伏期内发生急性病毒性肝炎、伤寒或副伤寒达5例及以上，痢疾或其他乙类、丙类传染病达10例及以上。

c. Ⅲ级传染病疫情事件：

发现疑似霍乱散发病例、带菌者；

发现疑似出现的传染病病人；

发生乙类、丙类传染病小规模暴发疫情，即在局部范围内，在该疾病的最长潜伏期内发生急性病毒性肝炎、伤寒、副伤寒3例及以上，痢疾或其他乙类、丙类传染病5例及以上。

d. Ⅳ级传染病疫情事件：

发现霍乱散发病例、带菌者（1例）；

发现新出现的传染病确诊病人（1例）。

（2）应急组织机构职责

①突发事件应急领导小组职责

a. 组建应急工作组，组织抢险救援。

b. 统一组织急性传染病事故突发事件应急救援行动，对救援行动做出决策，下达命令和进行监督。

c. 协调有关部门和单位参加救援，紧急指挥调度应急储备物资、机械设备工具及相关设施设备。

d. 研究解决急性传染病事故处置过程中的其他重大事项。

e. 保持与上级单位、地方政府应急指挥机构联络，必要时请求给予支援。

f. 配合事故调查工作。

②突发事件应急办公室职责

a. 督促现场各项安全措施落实到位，组织协调传染病疫情应急管理工作。

b. 组织传染病疫情应急预案评审、备案和演练等工作。

c. 发生突发事件时服从应急领导小组的指挥，开展救援和处置工作。

d. 保留、收集现场证据，记录报告人、现场调动、异常情况等，紧急情况下的对内外联系及协调。

③医疗及后勤保障组职责

a. 负责对感染人员采取及时的现场急救，将感染人员转送医院进行治疗，并指定人员护理感染者。

b. 负责与地方疾病预防控制机构、医疗机构和政府卫生行政部门取得联系，必要时聘请专家，按其救治和疫情控制措施，组织开展现场应急救援、现场隔离等处置工作。

④警戒疏散组职责

负责现场的安全保卫，设立警戒，疏散其他无关人员，支援其他应急处置工作组,保护好现场。

⑤善后处理组职责

a. 整理、编写和上报事故信息报告;

b. 提出传染疾病疫情事件预案评估建议、提出防止事故发生的措施建议。

c. 跟踪受伤人员医疗救护情况,做好伤亡人员及家属的安抚工作。

d. 妥善处理好善后事宜,消除各种不稳定因素。

(3)处置程序

①预警

预警分级:按照事件性质、严重程度、可控性和影响范围等因素,单位将传染病疫情事件的预警分为四级,具体情况如下。

Ⅰ级预警:可能发生Ⅰ级传染病疫情事件进行的预警。

Ⅱ级预警:可能发生Ⅱ级传染病疫情事件进行的预警。

Ⅲ级预警:可能发生Ⅲ级传染病疫情事件进行的预警。

Ⅳ级预警:可能发生Ⅳ级传染病疫情事件进行的预警。

a. 预警发布:

当单位所在地区发现传染病疑似病例后,办公室对传染病疫情信息进行综合分析,判断预警级别,报应急领导小组组长,由应急领导小组组长或其授权人发布预警信息。

b. 预警行动:

与附近医院联系,在单位设置医疗点,收集汇总单位各部门人员身体状况日报表;对所有可能存在疫情的区域,给予指导或彻底消毒,并对易感染人群,特别是发热病人给予及时监控及甄别。

在当地卫生局、疾病预防控制中心的指导下,做好全单位传染病疫情预防预控工作。

c. 预警结束:

单位所在地区传染病疑似病人经治疗处理后确认康复,且经过一段时间后,无新的病例出现。根据情况综合分析、判断后,由应急领导小组组长或其授权人宣布预警结束。

②信息报告

a. 发现人(报警人)电话通知值班人员,24小时值班电话:XXXXXXX。

b. 发生传染病疫情事件,发现人员应立即拨打24小时应急值班电话报告事故情况;应急值班人员接到事故报告后,及时向应急办公室报告;应急办公室及时了解事态发展和应急处置情况,并及时向应急领导小组汇报。

c. 若在单位外发生传染病疫情事件,应及时拨打120急救电话。

d. 单位不可控事件,经由应急领导小组研究同意,在1小时内由应急办公室向上级单位、当地政府报告相关信息。

e. 信息报告内容包括但不限于:

事故发生的时间、地点;

事故的简要经过;

已经造成或者可能造成的伤亡人数;

初步估计的直接经济损失;

已经采取的措施等情况。

③应急响应

a. 对应传染病疫情事件分级,单位将事件应急响应分为四级,响应条件对照事件分级标准,即:

Ⅰ级响应:发生Ⅰ级传染病疫情事件时的响应。

Ⅱ级响应:发生Ⅱ级传染病疫情事件时的响应。

Ⅲ级响应:发生Ⅲ级传染病疫情事件时的响应。

Ⅳ级响应:发生Ⅳ级传染病疫情事件时的响应。

b. 应急办公室接到传染病疫情事件信息报告后,立即进行核实,判定应急响应级别,并向应急领导小组组长报告。

c. 应急领导小组组长或其授权人宣布启动应急预案。达到Ⅳ级响应标准的,由办公室组织开展应急处置工作;达到Ⅲ级响应标准的,由应急领导小组副组长组织开展应急处置工作;达到Ⅱ级应急响应标准的,由应急领导小组统一领导,现场各应急工作组按职责具体分工开展工作;达到Ⅰ级应急响应标准的,在当地政府有关部门、上级单位的指挥下,应急领导小组组织做好疫情应对工作。

d. 当事件严重程度超出单位应急处置能力的,由应急办公室向当地卫生局、疾控中心、上级单位请求援助,并配合做好应急处置工作。

e. 传染病疫情事件得到有效控制,在单位所管辖区域,应隔离时间段内,已隔离病员均得到有效治疗,且未发生新增疑似病例及确诊病例时,由应急领导小组组长或其授权人宣布应急结束。

f. 应急结束条件:对事故现场经过应急救援预案实施后,引起事故的危险源得到有效控制、消除;所有现场人员均得到清点;不存在其他影响应急救援预案终止的因素;应急领导小组组长或其授权人认为事故的发展状态应予终止的,应急领导小组组长或其授权人下达应急终止令。

g. 应急结束程序:各现场应急工作组现场检查,无次生、衍生灾害发生可能,报单位应急领导小组;经研究认可后,下达应急终止命令,应急行动结束。

(4) 处置措施

①先期处置:

a. 当传染病疫情事件发生时,发现人或病员所在部门应立即将发生的情况(包括时间、地点、症状、人员数量等),上报应急办公室,应急办公室报请应急领导小组批准对疑似病人实施隔离治疗,安排健康人员远离传染病疫情发生地实施避险。

b. 应急办公室应立即向应急领导小组报告,并建议启动应急预案。应急办公室应分别通知应急领导小组成员及相关应急处置工作组人员被参加应急处置。应急办公室及时做好宣传工作,稳定员工和病员情绪。

c. 警戒疏散组布置安排好人力、做好安全保卫工作、防止被人破坏。

d. 善后处理组要做好患者亲友的接待、隔离、安抚工作。

e. 其他各工作组及各部门接到应急响应的通知后,应按各自的职责对突发事件进行处置。

②应急处置:

a. 当发生传染病疫情事件启动应急预案时,根据应急领导小组的指示,应急办公室做好当地政府传染病疫情事件应急管理部门的联系工作,请求支援(包括:疾病预防控制中心、医院、交通、公安等部门)。

b. 医疗及后勤保障组应对全体人员进行食物中毒的预防、诊断、隔离、治疗以及个人防护等监督检查、培训工作,对食物中毒病人做到早发现、早报告、早隔离、早治疗。

c. 发现疑似病例时,医疗及后勤保障组人员应及时到达现场,在上级疾病预防控制部门专家的指导下对病人或者疑似病人进行抢救、隔离、治疗和转运,1小时内向政府食物中毒应急管理相关部门报告。

d. 应急办公室负责制作表格分发到各部门,发现疑似病例及时采取措施。

e. 当传染病疫情事件暴发,虽采取措施但不能有效控制时,为保证生产有序进行,对部分健康的运行、检修和管理岗位人员进行集中居住,统一食宿。

f. 做好宣传工作,稳定单位员工情绪,各部门健康人员要在不被传染的情况下坚守本职岗位,使生产、生活正常进行;做好患者亲友的接待、安抚工作。

g. 若单位所在区域发现传染病病例,则应实行封闭式管理,全面掌握和控制人员的流动,严格控制外来人员、内部人员以及车辆出入,并采取检测、消毒措施。

h. 开展针对性的健康教育、心理疏导,印发宣传资料,提高员工的自我防护意识和防护能力,外出和进入公共场所要采取必要的防护措施。

(5) 扩大应急响应

①当传染病疫情事件发生变化有继续蔓延的可能时,应急领导小组根据实际需求,启动外部应急通讯网,请求当地政府应急管理部门支援。

②如不能有效控制传染病疫情事件的蔓延,可能造成更大的发展危险时,应紧急扩大隔离范围,并联系政府应急管理相关部门实行紧急控制。

7.3.2 食物中毒事件专项应急预案

(1) 事件风险分析

①风险的来源、特性:

食物中毒按病源分为四类:细菌性食物中毒;有毒动植物食物中毒;化学性物品中毒;真菌毒素中毒。

a. 细菌性食物中毒

单位职工食堂采购的食物材料、加工的食品或厂区饮用水如果被细菌感染,产生大量毒素,可能引起细菌性食物中毒。

b. 有毒动植物食物中毒

食堂对食物的加工、烹调不当,没有把其中含有的有毒物质清除干净(如发芽土豆、黄花菜、没煮熟的四季豆等);或员工误食未经特别加工的原本就有毒的物质(如毒蕈、河豚鱼等),则易引起有毒动植物食物中毒。

c. 化学性物品中毒

在制作、运输、贮存食品、饮用水的过程中,因未遵守卫生操作规程等错误操作,使得食物和饮用水混入有毒的化学物质(如农药、金属及其他化学物质),或投机破坏分子投毒,皆能引起化学性物品中毒。

d. 真菌毒素中毒

真菌易在谷物或其他食品中生长繁殖,产生有毒的代谢产物,一般烹调方法难以破坏食品中的真菌毒素,真菌中毒有明显的季节性。

②事件危害:

职工食堂就餐发生食物中毒,可能导致多人中毒伤害,轻度食物中毒会导致人员出现如呕吐、腹泻、腹痛、发烧,中度食物中毒会造成人员肝肾损害甚至昏迷，重度食物中毒可能导致人员死亡，从而对电厂员工生命安全造成威胁，也可能影响生产部门的正常生产，并对电厂声誉造成不良影响。

③事件分级：

根据食物中毒突发事件性质、严重程度、可控性和影响范围等因素，将电厂食物中毒事件分为Ⅰ级、Ⅱ级、Ⅲ级。

Ⅰ级事件（重大集体食物中毒事件）

一次发生集体食物中毒事件，造成人员死亡1人以上或重度中毒3人及以上，或中度中毒5人及以上，或轻度中毒10人及以上，或单位无法凭借自身力量消除威胁，需借助外部单位力量时。

Ⅱ级事件（较大集体食物中毒事件）

一次发生集体食物中毒事故，造成重度中毒人数1人及以上，或中度中毒3人及以上，或轻度中毒5人及以上。

Ⅲ级事件（一般集体食物中毒突发事件）

一次发生集体食物中毒事故，造成中度中毒1人及以上，或轻度中毒3人及以上，且能由现场值班人员（或部门负责人）控制和处理，事件不会蔓延。

（2）应急指挥机构职责

①应急领导小组职责：

a. 总体部署食物中毒事件应急工作，指导各部门实施相关应急预案。

b. 调集有关资源，组织、协调和指导食物中毒事件发生的应急处置工作。

c. 负责食物中毒事件发生原因调查。

d. 统一发布有关信息，承担食物中毒事件发生上级单位或政府部门交办的其他工作。

②应急办公室的职责：

a. 负责组织处置突发Ⅲ级事件。

b. 根据突发事件现场情况，准确做好向电厂应急领导小组的请示与汇报工作。

c. 如有事态恶化行为，负责做好现场的相关情报信息收集，向电厂应急领导小组提供分析材料和研究措施，提供判断是否升级的依据，提出是否发布预警、预警的级别及预警的内容建议。

d. 根据应急领导小组的决定，负责发布预警指令和预警升级、降级或解除指令。

e. 事件处置完毕后，做好信息资料和记录的收集、存档备案。

③医疗及后勤保障组：

a. 负责对中毒人员进行紧急救护，保障救护工作相关的应急药品。

b. 负责现场治安保卫工作，在事故现场内设立警戒区域，禁止无关人员进入，保护好现场（包括使用过的炊具、餐具、消毒物品、残余食品、原料等），配合公安机关、卫生检验部门调查食堂食物中毒原因。

c. 维持事故现场人员的秩序，确保现场人员保持情绪稳定。

d. 负责车辆的调度，确保第一时间把伤员送医。

e. 建立通讯网络，使各级有关人员能迅速、正确地接收到相关的事故、事件信息。单位内的电话要最大限度地保持畅通，直通现场的电话要设专人接听，及时传话。

f. 负责事故现场后续相关的消毒、复产工作。

④善后处理组的职责：

a. 根据情况安排人员到医院慰问受伤人员，协助处理医疗费用，跟踪和报告受伤人员医疗救护进展，做好伤亡人员及家属的安抚工作。

b. 组织和协调处理好伤亡赔偿、保险理赔等善后事宜。

（3）处置程序

①风险监测：

机关服务中心负责落实食物中毒事件的日常监测工作，定期收集整理重点食源性疾病的监测数据及其主要症状相关信息，对重点食品、生活用水和食源性疾病进行监测。

②预警：

a. 预警分级：电厂对食物中毒突发事件，按照其性质、严重程度、可控性和影响范围等因素，分为Ⅰ级预警、Ⅱ级预警、Ⅲ级预警。

Ⅰ级预警：可能发生Ⅰ级食物中毒事件。

Ⅱ级预警：可能发生Ⅱ级食物中毒事件。

Ⅲ级预警：可能发生Ⅲ级食物中毒事件。

b. 预警发布：根据监测所获得的信息，按照食物中毒事件的发生、发展规律和特点，应急办公室及时分析可能发生食物中毒的员工数量、受影响范围、对职工身心健康的危害程度、可能的发展趋势，及时发布相应级别的预警，通过紧急会议、电话（会议）、短信系统、网络等方式进行预警信息的发布。

达到Ⅰ级预警标准的，由应急领导小组确认预警级别、预警范围，应急办公室发布预警信息。

达到Ⅱ级预警标准的，由应急领导小组确认预警级别、预警范围，应急办公室发布预警信息。

达到Ⅲ级预警标准的,由应急办公室确认预警级别、预警范围和发布预警信息。

c. 预警行动:预警发布后,对食堂及相关部门加强食物、饮用水等检查检测。

各部门迅速集合本部门人员,并对人员生理状态进行观察,防控人员食物中毒发生或蔓延,如发现情况及时报告应急办公室。

应急办公室联系医疗机构,通报有关情况,根据可能导致食物中毒的信息分析原因,协调医疗人员做好准备或到现场进行紧急处理。

根据事态发展趋势,必要时应向地方各级食品安全综合监管相关部门通报。

d. 预警结束:当集体食物中毒预警突发事件得到有效控制,中毒人员得到有效救治,领导小组宣布预警结束,并通知相关应急部门。

③信息报告:

a. 电厂24小时应急值班电话:XXXXXXX。

b. 当发生集体食物中毒事件时,发现人或病员应迅速拨打120急救电话,并将发生的情况报告应急办公室。报告应说明发生食物中毒事故发生的时间、地点、中毒人数和严重程度,现场采取的控制措施。

c. 值班人接到食物中毒事件的报告后,要详细询问事件发生的情况以及报告人、联系电话等,并做好记录。立即向应急办公室汇报,应急办公室根据情况初步分析后尽快报告应急领导小组。

d. 报告内容应包括:食物中毒事件的时间、地点、初步原因、发展趋势和涉及范围、人员伤亡与危害程度等情况;除上述内容外,还包括初步推断食物中毒事件的原因以及已经采取的控制措施等。

e. 发生人员重度食物中毒及死亡事故,应急领导小组应当按照要求在1小时内采用电话、传真、电子邮件等方式向上级单位、地方政府有关部门报告事故信息。

f. 事故应急结束后,编写应急工作情况总结,并在48小时内报上级单位和当地政府有关部门。

g. 不得迟报、谎报、瞒报和漏报或授意他人瞒报、迟报、谎报事故,在应急处置过程中,应及时续报有关情况。

④应急响应

a. 响应分级:按食物中毒突发事件的可控性、严重程度和影响范围,应急响应一般分为Ⅰ级响应、Ⅱ级响应、Ⅲ级响应等三个级别。

Ⅲ级应急响应:已经或可能发生Ⅲ级食物中毒事件时的响应行动,由主管部门组织实施抢险救援,及时送食物中毒人员到医院救治。

Ⅱ级应急响应:已经或可能发生Ⅱ级食物中毒事件时的响应行动,由电厂统一组织实施抢险救援,及时送食物中毒人员到当地医院救治。

Ⅰ级应急响应:已经或可能发生Ⅰ级食物中毒事件时的响应行动,领导小组先行处置,并请求地方政府及当地人民医院、疾病控制中心等单位协助处置。

b. 响应程序

应急办公室接到食物中毒事件信息报告后,立即进行核实,判定应急响应级别,并向应急领导小组报告。

领导小组接到发生食物中毒事件报告时,根据食物中毒事件严重程度,决定启动食物中毒事件应急响应的相应级别,成立应急处置工作组,通知有关人员参加应急救援。

应急领导小组人员赶往现场了解情况并明确应急救援方案或措施,调集应急资源,指挥各处置组和有关人员开展救援。应急处置工作组接到应急救援的通知后,应立即奔赴现场,根据各自的职责对事件进行处理。

达到Ⅲ级响应标准的,由应急办组织开展现场应急处置工作;达到Ⅱ级应急响应标准的,由应急领导小组组长现场统一领导,应急工作组按职责具体分工开展工作;达到Ⅰ级应急响应标准的,应急领导小组先行指挥有关人员开展应急处置,并派专人到单位大门迎接上级救援力量,当地政府部门、上级单位救援力量到达现场后,及时移交指挥权,并配合做好应急处置工作,提供人员、技术和物资支持。

如突发事件的规模、危害程度和影响范围等因素超过原定应急响应级别,致使事件状态有蔓延扩大危险,应急领导小组确认后,提升应急响应级别,扩大应急响应范围。

发生食物中毒突发事件时,应及时联系当地医疗救护机构,依靠外部力量进行救援。

(4) 处置措施

①先期处置

应急办公室接到信息后,报请应急领导小组批准对疑似病人实施隔离治疗,安排健康人员远离传染病疫情发生地实施避险。

②应急处置

a. 各工作组及各部门接到应急响应的通知后,应按各自的职责对突发事件进行处置。

b. 安全保卫人员布置安排好人力,做好安全保卫工作,防止被人破坏。

c. 在医务人员赶到前,医疗及后勤保障组有关人员应迅速开展相应急救,病人意识清楚时,可用压舌板、匙柄、筷子、硬羽毛等刺激咽弓或咽后壁,使病人吐出食物。对其他未发病就餐人员进行人员统计,并加强跟踪监护,发放必要的解毒药品。

d. 现场人员要做好可疑有毒食品现场的保护和分析工作,争取尽快寻找到中毒原因。

e. 对于中毒原因清楚或已查清的,根据实际情况尽快恢复食物和饮水的供应,并注意在操作中避免二次中毒,使生产秩序和生活秩序恢复正常状态。

f. 对于中毒原因不明或暂时未查清楚的,应及时向当地有关部门报告,根据情况限制现场恢复程度。

g. 若事态继续扩大,则立即请求当地卫生行政部门和医疗机构支援。

h. 当食物中毒暴发,虽采取措施但不能有效控制时,为保证生产有序进行,对部分健康的运行、检修和管理岗位人员进行集中居住,统一食宿。

i. 善后处置工作组要做好患者亲友的接待、隔离、安抚工作。

j. 应急办公室及时做好宣传工作,稳定员工和病员情绪。

7.3.3 恐怖袭击事件专项应急预案

(1) 事件风险分析

①事件风险的类型、特点

a. 恐怖组织(分子)为了引起人们的恐惧、迫使政府让步,利用爆炸、生物战剂、化学毒剂等发动袭击或者通过绑架、暗杀、劫持人质等形式,危害社会稳定、危及人民生命与财产安全。

b. 单位管理人员未满足当地黑恶势力不当利益要求或未满足外部合作队伍、物资供应商、外部劳务人员不当利益要求,发生打砸抢或暴力恐怖袭击的可能。

其他群体性社会安全事件。

②事件危害

对单位系统各级领导和员工的绑架、劫持等恐怖袭击、暴力活动,导致人员伤亡、财产损失、秩序破坏、系统瘫痪、水工建筑物受损,造成人员大面积恐慌,影响单位正常办公秩序和运行管理,单位信誉及利益受到损害。

③事件分级

按照事故发生的性质、紧急程度、发展势态和可能造成的危害程度分为Ⅰ级、Ⅱ级、Ⅲ级、Ⅳ级。

Ⅰ级：1人以上死亡，或者3人以上10人以下重伤或急性中毒，或者500万元以上经济损失。

Ⅱ级：3人以下重伤或急性中毒，或者100万元以上500万元以下经济损失。

Ⅲ级：10人以上轻伤，或者10万元以上100万元以下经济损失。

Ⅳ级：10人以下轻伤，或者10万元以下经济损失。

(2) 应急组织机构职责

应急领导小组负责统一领导恐怖袭击和暴力事件处置应急工作，下设应急办公室。根据应急处置工作需要，成立恐怖袭击事件应急处置工作组，协同配合、高效应对事故。

①应急领导小组的职责

a. 负责指导、协调和督促单位恐怖袭击或暴力事件的具体处置；

b. 根据实际情况，及时做出决策，采取可靠安全措施对出现的事件进行紧急处理；

c. 负责事件发生后迅速启动预案，协调相关人员对事件现场控制、人员救治以及善后处理等相关工作。

d. 及时沟通新闻媒体，对外发布准确信息，正确引导和影响舆论。

e. 组织事件调查工作，或配合当地政府、上级职能部门进行事故调查、分析、处理及评估工作。

②应急办公室的职责

a. 督促现场各项安全措施落实到位，协调恐怖袭击或暴力事件应急管理工作。

b. 组织恐怖袭击事件应急预案评审、备案和演练等工作。

c. 协助应急领导小组与当地新闻主管部门和新闻媒体的沟通。

d. 发生突发事件时服从应急领导小组的指挥，开展救援和处置工作。

③医疗及后勤保障组职责

a. 负责恐怖袭击、暴力事件的报告工作。

b. 负责对恐怖袭击、暴力事件进行调查和采取控制措施。

c. 负责做好恐怖袭击、暴力事件应急物资的准备。

d. 负责对恐怖袭击、暴力事件应急反应的终止、后期评估提出建议。

④警戒疏散组职责

负责现场的安全保卫,设立警戒,疏散其他无关人员及车辆,支援其他应急处置工作组,保护好现场。

⑤善后处理组职责:

a.做好伤亡人员及家属的稳定工作,确保事故发生后伤亡人员及家属情绪能够稳定,事故之后不发生紊乱。

b.做好家属的接待、安抚、陪护工作。

c.做好受伤人员医疗救护的跟踪工作,协调处理医疗救护单位的相关矛盾;慰问有关伤员及家属。

(3)处置程序

①风险监测

a.应急办公室是恐怖袭击事件风险监测主体,应急办公室主任是主要责任人。

b.配齐配强安保人员,加强日常教育培训和巡逻检查,抓好群众性第一应急力量建设,适时开展应急演练,提高对可疑物品的辨别能力和应急处置能力。

c.利用信息化手段第一时间识别违法犯罪分子,对重点部位及场所出入口实行全天候监控。

d.按照早发现、早报告、早处置的原则,积极开展不稳定因素的排查,通过信访、新闻系统了解管理范围内各种可能发生的突发事件的信息,另一方面信息来自上级信访有关部门的信息等。

e.当发现恐怖袭击、暴力事件时,发现人所在单位应立即将发生的情况(包括时间、地点、人员数量等),报告应急办公室。应急办公室负责按照规定要求上报应急领导小组。

②信息报告

当办公场所、运行管理范围内及其周边发生暴力恐怖袭击,杀人、自焚、爆炸、纵火、投毒等紧急情况后,在场发现人员应根据事件等级向应急办公室立即报告,应急办公室上报应急领导小组同时第一时间上报地方相关部门单位,并立即向"110""119""120"平台电话报警。

报警时要沉着冷静,讲清以下几个内容:

a.报警人员的姓名、联系电话。

b.出事现场的准确位置,讲清楚事情经过、参与人数、所携带的器械、事件发生的地点等。

c. 事件大小及危险程度、已采取的措施、被困人员数量、人员疏散情况。

d. 报警后,应组织人员到主要路口等待救援人员的到来,以便引导快速进入出事现场。

③应急响应

a. 发生恐怖袭击事件,应急领导小组立即赶赴现场,启动本预案开展应急处置。

b. 现场应急处置人员要携带防恐防暴器材进入现场,做好人员疏散、警戒隔离、交通保障、抢救伤员、维护秩序、应急处置等工作,防止事态升级。

c. 参与应急救援的相关单位和有关领导,应立即调动有关人员和器具赶赴现场,按照预案分工和处置规程要求,靠前指挥、相互配合、密切协作,共同开展应急处置工作。

d. 对事件的性质、类别、危害程度、影响范围进行初步评估,组织力量采取必要的措施进行有效控制,防止事态扩大或进一步恶化。

e. 当事件严重程度超出单位应急处置能力时,应急领导小组组长迅速报上级单位,同时报当地公安局,请求支援,并配合做好应急处置工作。

f. 当事件应急处置工作基本完成,事态得到控制,受伤人员得到妥善救治,由应急领导小组组长或其授权人终止应急响应。

④应急结束

a. 事件现场得到控制,事件条件已经消除。

b. 事件所造成的危害已经被彻底消除,无继发可能。

c. 事件现场的各种专业应急处置行动已无继续的必要。

d. 经应急领导小组批准,由原应急预案启动者宣布应急结束。应急办公室用办公电话、移动电话、网络通讯等方式通知现场人员,清理现场,各个专业应急处置工作组完成现场应急工作后,即可宣布应急响应结束。

(4) 处置措施

①先期处置

a. 各办公场所、运行管理范围及其周边发生暴力恐怖袭击事件发生时,为避免更多的人员伤亡,必须首先疏散人群、疏散需要紧急救护的人员,确立"救人第一、安全第一"的指导思想。

b. 将员工撤离到安全的地方,不要将员工卷入闹事者行列。

c. 要求各类人员不以个人名义向外扩散消息,以免引起不必要的混乱。

d. 发生暴力恐怖袭击事件时,发现人要第一时间报告应急领导小组办公室并报公安机关报警,所在单位启动应急救援预案,应急领导小组带领应急人员携带防恐防暴器材进入应急处置状态；疏散现场人员、抢救伤员，对暴力恐怖袭击人员进行隔离和控制，同时与暴力恐怖分子周旋以等待公安机关人员救援，在必要情况下可以采取非常手段。

e. 发现可疑易燃易爆物品时，不可挪动、抓看，应立即做好警戒和疏散工作，并向公安机关报警，等待公安机关专业人员处理；险情解除后，得到排险人员同意方可清理现场；如已爆炸着火，或者发现有伤亡人员，要立即报119、120平台请求援助，同时应急小组展开救援。

②应急处置

a. 在适当区域设置警戒线，封锁现场，实行交通管制，防止无关人员进入，控制现场事态。

b. 能力范围内将劫持犯控制在一个相对固定的区域内，并封锁该区域；在公安部门未到之前，稳定劫持犯情绪。

c. 寻找作案人。对于仍在单位管理范围的，要派人跟踪，防止其继续伤害无辜或畏罪自杀、潜逃；对于已经离开单位管理范围的要及时报告公安部门讲清楚该人员的具体特征。

d. 将现场的发展情况和人员疏散情况及时反馈，传达上级指令，保障现场与外界的信息畅通有序。

e. 控制车辆和无关人员进入单位管理范围。

f. 事件结束后，要全面检查现场，尽力排除其他安全隐患，并保护好现场，协助公安部门对恐怖事件进行调查；

g. 迅速组织医护人员携带抢救器材、药品等，立即到达现场，一旦有人受伤及时实施抢救；

h. 对于生化武器攻击，应稳定受感染人员的情绪，让他们交流正确的信息，释放精神压力以及获得情感支持；及时清洗身上所穿衣物，并进行消毒。

7.3.4 突发群体性社会安全事件专项应急预案

（1）事件风险分析

①风险的来源、特性：

a. 员工因收入低、同工不同酬等引起劳资纠纷，突发群体性维权、上访事件；工伤保险理赔引发的集体上访事件等。

b. 可能因过往人员不服从封闭式管理、建设期征地拆迁遗留问题、周边村民上访等问题造成人群聚集、无理取闹、态度激烈、聚众闹事，或围堵单位大门的人群，可能影响单位运行管理的正常秩序；严重时可能出现干扰生产、破坏单位防洪设备设施、人身伤害等恶性事件,引发社会关注。

c. 可能因不法分子对社会不满、政府不满,对单位实施打、砸、抢,以及恐怖袭击等从而引发事件。

d. 聚众堵塞交通、破坏公共交通秩序、拦截车辆等事件。

e. 大型活动中出现的聚众滋事或者骚乱。

f. 其他情况引发的群体性社会安全事件。

②事件危害

a. 一般性后果为,影响单位防洪道路畅通、部分区域正常工作和生产、施工及生活秩序,给单位安保值勤有关人员带来意外和形象带来负面影响。

b. 严重性后果为,可能导致一定范围的停工停产,人员伤害和财产损失、设施设备被破坏,造成社会影响,引起上级组织及政府关注,或引发新闻媒体介入,从而引起较为广泛的社会关注。

③事件分级

根据突发事件危害程度和影响范围,群体性突发社会安全事件为Ⅰ级、Ⅱ级、Ⅲ级和Ⅳ级突发安全事件:

Ⅰ级:参与人数在30人及以上的事件;

Ⅱ级:参与人数在10人及以上30人以下的事件;

Ⅲ级:参与人数在5人及以上10人以下的事件;

Ⅳ级:参与人数在5人以下的事件。

本预案有关数量的表述中,"以上"含本数,"以下"不含本数。

(2)应急指挥机构职责

应急领导小组负责统一领导突发性群体事故应急工作,下设应急办公室。根据应急处置工作需要,成立突发群体性社会安全事件应急处置工作组,协同配合、高效应对事故。

①应急领导小组职责:

a. 负责指挥现场抢救及人员安全撤离工作,协调应急资源。

b. 上报、通报事故抢险及应急处理进展情况。

c. 组织对现场做有效的隔离和恢复。

d. 组织突发性群体事故现场的取证、调查分析工作。

e. 安排做好伤者、遇难者家属的慰问安抚工作。

②应急办公室的职责

a. 根据突发事件现场情况,密切警惕是否有恶化、升级现象,准确做好向电厂应急领导小组的请示与汇报工作。

b. 如有事态恶化行为,负责做好现场的相关情报信息收集,向电厂应急领导小组提供分析材料和研究措施,提供判断是否升级的依据,提出是否发布预警、预警的级别及预警的内容建议。

c. 根据应急领导小组的决定,负责发布预警指令和预警升级、降级或解除指令。

d. 组织突发群体性社会安全事件应急预案评审、备案和演练等工作。

e. 事件处置完毕后,做好信息资料和记录的收集、存档备案。

③医疗及后勤保障组职责:

a. 负责与地方医院、120急救中心联系,确保伤员能尽快得到救治。

b. 负责交通车辆的调配。

c. 负责突发群体性社会安全事件的报告工作。

d. 负责对突发群体性社会安全事件的调查和采取控制措施。

e. 负责做好突发群体性社会安全事件应急物资的准备。

f. 负责对突发群体性社会安全事件应急反应的终止以及对后期评估提出建议。

④警戒疏散组职责:

负责现场的安全保卫,设立警戒,疏散其他无关人员及车辆,支援其他应急处置工作组,保护好现场。

⑤善后处理组职责:

a. 整理、编写和上报事故信息报告。

b. 提出突发群体性社会事件应急预案评估建议、提出防止事故发生的措施建议。

c. 跟踪受伤人员医疗救护情况,做好伤亡人员及家属的安抚工作。

d. 妥善处理好善后事宜,消除各种不稳定因素。

(3) 处置程序

①预警:

a. 应急办公室是群体性突发社会安全事件风险监测主体,应急办公室主任是主要责任人。

b. 按照"早发现、早报告、早处置"的原则,积极开展不稳定因素的排查,通过信访系统了解所管理范围内各种可能发生的突发事件的信息,另一方面了解来自上级信访有关部门的信息等。

c. 当发现群体性突发社会安全事件时,发现人所在单位应立即将发生的情况(包括时间、地点、人员数量等)报告应急办公室。应急办公室负责按照规定要求上报应急领导小组。

②预警行动：

a. 要加强对员工尤其是离退休员工、生活困难员工、下岗待岗员工的思想教育工作，掌握其思想动态，尽可能将不稳定因素化解在萌芽状态之中。对工作中出现不稳定的新情况、新问题、新动向，各部门要及时汇报应急办公室，并及时做好解释、劝解工作。

b. 要立足于"抓早、抓小、抓苗头"的原则，调查研究，分析预测可能出现的突发性事件，及时发现和掌握苗头性问题，避免突发性事件的发生。

c. 要坚持以人为本的原则，认真对待员工的信访和上访，尽可能将员工反映的问题解决在单位内部。

d. 加强公共关系和对外宣传工作，塑造良好的公共形象，争取所在地政府和群众的理解和支持，力争避免群体性突发社会安全事件的发生。

e. 出现突发性事件苗头时，要从多个角度、多方渠道、多种办法解决问题，采取有力的应对措施，把工作做在前头，把问题解决在萌芽状态，把矛盾化解在基层，通过妥善解决问题，化解突发性事件。

f. 经应急领导小组确认无发生群体性突发社会安全事件的可能性时，发布预警解除，由应急办公室统一发布预警结束信息，用办公电话、移动电话、计算机网络等方式通知各应急处置工作组，预警结束。

③信息报告：

a. 发现人（报警人）电话通知应急值班人员，24小时值班电话：XXXXXXX。

b. 发生突发群体性社会安全事件，发现人员应立即拨打24小时应急值班电话报告事故情况；应急值班人员接到事故报告后，及时向应急办公室报告；应急办公室及时了解事态发展和应急处置情况，并及时向应急领导小组汇报。

c. 当事件发展不可控时，经由应急领导小组研究同意，在1小时内由应急办公室向上级单位、当地政府报告相关信息。

d. 信息报告内容包括但不限于：

事故发生的时间、地点。

事故的简要经过。

已经造成或者可能造成的伤亡人数。

初步估计的直接经济损失。

已经采取的措施等情况。

④应急响应程序

a. 应急办公室接到报警后,立即上报应急办公室,应急办公室接到突发群体性社会安全事件信息报告后,立即进行核实,判定应急响应级别,并向应急领导小组报告。

b. 应急领导小组组长或其授权人宣布启动应急预案,同时成立应急处置小组。达到Ⅳ级响应标准的,由办公室负责人组织开展应急处置工作;达到Ⅲ级响应标准的,由应急领导小组副组长组织开展应急处置工作;达到Ⅱ、Ⅰ级应急响应标准的,由应急领导小组统一领导,应急工作组按职责具体分工开展工作。

c. 当事件严重程度超出单位应急处置能力的,由应急办公室向当地政府、上级单位请求援助,并配合做好应急处置工作。

⑤应急结束

a. 事件现场得到控制,事件条件已经消除。

b. 事件所造成的危害已经被彻底消除,无继发可能。

c. 事件现场的各种专业应急处置行动已无继续的必要。

d. 经应急领导小组批准,由原应急预案启动者宣布应急结束。应急办公室用办公电话、移动电话、网络通讯等方式通知现场人员,清理现场,各个专业应急处置工作组完成现场应急工作后,即可宣布应急响应结束。

(4) 处置措施

①先期处置:

a. 当发现群体性突发社会安全事件时,发现人应立即将发生的情况(包括时间、地点、起因、人员数量等)上报应急办公室,应急办公室报请应急领导小组批准对参加集体上访、集会、示威游行引起的扰乱社会治安现象实施监控。

b. 应急办公室核实情况后应立即向应急领导小组报告,并建议启动应急预案。应急办公室应分别通知应急领导小组成员及相关应急处置工作组人员,参加应急处置。

c. 办公室及时做好宣传工作,稳定参加集体上访、集会、示威游行人员的情绪;实施疏导、劝解,控制事态发展,将事件处置在萌芽状态。安排人员、物资、资金、技术装备防止事件扩大。

d. 警戒疏散组布置安排好人力、做好安全保卫工作、防止被人破坏。

e. 其他各工作组及各部门接到应急响应的通知后,应按各自的职责对群体性突发社会安全事件进行处置。

②应急处置

a. 应急响应处置：

Ⅰ级应急响应事件发生后，应急办公室应进入紧急应对状态，立即向应急领导小组报告，并根据应急领导小组意见报告上级单位和当地政府部门，并请求当地公安机关参与处置，并协调处置突发事件；

应急办公室应根据应急领导小组意见确定突发性事件处置牵头部门，负责突发性事件现场的协调、指挥，并将现场情况形成书面材料，及时向应急领导小组反馈事态进展情况；

经有关部门做调解和疏导教育工作后，仍出现围堵、冲击等有严重危害公共安全或严重破坏生产、生活、社会秩序行为的，应交由公安机关依法采取隔离、解散、强行带离现场、治安处罚等处置。

b. 其他注意事项：

当参与人员有打横幅等过激行为时，安全保卫人员应进行劝阻。

当参与人员出现围堵和冲击办公场所、堵塞交通、散发传单、破坏公物等违法行为时，现场处置人员、内保人员要立即报告应急领导小组，迅速报请公安机关依法处置，以确保正常工作秩序。

当参与人员中出现自杀、休克等突发情况时，现场处置人员要立即拨打急救电话或直接将病人送往附近医院进行抢救。

发现参与人员中有人携带管制器械、爆炸物及其他危险物品时，现场处置人员首先要稳住其情绪，加以严密监视，并立即通知公安机关依法处置。

对年老体弱或者患有疾病的参与人员，现场处置人员和内保人员要给予适当照顾，防止发生晕倒、伤亡等意外事故。

7.3.5　火灾事故专项应急预案

（1）事故风险分析

①事故风险的来源、特性：

事故风险来源：自然灾害、设备老化、违规操作、违规用电、人为失误等造成在时间和空间上失去控制的燃烧。

a. 发电机火灾

发电机异常过负荷、发电机内部绝缘损坏引起短路、发电机油系统火灾或附近电缆燃烧着火殃及发电机本体着火等突发事件可能引发发电机火灾事故。

发电机火灾事故可能造成集电环和电缆烧损、测温和照明电缆烧损；发电机严重损坏被迫停运、对外少送电。

b. 变压器火灾

变压器异常过载。

变压器内部绝缘损坏,引起短路、接地故障。

变压器本体漏油或附近有可燃物,遇有火种起火。

变压器外部短路、放电。

其中由于绝缘损坏造成的起火原因占绝大多数,绝缘的损坏分为以下几种情况:

绕组绝缘老化。

变压器油质不佳,油量过少。

铁芯不接地或是多点接地而产生局部过热降低绝缘。

c. 中控室火灾

中控室用电线路老化、破损、违规用电、超负荷用电,在中控室吸烟或其他违规用火行为,均可能导致中控室火灾。

d. 透平油油库火灾

透平油油库储存的油品属于易燃物质,可能因各种危害因素导致火灾发生,包括:油管漏油,未按规定使用防爆电器、灯具,电线短路或老化引起火灾,油桶损坏导致漏油,违规用火等。

e. 水闸火灾

电厂因储存易燃易爆物质、电气设备故障、违规用火用电等原因导致火灾。

水闸等电气设备损坏、故障、违规操作等原因造成火灾。

f. 食堂火灾

食堂存在液化石油气瓶及其他易燃可燃物,可能因做饭及其他火源等引起火灾。

液化石油气瓶或管线泄漏,不仅可能发生火灾,还可能导致爆炸,从而造成火灾范围扩大。

另外食堂电线、电气设备等老化或使用不当也可能引起火灾。

②事故危害:

a. 发电机火灾

机组事故停运;

集电环和电缆烧损;

测温和照明电缆烧损;

发电机严重损坏；

有毒烟雾造成厂房空气污染；

b. 变压器火灾

变压器火灾事故可能造成变压器严重损坏，导致对外少送电、机组被迫停运、严重时可能对内对外供电全停。

变压器着火后可能发生爆炸伤及周围人员及设施，产生的有毒烟雾会污染空气、造成人员中毒、窒息等人员伤亡事故。

c. 中控室火灾

中控室火灾事故可能导致设备失控、保护失灵，造成重大设备损坏事故，引发电器设备爆炸。

中控室火灾使设备损坏，可能引起设备运行故障，造成供电事故和其他设备事故等。

中控室着火后产生的有毒烟雾会污染中控室空气，造成人员中毒、窒息等人身伤亡事故。

d. 透平油油库火灾

透平油油库火灾可能导致油库甚至周边区域遭受火灾，造成人员伤亡和重大财产损失。透平油油库火灾还可能引起爆炸，加重伤亡和损失。同时造成严重的社会影响。

e. 水闸火灾

电厂火灾可能导致人员伤亡，设备物资等财产损失。

水闸设备损坏，影响工程运行，造成严重社会影响。

f. 食堂火灾

食堂发生火灾后，易产生大量烟雾和高温有害气体，容易造成人员窒息、人身伤亡，若处理不得当或不及时，燃气罐遇高温发生爆炸，造成人员伤亡及建筑物损坏等。

③事故分级

电厂各类突发事件按照其性质、严重程度、可控性和影响范围等因素，分为Ⅰ级、Ⅱ级、Ⅲ级。

a. Ⅰ级火灾事故

发生一般及以上火灾事故；

火情向单位外蔓延，火势无法控制的事故；

需要请求地方消防部门进行灭火的事故；

造成1人以上死亡，或者3人及以上重伤的火灾事故；

造成经济损失 500 万元及以上的火灾事故。

b. Ⅱ级火灾事故

牵涉到人员和物资疏散的火灾事故；

无人员死亡,人员重伤少于 3 人的火灾事故；

造成经济损失 100 万元及以上、500 万元以下的火灾事故。

c. Ⅲ级火灾事故

发生局部性的火情,事件仅影响最初发生区域,未对单位其他设施、人员造成威胁；且无人员伤亡,不需要附近区域职工疏散；同时造成的经济损失在 10 万元至 100 万元。

（2）应急指挥机构职责

①应急领导小组职责

a. 建章立制,定期组织全处职工进行消防安全教育、培训及本预案的演练。

b. 启动和关闭火灾事故应急预案。

c. 协助公安消防机构做好火灾事故调查处理工作。

d. 指挥火灾事故现场应急处置工作,掌握现场信息,调动应急资源,确保满足现场应急处置工作需要。

e. 安排运行方式及设备系统启停,做好系统隔离,组织抢险人员及时扑救火灾,做好安全防护,防止次生事故。

f. 疏散现场无关人员,维护现场治安。

g. 组织对空气、土壤、水源、职业病危害因素等进行评估,必要时采取紧急控制措施。

h. 积极控制事态发展,消除事故危害,保障员工健康与生命安全。

②应急办公室职责

a. 组织协调消防应急日常管理工作。

b. 负责火灾突发事件信息的接收和预警级别初步分析。

c. 及时向消防应急领导小组汇报有关应急工作和应急救援信息。

d. 负责消防应急领导小组具体指令的发布和监督。

e. 负责整理保留事故现场证据。

f. 整理、编写、上报火灾事故信息报告。

g. 负责各类信息的上传下达,紧急情况下的对内外联系及协调,协调安排应急值班和进行监督检查。

③抢险技术组职责

a. 利用电厂配置的灭火设施和器材,扑救初起火灾。

b. 必要时切断电源,对重要设备和文件加以保护。

④医疗及后勤保障组

a. 负责现场秩序维护,看守抢救出来的物资。

b. 在着火区域外围设立警戒线,保持通道畅通,切实做好现场保护工作。

c. 根据火灾情况、火灾部位,按照疏散路线组织人员紧急、有序疏散,并引导撤离人员到安全场所集中,清点人数。

d. 负责对受伤人员进行临时救护,调配救援用车,必要时负责拨打"120"联系医疗救护。

e. 负责通信联络,保持通讯畅通,保证各种指令、信息能够迅速、及时、准确的传达;及时报告"119"接警中心,反映情况并派人接车。

(3) 处置程序

①风险监测:

a. 风险监测的责任部门和责任人

风险监测的责任部门为各管辖部门。责任人为各管辖部门责任人和部门安全员、运行检修人员和火灾责任人,主要负责实时监测风险,并及时反馈信息。

b. 风险监测的方法和信息收集渠道

通过安全评估、技术监控、火灾报警信息、现场巡视、检查火情火警隐患等手段监测各处火灾风险;若在从事生产经营活动过程中发现火灾、火险异常现象出现则自动报警、发现人报警。

c. 风险监测所获得信息的报告程序

各部门安全管理人员定期对监测信息进行收集、汇总、分析和评级,监测到危险信息后,立即报告本部门负责人,事发部门立即将发生的情况(包括时间、地点、人员等情况)报告应急办公室,应急办公室根据报告情况,及时分析判断,提出具体意见和确定预警级别。

②预警:

a. 预警分级

在发生火灾事故突发事件时,根据预测分析结果,对可能发生和可以预警的危急事件进行预警。依据危急事件可能造成的危害程度、经济损失程度和发展势态,预警级别划分为:Ⅰ级预警、Ⅱ级预警、Ⅲ级预警。根据事态的发展情况和采取措施的效果,预警级别可以升级、降级或解除。

Ⅰ级预警:可能发生Ⅰ级火灾事故,火势无法控制,需要请求地方消防部门进行灭火。

Ⅱ级预警:可能发生Ⅱ级火灾事故,现场人员无法控制火势的蔓延,需要事件发生附近区域部分职工疏散,否则会对职工生命或单位财产产生威胁。

Ⅲ级预警:可能发生Ⅲ级火灾事故,现场值班人员(或部门负责人)能控制,不需要附近区域职工疏散,事件仅影响最初发生区域,不会立即对单位其他设施、人员造成威胁。

b. 预警发布

预警信息的发布一般通过紧急会议、电话(会议)、短信系统、网络等方式进行,预警信息包括突发事件的类别、预警级别、起始时间、可能影响范围、警示事项、应采取的措施和发布单位等。

达到Ⅰ级预警标准的,由应急领导小组确认预警级别、预警范围,应急办公室发布预警信息。

达到Ⅱ级预警标准的,由应急领导小组确认预警级别、预警范围,应急办公室发布预警信息。

达到Ⅲ级预警标准的,由部门负责人确认预警级别、预警范围和发布预警信息。

c. 预警行动

Ⅲ级预警发布后,接到预警信息人员,应加强巡视和对动火部位的监控,确保火势在可控范围内。

Ⅱ级预警发布后,接到预警信息,事发部门、应急领导小组和各处置组人员进入预警状态,按职责采取相应措施,避免事故发生或扩大。加强对重点场所、重要设备的监测工作。对消防设施、设备进行全面检查,保证其处于有效、完整、充足、随时可用状态。

预警升级到Ⅰ级预警时,应急领导小组应及时报告地方消防部门,请求支援,并做好配合工作。

d. 预警结束

预警结束的条件:险情已得到有效控制或火灾事故的危害已经控制,人员安全,设备稳定,无次生灾害发生。

预警结束的程序和方式:Ⅲ级预警由预警发布部门采用办公电话、移动电话、网络通讯等方式通知相关人员,预警结束。Ⅰ级、Ⅱ级预警,经应急领导小组组长批准后,由应急办公室主任发布预警解除信息,用办公电话、移动电话、网络通讯等方式通知各应急处置工作组和有关单位,预警结束。

③信息报告：

a. 24 小时值班电话：XX。

b. 单位任何人员发现火灾，应根据火势判断采取适当的报警方式，如未发现浓烟应立即拨打 24 小时值班电话，值班人员接到事故信息报告后，立即通知志愿消防员和应急办公室。

c. 事故报告内容包括：火灾事故发生的时间、事故原因以及火灾现场情况，简要经过，可能造成的直接经济损失、有无人员伤亡，事故发生后已经采取的措施，以及现场救援所需的专业人员和抢险设备等其他应当报告的情况。

d. 接警人员应迅速向报警人员确认火灾地点、人员伤亡及撤离情况、火势发展及现场先期处置情况等，并填写接警记录表。

e. 应急办公室根据事故信息，判断应急响应级别，并向应急领导小组组长汇报。

f. 如火势已经较大，现场人员应立即拨打"119"火警电话，同时通知值班室。同时火灾发现人员要通过呼喊等方式，通知现场其他职工按照职责分工实施灭火和引导人员疏散。

g. 119 电话报警时应准确讲清起火单位名称、所在位置、起火部位（如办公楼、仓库、厂房、职工宿舍等）、燃烧物品（油、化学物质、一般物质、电气设备等）、火势大小、火场面积、报警人员姓名、联系电话、接消防车地点等。

h. 发生火灾事故，应急领导小组应当按照要求在 1 小时内采用电话、传真、电子邮件等方式向上级单位及政府有关部门报告事故信息。

i. 事故应急结束后，编写应急工作情况总结，并在 48 小时内报上级单位和当地政府安监部门。

j. 不得迟报、谎报、瞒报和漏报或授意他人瞒报、迟报、谎报事故，在应急处置过程中，应及时续报有关情况。

④应急响应：

a. 响应分级

结合实际情况，按火灾事故的可控性、严重程度和影响范围，分 3 级响应，火灾事故的应急响应级别分为Ⅰ级响应、Ⅱ级响应、Ⅲ级响应三级。

Ⅰ级响应：发生Ⅰ级火灾事故时的响应行动，由电厂应急领导小组先行指挥处置，同时请求地方消防部门进行灭火。

Ⅱ级响应：发生Ⅱ级火灾事故时的响应行动，由电厂应急领导小组组长指挥处置。

Ⅲ级响应：发生Ⅲ级火灾事故时的响应行动，由事发部门指挥处置。

b. 响应程序

部门负责人是火灾事故的最初应急组织负责人,组织人员利用现场灭火器材、装备灭火,组织人员撤离,做好事故现场隔离,控制事态发展。

应急办公室对火灾情况进行核实后,分析判断应急响应级别,迅速向电厂消防应急领导小组组长报告并提出应急响应建议,组织发布启动指令。

应急领导小组组长或其授权人宣布启动应急预案,根据响应级别的不同,采取相应的行动。

Ⅲ级响应:由事发部门负责人,开展灭火救援和信息报告工作。

Ⅱ级响应:应急领导小组组长组织开展应急响应行动,通知应急处置工作组开展工作。应急领导小组组织有关人员召开应急会议,部署警戒、疏散、信息发布等相关工作,指挥事发部门负责人、应急处置小组人员,落实救援工作方案,明确救援措施和抢救方案,加强与上级部门、气象部门和其他有关部门单位联系,采取必要的应对措施,确保救援工作的顺利进行。

Ⅰ级响应:应急领导小组组长先行组织电厂应急力量开展应急响应行动,采取应对措施,避免事态扩大,控制事态发展。同时请求外部救援力量和地方政府救援,并派专人到单位大门迎接上级救援力量,当地政府部门、上级单位救援力量到达现场后,及时移交指挥权,并配合做好应急处置工作,提供人员、技术和物资支持。

如火灾事件的规模、危害程度和影响范围等因素超过原定应急响应级别,致使事件状态有蔓延扩大危险,经消防应急领导小组组长同意,提升应急响应级别,扩大应急响应范围。

(4) 处置措施

①先期处置

a. 发生火灾时,最先发现火灾的人员应根据判断选择合适的报警方式,并大声呼叫通知本部门及周边人员。根据火势情况,对初期火灾迅速利用最近的灭火器材进行灭火行动,闻讯赶来的其他人员一起参与灭火。

b. 浓烟较大时,应迅速撤离浓烟区,在安全位置上观察、判断起火原因,通过在安全位置停运设备、停电、关门等措施,避免处置人员受到伤害,控制明火蔓延。

c. 发现人员受伤,立即使伤员脱离危险源,并将受伤人员移至安全区域,进行现场急救处理。

d. 发生设备系统事故,要立即按照规定、规程和现场处置方案进行应急处置与救援工作,停止并隔离故障设备、控制危险源、标明危险区域、封锁危险场所。

②应急处置

a. 应急领导小组及应急处置工作组到达现场后，各司其职，开展应急处置和救援工作。

b. 医疗及后勤保障组人员设置警戒线，禁止人员进入危险区域。

c. 医疗及后勤保障组及时将可能受火灾事故影响的人员疏散至安全区域，并清点人数。

d. 发生人员伤亡时，按照《人身伤害事故应急预案》应急处置措施进行应急处置。

e. 抢险技术组分为两组，一组配合消防队灭火（运输灭火器、铺设消防水带等），另一组负责转运周围易燃物品到安全地带，对不可转移的易燃设备要采取降温、隔离等措施。

f. 应急处置人员同时配合运行人员迅速做好安全隔离措施，对着火设备或系统展开抢救，防止事故的扩大或蔓延。应注意事故设备的正确隔离，注意安全防护，防止人员触电事故发生。

g. 医疗及后勤保障组迅速联络"119"接警中心，及时反映火灾发展情况，并派人接车。

h. 消防人员到达现场后，配合做好灭火工作。

7.3.6　交通事故专项应急预案

(1) 事故风险分析

①风险的来源、特性：

a. 道路状况、作业环境、气候变化等自然环境影响的不安全因素，如沙尘暴、雨、雪等恶劣天气，山路险路，节假日繁忙交通，因施工导致现场及管理道路狭窄复杂等。

b. 机动车辆制动、转向、传动、悬挂、灯光、信号等安全部位和装置不可靠。

c. 酒后驾车、疲劳驾驶、强超抢会、超速行驶、超载行驶、人货混载等司乘人员不安全行为。

②事故危害：

a. 造成车辆伤害，引起人身伤亡事故。

b. 交通事故一般碰撞会引发纠纷，延误员工上下班时间。

c. 碰伤行人或伤及他人的，不仅增加修理费用，影响正常生产，处理不当还可能引发民事诉讼，影响电厂声誉。

d. 发生交通事故群死群伤事件的,会对电厂造成恶劣影响。

③事故分级:

电厂根据交通安全事故性质、严重程度、影响范围等因素,将交通安全事故分为三级。

Ⅰ级事故:死亡1人及以上,或者3人及以上重伤,或造成经济损失100万元及以上。

Ⅱ级事故:造成3人以下重伤,或者10人以上轻伤;或造成经济损失100万元以下,50万元及以上。

Ⅲ级事故:发生人员轻伤3人以上,且未发生重伤或死亡事故;或经济损失50万元以下,10万元及以上。

(2) 应急指挥机构职责

①应急领导小组职责:

a. 当单位有关车辆、员工发生交通事故时,决定启动应急预案,负责组织现场抢救及人员安全撤离工作。

b. 领导和组织协调交通事故救援和应急处理,调查、上报、通报事故抢险及应急处理进展情况。

c. 组织事故应急处理抢救工作的同时,将事故简要情况上报地方人民政府,并视情况请求上级单位和地方人民政府提供必要的事故应急救援。

d. 分管领导率领生产、安监、交通、保卫等部门的专业技术人员立即进行现场指导、帮助现场的交通事故抢救和应急处理工作,组织对现场做有效的隔离和恢复。

e. 组织和参加交通安全事故现场的取证、调查分析、处理工作。

f. 负责受伤、遇难者家属的慰问安抚工作。

②应急办公室职责:

a. 督促现场各项安全措施落实到位,组织协调应急日常管理工作。

b. 负责交通事故信息的接收和预警级别初步分析。

c. 及时向应急领导小组汇报有关应急工作和应急救援信息。

d. 负责应急领导小组具体指令的发布和监督。

e. 协调安排进行监督检查。

f. 负责整理汇总各应急处置工作组提交的现场证据,记录报告人、现场调动、异常情况等。

g. 整理、编写、上报突发事件信息报告。

h. 负责各类信息的上传下达,紧急情况下的对内外联系及协调,协调安排应急值班和进行监督检查。

③医疗及后勤保障组职责：

a. 负责现场的治安保卫，在危害和重点部位设置警戒线，隔离危害物质和场所，防止伤害扩大。

b. 对受伤人员进行初步伤情判断和急救处理。

c. 及时联系医疗机构，负责外部救援力量的引导。

d. 负责受影响区域的临时交通管制和疏导。

e. 统一调度车辆，必要时安排对受伤人员送医。

f. 负责有关应急物资的调用和协调现场的救援工作。

g. 负责保护现场，收集和临时保管有关证据，为事故调查做准备。

④善后处理组职责：

a. 根据情况安排人员到医院慰问受伤人员，协助处理医疗费用，跟踪和报告受伤人员医疗救护进展，做好伤亡人员及家属的安抚工作。

b. 组织和协调处理好伤亡赔偿、保险理赔等善后事宜。

c. 协调有关部门处理好内部员工受伤人员的后期安置问题。

（3）处置程序

①信息报告：

a. 发生交通事故，现场人员或发现事故的第一人应立即拨打24小时应急值班电话XXXXXXX，报告事故情况。

b. 事故报告内容包括：事故发生的时间、地点、人员伤亡情况、事件概况和初步处理情况、联系人和联系方式等。

c. 应急办公室接到事故报告后，及时了解事态发展和应急处置情况，并及时向应急领导小组汇报。

d. 若在电厂外发生交通事故，应及时拨打"122"报警电话。

e. 经由应急领导小组研究同意，在1小时内由应急办公室向上级单位、政府有关部门报告相关信息。

f. 事故应急结束后，编写应急工作情况总结，并在48小时内报上级单位和政府有关部门。

g. 不得迟报、谎报、瞒报和漏报或授意他人迟报、谎报、瞒报事故，在应急处置过程中，应及时续报有关情况。

②应急响应：

a. 响应分级

Ⅰ级响应：发生Ⅰ级交通事故时采取的响应行动，需请求当地政府部门、上级单位支援。

Ⅱ级响应：已经或可能发生Ⅱ级交通事故，在电厂应急领导小组统一指挥下能够处置的交通事故。

Ⅲ级响应：已经或可能发生Ⅲ级交通事故，在电厂有关部门统一指挥下能够处理的交通事故。

b. 响应程序

应急领导小组组长或其授权人宣布启动应急预案。

应急领导小组成员按照各自职责开展相关应急工作，调配资源，指挥各应急处置组开展应急处置。

启动Ⅲ级响应时，由事发部门组织开展应急处置，若事态扩大，则立即向电厂应急办公室报告，申请支援。

启动Ⅱ级响应时，应急领导小组到现场组织和指挥开展应急响应行动，成员及各应急处置工作组执行处置措施。

当事故严重程度超出电厂应急处置能力的，启动Ⅰ级响应，应急领导小组组长先行组织电厂应急力量开展应急响应行动，由应急办公室向电厂、交通部门及有关政府部门请求援助，派专人到单位大门迎接上级救援力量，并配合做好应急处置工作。

事故处置完毕，受伤或被困人员得到救助，交通恢复，由应急领导小组组长或其授权人宣布应急结束。

（4）处置措施

①先期处置

a. 发生交通事故时，必须立即停车，保护现场，抢救伤者，在车后设置警示标志，并开启警告危险信号灯，夜间还必须开启示宽灯和尾灯。

b. 引起车辆火灾时，应坚持救人重于灭火的原则，坚持"先控制、后消灭"的准则，通过过往车辆驾驶员和其他人员的协助，力争将损失降到最低限度。

②应急处置

a. 在医疗救护部门人员到达现场之前，现场人员或事先到达事故现场的应急救援力量应当采取恰当的急救措施，在医疗救护部门人员到达现场后，协助抢救受伤人员。

b. 在现场紧急救护的同时，应立即与急救中心或附近医院取得联系，请求给予进一步救治的指导与帮助。在医务人员未到达前，不应放弃现场抢救。不能仅根据伤员没有呼吸与脉搏就擅自判定伤员死亡，放弃抢救，更不能放弃现场急救而直送医院。只能由医生作出伤员死亡诊断。

c. 发现有因车辆颠覆、变形被困于车内的人员时,及时调动、使用起重机械、工具等破拆车辆,解救被困人员,或协助公安消防部门等社会救援力量破拆车辆,解救被困人员。

d. 发现事故车辆油箱内油料泄漏时,采取紧急疏散现场人员,严禁烟火及严禁使用通讯工具等防火措施,将油箱漏油部位堵漏,用沙石、泥土等覆盖地面油污,同时将随车灭火器准备于现场待用。

e. 做好现场治安秩序维护和现场无关人员疏散工作,防止事故扩大和蔓延,造成其他人员伤害。

f. 造成生产设备物资损坏,要组织鉴定损坏程度,及时与厂商联系另行发货或重新制作设备物资。

g. 参加现场应急救援的人员,必须加强个人安全防护。

③应急结束

a. 当受伤人员已送至医院并得到救治和处理,情况稳定,事故现场交通情况已得到恢复,安全隐患排除后由本预案结束。

b. 对事故现场经过应急救援预案实施后,引起事故的危险源得到有效控制、消除;所有现场人员均得到清点;不存在其他影响应急救援预案终止的因素;应急领导小组组长认为事故的发展状态应予终止时,应急领导小组组长下达应急终止令。

c. 各现场应急工作组现场检查,无次生、衍生灾害发生可能,报应急领导小组,经研究认可后,下达应急终止命令,应急行动结束。

7.3.7 脚手架坍塌事故专项应急预案

(1) 事故风险分析

①风险的来源、特性

a. 可能导致事故的风险:

在进行办公楼、宿舍、食堂外墙及水闸等水工建筑高处部位的维修保养时,需要搭设脚手架,作业过程中可能因各种因素导致脚手架坍塌,包括:脚手架钢管及扣件、脚手板等材质不符合要求;搭设的脚手架本身存在各种隐患,搭设方案不符合规范,存在结构设计缺陷,导致脚手架整体承重和稳定性存在严重隐患;脚手架搭设或拆除无方案或未按方案执行,搭设完没有进行严格验收,或搭设人员资质能力不符合要求,靠经验随意搭设等,搭设的脚手架立杆、横杆、扫地杆、连墙杆、剪刀撑等设置存在缺陷;脚手架未进行承载力、刚度、稳定性验算,脚手架基础承载力不够;脚手架未定期检查,使用过程中因其他因素导致各种缺陷；脚手架搭设使用时在架体上违规超载堆放材料、设备；六级以上大风或雨天等气候条件下进行搭拆作业等。

b. 事故特性：

逃生困难，易造成人员伤亡。脚手架坍塌事故的发生往往出乎人们的意料，坍塌来势迅猛，人们感知时间极短，来不及作任何反应就被困于废墟之中。

现场情况复杂，行动展开困难。脚手架发生坍塌，破碎的建筑构件连带着钢筋、模板纵横交错地堆积在废墟之中，遇险人员埋压的部位深度不一，且难以靠人力徒手救援出来，往往需要大型机械设备救援。

救援时间长，后勤保障难度大。脚手架坍塌情况复杂，需要搬移破碎建筑构件、清理废墟等，还须防止救援不当对受伤人员造成二次伤害，导致应急救援行动持续时间较长，特别是有次生灾害事故发生的情况下，救援任务就更加繁重。超长的救援时间，使救援人员体力消耗大，救援器材装备的损耗也非常大，给后勤保障工作增加了难度。

②事故危害

a. 脚手架坍塌事故主要是造成作业人员高处坠落或物体打击伤害，甚至造成死亡，还可能导致建筑物损坏和其他财产损失。

b. 可能发生伤害的人员主要是外包单位的水工建筑物维修保养人员，也可能包括电厂的有关管理人员。

c. 如外包单位人员受伤或死亡，还可能因事故处理不当引发冲突和治安事件。

③事故分级

按照事故性质、严重程度、可控性和影响范围等因素，将电厂内可能发生的脚手架坍塌事故分为Ⅰ级、Ⅱ级、Ⅲ级。

Ⅰ级：死亡1人及以上，或者3人及以上重伤；或造成经济损失500万元及以上。

Ⅱ级：重伤3人（不含）以下，或者10人以上轻伤；或造成经济损失500万元以下，100万元及以上。

Ⅲ级：发生人员轻伤3人以上，且未发生重伤或死亡事故；预计经济损失100万元以下，10万元及以上。

(2) 应急指挥机构职责

①应急领导小组职责

a. 了解分析事故灾情，制定救援方案。

b. 指挥各应急处置工作组进行现场人员救护、抢险救灾和事故处置，调动一切物资、人力资源，防止事故扩大或升级。

c. 迅速调集救护组搜索伤员，组织抢救、转移安置伤员，送医院进行治疗；遣散无关人员，维护好单位内治安。

d. 根据现场实际情况，及时作出决策，采取可靠安全措施对出现的事故进行紧急处理；对危险介质进行切断和隔离，控制事故的进一步扩大；视情况组织对损坏设施进行抢修、加固。

e. 上报、通报事故抢险及应急处理进展情况。

f. 组织事故现场的取证、调查分析工作。

g. 安排做好受伤、遇难者家属的慰问安抚工作。

②应急办公室的职责

a. 督促现场各项安全措施落实到位，组织协调应急日常管理工作。

b. 负责脚手架坍塌事故信息的接收和预警级别初步分析。

c. 及时向应急领导小组汇报有关应急工作和应急救援信息。

d. 负责应急领导小组具体指令的发布和监督。

e. 协调安排进行监督检查。

f. 负责整理汇总各应急处置工作组提交的现场证据，记录报告人、现场调动、异常情况等。

g. 整理、编写、上报突发事件信息报告。

h. 负责各类信息的上传下达，紧急情况下的对内外联系及协调，协调安排应急值班和进行监督检查。

③抢险技术组职责

a. 提供应急处置方案建议和技术支撑，参与制定应急方案。

b. 按照制定的方案，佩戴安全防护工具，在确保自身安全的情况下救出受伤人员并转移至安全地带，对坍塌架体在设备的配合下进行妥全处置，避免引发次生灾害。

④医疗及后勤保障组职责

a. 在相关范围内设立警戒线，维持现场秩序，疏散车辆，引导救援车辆和人员到达指定位置。

b. 组织车辆和人员将所需物资运抵现场，保证救援所需物资发放到有关人员手中。

c. 对受伤人员及时进行包扎、止血等急救工作。

⑤善后处理组职责

负责受伤人员医治情况的跟踪与汇报，负责伤亡人员家属的接待、安抚、理赔等工作。

(3) 处置程序

①事故预防：

严格按照相关方安全管理制度有关规定，加强对检修、施工项目的作业单位和人员的监督管理，防控脚手架坍塌事故发生，主要做好以下预防措施：

a. 电厂有关检修、施工项目在签订合同时，必须严格审查检修、施工等单位的资质和安全生产许可证，严禁不合格单位入场。

b. 涉及脚手架施工作业的，应要求作业单位提交脚手架搭设方案或安全措施文件备案，审查脚手架搭设、作业人员的资格证书和有关的培训证明，不符合要求的禁止作业。

c. 应加强对脚手架检修、施工作业过程中的监督检查，对安全防护措施不到位、作业人员未正确佩戴有效的个人防护用品及其他违章作业行为及时提出整改要求，严重时进行处罚和要求停工。

d. 脚手架施工作业现场，应要求作业单位设置警戒区域和警示标牌，禁止无关人员进入。

e. 六级以上大风和雨天、雪天等气候条件下禁止有关单位进行脚手架搭拆作业等。

②信息报告

a. 发生脚手架坍塌事故时，现场人员应立即报告应急办公室并迅速赶赴现场，根据人员受伤情况拨打"120"。

b. 事故报告内容包括：事故发生的时间、原因、地点、相关方单位，简要经过，可能造成的直接经济损失、有无人员伤亡，事故发生后已经采取的措施，以及现场救援所需的专业人员和抢险设备及其他应当报告的情况。

c. 接警人员应迅速向报警人员确认地点、人员伤亡及撤离情况及现场先期处置情况等，并填写接警记录表。

d. 应急办公室根据事故信息，判断应急响应级别，并向应急领导小组组长汇报。

e. 因坍塌事故造成人员死亡的，应急领导小组应当按照要求在1小时内采用电话、传真、电子邮件等方式向上级单位、当地政府有关部门报告事故信息。

f. 事故应急结束后，编写应急工作情况总结，并在48小时内报上级单位和当地应急管理部门。

g. 不得迟报、谎报、瞒报和漏报或授意他人迟报、谎报、瞒报事故,在应急处置过程中,应及时续报有关情况。

③应急响应

a. 应急响应分级:

结合实际情况,按脚手架坍塌事故的可控性、严重程度和影响范围,分Ⅰ级响应、Ⅱ级响应、Ⅲ级响应三级。

Ⅰ级响应:发生Ⅰ级脚手架坍塌事故时的响应行动,由电厂应急领导小组先行指挥处置,同时请求地方消防或其他有关部门支援。

Ⅱ级响应:发生Ⅱ级脚手架坍塌事故时的响应行动,由电厂脚手架坍塌事故应急领导小组组长赴现场指挥处置。

Ⅲ级响应:发生Ⅲ级火灾事故时的响应行动,由应急办公室指挥处置。

b. 响应程序:

脚手架坍塌事故发生以后,规划与建设管理科负责人迅速赶往现场组织救援并报告应急办公室。

应急办公室对事故情况进行核实后,分析判断应急响应级别,迅速向电厂应急领导小组组长报告并提出应急响应建议,组织发布启动指令。

应急领导小组组长或其授权人宣布启动应急预案,各应急处置人员迅速到位,根据响应级别的不同,采取相应的行动。

Ⅲ级响应:成立应急处置工作组,由应急办组织应急处置人员,根据现场情况、影响范围、造成的后果,开展事故救援和信息报告工作。

Ⅱ级响应:应急领导小组组长组织开展应急响应行动,迅速赶赴现场了解事故情况,研究制定救援方案和调配应急资源,指挥各应急处置工作组实施救援。同时加强与上级部门、消防部门、医院和有关部门单位的联系,采取必要的应对措施,确保救援工作的顺利进行。

Ⅰ级响应:应急领导小组组长先行组织电厂应急力量开展应急响应行动,采取应对措施,避免事态扩大,控制事态发展。同时请求外部救援力量和地方政府救援,并派专人到单位大门迎接上级救援力量,当地政府部门、上级单位救援力量到达现场后,及时移交指挥权,并配合做好应急处置工作,提供人员、技术和物资支持。

如坍塌事故的规模、危害程度和影响范围等因素超过原定应急响应级别,致使事件状态有蔓延扩大危险,经应急领导小组组长同意,提升应急响应级别,扩大应急响应范围。

（4）处置措施

①先期处置：

维修或施工单位的现场负责人是事故最初应急组织负责人，应迅速指挥现场救援，在保证其他人员安全的情况下，尽快救出受伤人员并开展急救措施，同时及时切断和架体连接的可能引发次生灾害的电源。

②应急处置：

a. 对未被架体、建筑物碎块等物体掩埋的受伤人员，立即转移到安全地带，进行紧急救治并根据伤情拨打120，详细说明事故地点和人员伤害情况，并派人到路口进行接应。

b. 如有被掩埋人员，迅速根据救援方案，调集起吊、拆解等机械设备清除掩埋物，尽快解除重物压迫，减少伤员挤压综合征发生，并将其转移至安全地方，期间应防止二次伤害发生。

c. 对未坍塌部位进行抢修加固或者拆除，封锁周围危险区域，防止进一步坍塌。

d. 设置警戒线，禁止与应急抢险无关人员进入危险区域，及时将可能受事故影响的其他人员疏散至安全区域。

e. 发生人员伤亡时，按照《人身伤害事故专项应急预案》应急处置措施进行应急处置。

f. 如发生大型脚手架坍塌事故，应迅速核实脚手架上作业人数，如有人员被坍塌的脚手架压在下面，要立即采取可靠措施加固四周，然后拆除或切割压住伤者的杆件，将伤员移出。如脚手架太重可用吊车将架体缓缓抬起，以便救人。

g. 现场急救条件不能满足需求时，必须立即上报当地政府有关部门，并请求必要的支持和帮助。

h. 在没有人员受伤的情况下，应根据实际情况对脚手架进行加固或拆除，在确保人员生命安全的前提下，组织恢复正常施工秩序。

7.3.8 人身伤害事故专项应急预案

（1）事故风险分析

①事故风险的类型、特性：

a. 物体在重力或其他外力的作用下产生运动，打击人体而造成的人身伤害。

b. 在高处作业中发生坠落造成的人身伤害。

c. 重力或其它外力作用下，平台、工具因超过自身的强度极限或因结构稳定性被破坏而造成的人身伤害。

d. 机械设备运动或静止部件、工具、加工件直接与人体接触引起的挤压、撞击、冲击、剪切、卷入、绞绕、甩出、切割、切断、刺扎等伤害。

e. 各种起重作业（包括起重机械安装、检修、试验）中发生的挤压、坠落、物体打击等造成的人身伤害。

f. 阀门超压爆破或泄露造成的人身伤害。

g. 各种设备、设施的触电，电工作业时触电、雷击等。

h. 水上（船上）作业中，人员上下船或在船上走动时落水，船舶空舱积水、船体漏水等可能导致人员落水淹溺，船只运行过程中碰撞、触礁、搁浅等可能导致人员落水淹溺。

i. 水工建筑物维修保养中，水上作业平台不稳固、水上作业平台上物料堆放过多、水上作业人员未正确穿戴防护用品等导致人员落水淹溺。

j. 防洪度汛中因各项防护措施未落实到位、防汛方案不到位、防汛物资装备缺失或破损、抢险或逃生通道堵塞、防汛人员培训不足、防汛人员体力精力不足、汛情超过方案预期等各类因素导致抢险人员或其他人员发生淹溺。

k. 火焰烧伤、高温物体烫伤、化学灼伤、物理灼伤。

l. 火灾引起的人身伤害。

m. 可燃性气体、粉尘等与空气混合形成爆炸混合物，接触引爆源发生爆炸造成人身伤害。

n. 容器内缺氧窒息、中毒性窒息等造成的人身伤害。

o. 企业机动车辆在行驶中引起的人体坠落和物体倒塌、飞落、挤压等造成的人身伤害。

p. 异常高温、低温天气引起的人身高温中暑和冻伤事件。

q. 其他如摔、扭、挫、擦、溺水等造成的人身伤害。

②事故危害：

发生人员伤亡事故，特别是群死、群伤事故，不仅会给受伤者或遇难者本人、家属造成重大伤害，同时也会严重损害电厂的良好形象。

③事故分级：

按照事故性质、紧急程度、发展势态和可能造成的危害程度，将人身伤害事故分为Ⅰ级、Ⅱ级、Ⅲ级。

Ⅰ级事故：死亡1人及以上，或者3人及以上重伤（急性工业中毒）。

Ⅱ级事故:造成3人以下重伤(急性工业中毒),或者10人以上轻伤。

Ⅲ级事故:发生人员轻伤3人以上,且未发生重伤或死亡事故。

(2)应急指挥机构职责

①应急领导小组职责:

a. 负责指挥现场抢救及人员安全撤离工作,协调应急资源。

b. 上报、通报事故抢险及应急处理进展情况。

c. 组织对现场做有效的隔离和恢复。

d. 组织人身事故现场的取证、调查分析工作。

e. 安排做好受伤、遇难者家属的慰问安抚工作。

②应急办公室职责:

a. 督促现场各项安全措施落实到位,组织协调应急日常管理工作。

b. 及时向应急领导小组汇报有关应急工作和应急救援信息。

c. 负责应急领导小组具体指令的发布和监督。

d. 负责整理汇总各应急处置工作组提交的现场证据,记录报告人、现场调动、异常情况等。

e. 整理、编写、上报突发事件信息报告。

f. 负责各类信息的上传下达,紧急情况下的对内外联系及协调,协调安排应急值班和进行监督检查。

③医疗及后勤保障组职责:

a. 负责现场的治安保卫,在危害和重点部位设置警戒线,隔离危害物质和场所,防止伤害扩大。

b. 对受伤人员进行初步伤情判断和急救处理。

c. 及时联系医疗机构,负责外部救援力量的引导。

d. 统一调度车辆,必要时安排对受伤人员送医。

e. 负责有关应急物资的调用和协调现场的救援工作。

f. 负责保护现场,收集和临时保管有关证据,为事故调查做准备。

④警戒疏散组职责:

a. 负责现场的安全保卫,加强对重点部位的警戒,制止违法行为。

b. 及时疏散突发事件现场无关人员;支援其他应急处置工作组,保护好现场。

c. 根据应急处置工作需要,对厂区道路进行交通管制,确保救援车辆能顺利进入现场。

⑤善后处理组职责:

a. 根据情况安排人员到医院慰问受伤人员,协助处理医疗费用,跟踪和报告受伤人员医疗救护进展,做好伤亡人员及家属的安抚工作。

b. 组织和协调处理好伤亡赔偿、保险理赔等善后事宜。

c. 协调有关部门处理好内部员工受伤人员的后期安置问题。

(3) 处置程序

①信息报告:

a. 单位 24 小时应急值班电话:XXXXXXX。

b. 当发生人身事故时,现场人员应立即拨打 24 小时应急值班电话报告事故情况,内容包括:报警人姓名、事故发生的地点、伤亡人数及状况等信息。

c. 值班人员接到事故信息报告后,立即向应急办汇报,必要时,及时拨打 120 急救电话。应急办询问事故信息,判断应急响应级别,并向应急领导小组组长汇报。

d. 发生人身重伤或死亡事故,应急领导小组组长应当在 1 小时内采用电话、传真、电子邮件等方式向上级单位及政府有关部门报告事故信息。

e. 事故应急结束后,编写应急工作情况总结,并在 48 小时内报上级单位和当地政府有关部门。

f. 不得迟报、谎报、瞒报和漏报或授意他人迟报、谎报、瞒报事故,在应急处置过程中,应及时续报有关情况。

②应急响应:

a. 响应分级

按照人身事故性质、严重程度、可控性、影响范围等因素,将应急响应分为三级。

Ⅰ级响应:发生Ⅰ级人身事故时采取的响应行动,在当地政府部门、上级单位的统一领导下做好事故应急处置工作。

Ⅱ级响应:发生Ⅱ级人身事故时采取的响应行动,由应急领导小组组长组织开展响应工作。

Ⅲ级响应:发生Ⅲ级人身事故时采取的响应行动,由事故发生部门组织采取处置措施后即可控制事态。

b. 响应程序

各部门、班组是人身事故最初应急组织负责人,组织采取正确施救措施救人,做好事故现场隔离,控制事态发展。

应急领导小组组长或其授权人宣布启动应急预案,根据响应级别的不同,采取相应的行动。

启动Ⅲ级响应时,由事件发生部门组织开展应急处置,若事态扩大,则立即向电厂应急办公室报告,申请支援。

启动Ⅱ级响应时,由应急领导小组到现场组织和指挥开展应急响应行动,应急领导小组成员及各应急处置工作组执行处置措施。

启动Ⅰ级响应时,单位应急领导小组组长先行组织有关部门和应急处置小组开展应急响应行动,派专人到单位大门迎接上级救援力量,当地政府部门、上级单位救援力量到达现场后,及时移交指挥权,并配合做好应急处置工作,提供人员、技术和物资支持。

应急响应过程中,应做好信息上报与通报。

当受伤人员已送至医院得到救治和处理,情况稳定,事故现场已得到恢复,安全隐患排除后由应急领导小组组长宣布应急结束。

(4)处置措施

①先期处置:

a. 接到报警后,第一时间赶到事故现场的人员应在能力范围内立即采取防止受伤人员失血、休克、昏迷等紧急救护措施,并将受伤人员脱离危险地段,拨打120医疗急救电话。

b. 对各类不同的人事伤害,迅速采取相应的处置措施。

触电:发现有人触电,迅速断开有关设备的电源,使用木棒、绝缘杆等绝缘工具使受害人脱离带电体。

烧伤、烫伤:立即脱离致害物,迅速将衣物、鞋袜除去,保护、清洁创面,眼睛灼伤的要用流动的清水进行彻底清洗。

创伤:先抢救,后固定,再搬运,并注意采取措施,防止伤情加重。

中毒:应立即使伤员脱离中毒现场,保持已昏迷伤员气道通畅,转移到通风良好处,迅速判断引起中毒的有毒物质,及早对症治疗。

淹溺:落水人员救上岸后,应立即清除口鼻淤泥、杂草、呕吐物等,以保持气道畅通,并根据情况实施控水、人工呼吸、心肺复苏等急救。

根据受伤人员伤情,迅速开展下一步的救治工作,防止延误救治时间。

②处置措施:

a. 应急领导小组及应急处置工作组到达现场后,各司其职,开展应急处置和救援工作。

b. 医疗及后勤保障组采取紧急救护措施或检查确认现场其他人员的救护措施,迅速与地方医院联系,确保伤员能尽快得到救治;调配应急救援需要用到的车辆、食物、水等。

c. 警戒疏散组同时根据现场区域做好现场警戒,在警戒区的边界设置警示标识,禁止其他人员及车辆靠近。保证现场不被破坏,避免无关人员进入现场,通往事故现场的主要干道上实行交通管制。

d. 警戒疏散组及时排除现场可能造成伤害进一步扩大或影响救援活动的其他危害物质和风险活动,协助后勤保障小组的救护人员做好紧急救护措施。

e. 善后处理组及时掌握事故信息及舆情信息,正确引导舆论,稳定员工、家属及其他群众情绪。

f. 医疗及后勤保障组迅速筹集应急救援工作需要的物资,确保满足应急处置和救援需要,并安排好有关救援人员和家属的食宿。

g. 当发生人员轻伤时,现场人员应采取防止受伤人员大量失血、休克、昏迷等紧急救护措施。受伤人员在现场经过紧急处置后,送往医院进一步进行诊治及治疗。

h. 人员重伤及死亡事故处置:

对失去知觉者宜清除其口鼻中的异物、分泌物、呕吐物,随后将伤员置于侧卧位以防止窒息。

对出血多的伤口应加压包扎,有搏动性或喷涌状动脉出血不止时,暂时可用指压法止血或在出血肢体伤口的近端扎止血带,上止血带者应带有注明时间的标记,并且每 20 分钟放松一次,以防肢体缺血坏死。

就地取材固定骨折的肢体,防止骨折的再损伤。

遇有开放性颅脑或开放性腹部伤,脑组织或腹腔内脏脱出者,不应将污染的组织塞入,可用干净物品覆盖,然后包扎,迅速送往医院诊治。

当有木桩等物刺入体腔或肢体,不宜拔出,宜锯断刺入物的体外部分(近体表的保留一段)。

若有胸壁浮动,应立即用衣物、棉垫等充填后适当加压包扎,以限制浮动,无法充填包扎时,使伤员卧向浮动壁,也可起到限制反常呼吸的效果。

若有开放性胸部伤,立即取半卧位,对胸壁伤口应行严密封闭包扎。使开放性气胸改变成闭合性气胸,速送医院。

7.3.9 水利网络与信息安全事件专项应急预案

(1) 事件风险分析

①风险的来源、特性:

事件风险的来源主要是互联网络、外接存储设备等,主要包括以下几方面的风险:

a. 有害程序事件。指蓄意制造、传播有害、病毒程序，或是因受到有害程序的影响而导致的网络与信息安全事件。

b. 人为攻击事件。指黑客或其他人员通过网络或其他技术手段，对信息系统实施攻击，并造成信息系统异常、对信息系统当前运行造成潜在危害或造成信息系统中的信息被篡改、假冒、泄露、窃取等而导致的网络与信息安全事件，以及人为使用非技术手段有意造成信息系统破坏而导致的网络与信息安全事件。

c. 信息内容安全事件。指利用信息网络发布、传播危害国家安全、社会稳定和公共利益的内容的安全事件。

d. 设备设施故障事件。指由于信息系统自身设备故障或外围保障设施故障，以及人为使用非技术手段无意造成信息系统破坏而导致的网络与信息安全事件。

e. 灾害性事件。指由于不可抗力对信息系统造成物理破坏而导致的网络与信息安全事件。

f. 其他事件类。指不能归类以上分类的网络与信息安全事件。

②事件危害：

网络安全事件的特性是隐蔽性、蔓延性和突发性，一旦发生信息安全事故可能造成以下危害后果：

a. 有害程序造成单位网络计算机和设备无法正常工作，资料丢失或泄密等后果；

b. 网络攻击事件影响单位网络正常运行，并造成信息系统运行异常等后果；

c. 信息破坏事件影响到单位服务器和用户计算机上的重要数据；

d. 信息内容安全事件对单位的形象造成负面影响；

e. 网络线路及设备实施故障事件影响单位网络正常运行，从而影响信息系统的安全稳定性；

f. 软件系统故障事件造成单位信息系统运行不稳定，并且有数据泄密的可能性；

g. 灾害性事件造成单位网络软硬件的损失，进而导致数据的损失。

③事件分级

网络安全事件根据其影响程度、严重程度、影响范围和可控性，划分为三级：Ⅰ级、Ⅱ级、Ⅲ级。

a. 严重程度，主要考虑事件对信息系统的破坏程度，以及利用信息网络发布、传播的信息内容对国家安全、社会稳定和公共利益的危害程度，对信息系统的破坏程度分为特别严重破坏、严重破坏和一般破坏，其中特别严重破坏指造成信息系统瘫痪或信息受到特别严重破坏；严重破坏指造成信息系统主要功能受损或信息受到严重破坏；一般破坏指造成信息系统性能下降或信息受到一般破坏。

b. 影响程度，主要考虑事件影响的信息系统的重要程度，信息系统根据重要程度分为特别重要信息系统、重要信息系统和一般信息系统，其中特别重要信息系统指系统服务安全保护等级为四级以上（含四级）的信息系统或业务信息安全保护等级为四级以上（含四级）的信息系统；重要信息系统指系统服务安全保护等级为三级的信息系统或业务信息安全保护等级为三级的信息系统；一般信息系统指系统服务安全保护等级为二级的信息系统或业务信息安全保护等级为二级的信息系统。

c. 依据《信息安全等级保护管理办法》的有关规定，结合电厂实际情况，将单位网络与信息安全事件分为三级。

Ⅰ级：发生以下任一种网络与信息安全事件，且不能在2小时内恢复。

电厂计算机监控系统、水情测报系统、大坝安全监测系统、综合办公业务系统、生产信息管理系统等重要信息系统受到特别严重破坏。

电厂计算机监控系统、水情测报系统、大坝安全监测系统、综合办公业务系统、生产信息管理系统等信息网骨干核心网络设备受到特别严重破坏。

其他对社会秩序和公共利益造成严重损害，或对国家安全造成损害的网络与信息安全事件。

Ⅱ级：发生以下任一种网络与信息安全事件，且不能在2小时内恢复。

计算机监控系统、水情测报系统、大坝安全监测系统、综合办公业务系统、生产信息管理系统等重要信息系统受到严重破坏。

计算机监控系统、水情测报系统、大坝安全监测系统、综合办公业务系统、生产信息管理系统等信息网骨干核心网络设备受到严重破坏。

电厂办公局域网、公众网、互联网光纤等一般信息系统等骨干核心网络设备受到严重破坏。

其他对公民、法人和其他组织的合法权益产生严重损害，或者对社会秩序和公共利益造成损害，但未能损害国家安全的网络与信息安全事件。

Ⅲ级：发生以下任一种网络与信息安全事件，且不能在2小时内恢复。

电厂计算机监控系统、水情测报系统、大坝安全监测系统、综合办公业务系统、生产信息管理系统等重要信息系统受到一般破坏。

电厂计算机监控系统、水情测报系统、大坝安全监测系统、综合办公业务系统、生产信息管理系统等信息网骨干核心网络设备受到一般破坏。

电厂办公局域网、公众网、互联网光纤等一般信息系统骨干核心网络设备受到一般破坏。

其他公民、法人和其他组织的合法权益造成损害，但未能损害国家安全、社会秩序和公共利益的网络与信息安全事件。

其他网络与信息安全事件根据"谁主管谁负责"的原则，由信息系统的主管部门负责处理。

（2）应急组织机构职责

①应急领导小组职责：

a. 贯彻执行领导小组的决议，协调电厂信息安全工作。

b. 监督网络与信息安全工作制度和技术操作策略的实施。

c. 负责协调、督促电厂各部门的网络与信息安全工作。

d. 组织电厂网络与信息安全工作检查。

e. 及时向工作领导小组和上级有关部门、单位报告信息安全事件。

f. 组织网络与信息安全知识宣传工作。

②应急办公室的职责：

a. 督促现场各项安全措施落实到位，组织协调应急日常管理工作。

b. 负责网络与信息安全事件信息的接收和预警级别初步分析。

c. 及时向应急领导小组汇报有关应急工作和应急救援信息。

d. 负责应急领导小组具体指令的发布和监督。

e. 协调安排进行监督检查。

f. 负责整理汇总各应急处置工作组提交的现场证据，记录报告人、现场调动、异常情况等。

g. 整理、编写、上报突发事件信息报告。

h. 负责各类信息的上传下达，紧急情况下的对内外联系及协调，协调安排应急值班和进行监督检查。

③网络信息安全组职责：

a. 制定电厂网络与信息系统的安全应急策略及应急预案。

b. 为领导小组提供相应应急预案的启动数据依据，并组织相关人员排除故障，恢复系统。

c. 组织对信息安全应急策略和应急预案进行测试和演练。

d. 负责接受单位各部门的紧急信息安全事件报告，组织进行事件调查，分析原因、涉及范围，并评估安全事件的严重程度，提出信息安全事件防范措施。

（3）处置程序

①风险监测：

a. 电厂建立相应的网络与信息安全预警监测机制，进一步完善网站网络与信息安全突发公共事件监测、预测、预警制度。要落实责任制，按照"统一指挥、密切配合，平战结合、预防为主，快速反应、科学处置"的原则，加强对各类网站网络与信息安全突发公共事件和可能引发突发公共事件的有关信息的收集、分析判断和持续监测。

b. 当发生网络与信息安全突发公共事件时，监控人员按规定及时向应急办公室报告，初次报告最迟不得超过半小时。报告内容主要包括信息来源、影响范围、事件性质、事件发展趋势和已采取的措施等。

②预警：

a. 预警分级：

电厂对网络与信息安全事件，按照其性质、严重程度、可控性和影响范围等因素，分为Ⅰ级预警、Ⅱ级预警、Ⅲ级预警。

Ⅰ级预警：可能发生Ⅰ级网络与信息安全事件。

Ⅱ级预警：可能发生Ⅱ级网络与信息安全事件。

Ⅲ级预警：可能发生Ⅲ级网络与信息安全事件。

b. 预警发布：

预警信息来源于预警系统监测到的和上级机构或其他职能部门通报的网络与信息安全事件信息。各部门接收到有关网络安全信息后应立即报应急办公室，应急办公室确认信息和评估风险等级后立即报单位应急领导小组，并根据确定的风险等级编制预警信息。

预警信息包括网络与信息安全事件的分类、起始时间、可能影响的范围、将采取的措施和发布单位等。

Ⅲ级预警信息由应急办公室发布并及时报应急领导小组。

Ⅰ级、Ⅱ级预警信息须由电厂统一发布、调整和解除并将相关情况报送省厅信息办。

预警信息的发布、调整和解除，应以电话、电子邮件、传真等方式通知到所有相关单位以及相关人员，接到通知的单位和人员要求对信息进行确认。

c. 预警行动：

各部门加强对事件监测和事态发展信息搜集，每日向应急办公室报告预警响应情况,重要情况立即上报;网络与信息安全事件应急处置工作组人员进入待命状态,保持通信畅通,准备好应急设备物资。

启动Ⅰ级或Ⅱ级预警时,领导小组还应召开会议,组织有关人员对网络信息安全事件进行技术分析、研判,制定防范措施和应急工作方案,并组织有关人员落实,防控事件的发展恶化。同时向上级单位及政府有关部门通报情况,并争取支援。

d. 预警解除:

当网络与信息安全预警突发事件得到有效控制,由预警发布机构根据实际情况宣布预警结束,并通知相关应急部门。

③信息报告:

a. 发生网络与信息安全事件时,事发部门进行初步判断,对于Ⅲ级网络与信息安全事件,事发部门要在半小时内向应急办公室口头报告,在1天内提交书面报告。

b. Ⅱ级以上网络与信息安全事件或特殊情况,立即报告,并实行态势进程报告和日报告制度。

c. 应急办公室接到Ⅲ级网络与信息安全事件报告1天内,向领导小组报告。发生Ⅱ级、Ⅰ级网络与信息安全事件时,立即向领导小组报告。

d. 报告内容主要包括信息来源、影响范围、事件性质、事件发展趋势和采取的措施等。

④应急响应:

a. 响应分级:

电厂应急响应级别分为三级:Ⅰ级、Ⅱ级、Ⅲ级,分别应对电厂Ⅰ、Ⅱ级、Ⅲ级网络与信息安全事件。

b. 响应程序:

应急办公室接到网络安全事件信息报告后,立即进行核实,分析研判事件态势,判定应急响应级别,并迅速上报应急领导小组。

领导小组接到发生网络安全事件报告时,根据网络安全事件严重程度,决定启动网络安全事件应急预案。由应急领导小组组长或其授权人宣布启动应急预案和相应级别,成立应急处置工作组。

启动Ⅲ级响应时,由应急办公室组织开展应急处置工作,根据该信息系统应急处置预案,组织运行管理部门进行技术处理,同时组织业务部门采取业务补救措施。如事件没有得到及时解决,或事件影响范围超过预期,立即向应急领导小组报告,由应急领导小组分析情况后决定是否升级为Ⅱ级响应,并进行相应处置行动。

启动Ⅱ级响应时,由应急领导小组组织开展应急处置工作,根据该信息系统应急处置预案,组织有关运行管理部门进行技术处理,同时组织业务部门采取业务补救措施。如事件没有得到及时解决,或是需解决范围超过Ⅱ级事件的范围,立即升级Ⅰ级事件,并按照Ⅰ级响应进行处置。

启动Ⅰ级响应时,应急办公室立即报告上级单位及政府有关部门。应急领导小组指挥应急处理工作组组织落实应急处置工作,根据该信息系统应急处置预案,组织有关管理部门进行技术处理,同时组织业务部门采取业务补救措施,必要时协调上级部门参加应急处置。

(4)处置措施

①先期处置:

a.机房漏水应急处置:

发生机房漏水时,第一目击者应立即通知办公室,并及时报告应急办公室。

若空调系统出现渗漏水,办公室应立即安排停用故障空调,清除机房积水,并及时通知联系设备供应方进行处理,必要情况下可临时用电扇对服务器进行降温。

若为墙体或窗户渗漏水,办公室应第一时间通知相关部门立即派维修人员采取相应措施,及时清除积水,维修墙体或窗户,消除渗漏水隐患确保机房安全。

b.设备发生被盗或人为损害事件应急处置:

发生设备被盗或人为损害设备情况时,使用者或管理者应立即报告应急办公室,同时保护好现场。

应急办公室应立即通知水量调度信息科,同核实审定现场情况,清点被盗物资或盘查人为损害情况,做好必要的影像记录和文字记录。

事发部门和当事人应当积极配合上述部门进行调查,并将有关情况向领导小组汇报。

应急办公室安排综合部,及时恢复网络正常运行,并对事件进行调查。综合部应在调查结束后一日内书面报告应急办公室。事态或后果严重的,应急办公室应向上级机关报告。

c.机房停电应急处置:

预计停电4小时以内,由不间断电源(UPS)供电。

预计停电24小时,请示应急办公室主任,关掉非关键设备,确保关键设备供电。

预计停电超过24小时的,关闭机房所有管辖设备。

d. 通信网络故障应急处置:

发生通信线路中断、路由故障、流量异常后,操作员应及时通知本单位信息系统管理员和综合部,经初步判断后及时上报应急办公室。

综合部接报告后,应及时查清通信网络故障位置,隔离故障区域,并将事态及时报告应急办公室,通知相关通信网络运营商查清原因;同时及时组织相关技术人员检测故障区域,逐步恢复故障区与服务器的网络联接,恢复通信网络,保证正常运转。

应急处置结束后综合部应将故障分析报告,在调查结束后一日内书面形式报告领导小组。

e. 不良信息和网络病毒事件应急处置:

发现不良信息或网络病毒时,信息系统管理员应立即断开网线,终止不良信息或网络病毒传播,并报告应急办公室。

综合部采取隔离网络等措施,及时杀毒或清除不良信息,并追查不良信息来源。

事态或后果严重的,应急办公室及时报告上级机关和公安部门。

处置结束后,综合部应将事发经过、造成影响、处置结果在调查工作结束后一日内书面报告网络与信息安全突发事件应急办公室。

f. 服务器软件系统故障应急处置:

发生服务器软件系统故障后,综合部负责人应立即组织启动备用服务器系统,由备用服务器接管业务应用,并及时报告应急办公室;同时安排相关责任人将故障服务器脱离网络,保存系统状态不变,取出系统镜像备份磁盘,保持原始数据。

综合部应根据应急办公室指令,在确认安全的情况下,重新启动故障服务器系统;重启系统成功,则检查数据丢失情况,利用备份数据恢复;若重启失败,立即联系相关厂商和上级单位,请求技术支援,做好技术处理。

处置结束后,综合部应将事发经过、处置结果等在调查工作结束后一日内报告网络与信息安全突发事件应急办公室。

g. 黑客攻击事件应急处置:

当发现网络被非法入侵、网页内容被篡改,应用服务器上的数据被非法拷贝、修改、删除,或通过入侵检测系统发现有黑客正在进行攻击时,使用者或管理者应断开网络,并立即报告网络与信息安全突发事件应急办公室。

接到报告后,应急办公室应立即指令综合部核实情况,关闭服务器或系统,修改防火墙和路由器的过滤规则,封锁或删除被攻破的登录账号,阻断可疑用户进入网络的通道。

综合部应及时清理系统,恢复数据、程序,恢复系统和网络正常。

处置结束后,综合部应将事发经过、处置结果等在调查工作结束后一日内报告网络与信息安全突发事件应急办公室。

h. 核心设备硬件故障应急处置:

发生核心设备硬件故障后,综合部应及时报告应急办公室,并组织查找、确定故障设备及故障原因,进行先期处置。

若故障设备在短时间内无法修复,综合部应启动备份设备,保持系统正常运行;将故障设备脱离网络,进行故障排除工作。

综合部应在故障排除后,在网络空闲时期,替换备用设备;若故障仍然存在,立即联系相关厂商,认真填写设备故障报告单备查。

i. 业务数据损坏应急处置:

发生业务数据损坏时,综合部应及时报告应急办公室,检查、备份业务系统当前数据。

综合部负责调用备份服务器备份数据,若备份数据损坏,则调用磁带机中历史备份数据。

业务数据损坏事件超过 2 小时后,水量调度信息科应及时报告网络与信息安全应急协调领导小组,及时通知业务部门以手工方式开展业务。

综合部应待业务数据系统恢复后,检查历史数据和当前数据的差别,由相关系统业务员补录数据;重新备份数据,并写出故障分析报告,在调查工作结束后一日内报告网络与信息安全突发事件应急办公室。

j. 雷击事故应急处置:

遇雷暴天气或接上级部门雷暴气象预警,综合部应及时报告应急办公室,经请示同意后关闭所有服务器,切断电源,暂停内部计算机网络工作。

雷暴天气结束后,综合部报经应急办公室同意,及时开通服务器,恢复内部计算机网络工作,并通知相关部门及时恢复设备正常工作,对设备和数据进行检查。出现故障的,事发单位应将故障情况及时报告综合部。

②应急处置:

a. 检查威胁造成的结果,评估事件带来的影响和损害,如检查系统、服务、数据的完整性、保密性或可用性,检查攻击者是否侵入了系统,网络安全水平,损失的程度,确定暴露出的主要危险等。

b. 抑制事件的影响进一步扩大，限制潜在的损失与破坏。可能的抑制策略一般包括：关闭服务或关闭所有的系统，从网络上断开相关系统，修改防火墙和路由器的过滤规则，封锁或注销被攻破的登录账号，阻断可疑用户进入网络的通路，提高系统或网络行为的监控级别，在管理后台设置陷阱，启用紧急事件下的接管系统，实行特殊"防卫状态"安全警戒等。

c. 根除网络安全威胁。在事件被抑制之后，通过对有关恶意代码或行为的分析结果，找出事件根源，明确相应的补救措施并彻底清除安全威胁。与此同时，执法部门和其他相关机构将对攻击源进行定位并采取合适的措施将其中断。

d. 清理系统、数据恢复、运行程序、继续服务。把所有被攻破的系统和网络设备彻底还原到它们正常的任务状态。恢复工作应该十分小心，避免出现误操作导致数据的丢失。另外，恢复工作中如果涉及到机密数据，需要额外遵照机密系统的恢复要求。对不同任务的恢复工作的承担单位，要有不同的担保。如果攻击者获得了超级用户的访问权，一次完整的恢复应该强制性地修改所有的口令。

7.3.10 水上作业事故专项应急预案

（1）事故风险分析

①风险的来源、特性：

a. 水上作业主要包括水政监察活动、捕鱼活动，作业范围主要是在电厂水域，水位随着季节变化较大，丰水期水深，在水面作业主要事故风险包括：

b. 水上作业引起的窒息、溺水等；

c. 船只发生火灾或爆炸事故等；

d. 船只发生倾覆、撞击等事故；

e. 船只故障引起的水体污染等。

②事故危害：

事故直接造成员工肢体伤残、劳动能力丧失，甚至死亡，同时给本单位造成直接及间接经济损失，甚至造成严重的社会影响。

③事故分级：

按照事故的影响和危害程度，将水上作业事故分为三级：Ⅰ级、Ⅱ级和Ⅲ级，作为突发事件信息报送和分级处置的依据。

Ⅰ级事故：水上作业事故造成1至2人死亡，或3人以上10人以下重伤，或造成直接经济损失500万元以上。

Ⅱ级事故:水上作业事故造成 3 人以上或 10 人以上重伤,或造成直接经济损失 100 万元以上 500 万元以下。

Ⅲ级事故:水上作业事故造成 3 人以下重伤,或造成直接经济损失 100 万元以下。

本预案有关数量的表述中,"以上"含本数,"以下"不含本数。

(2) 应急指挥机构职责

①应急领导小组职责:

a. 贯彻落实国家、地方、行业有关事故应急救援与处置法律、法规和规定。

b. 确定各科室在应急处置过程中的职责。

c. 负责统一领导、指挥和协调水上作业事故的应急处置工作。

d. 负责分析、研究水上作业事故的有关信息,组织制定或调整应急措施。

e. 负责应急救援经费的批准和应急资源配置。

f. 接受政府部门应急指挥机构的领导,及时落实政府部门有关指令,及时向相关政府部门报告水上作业事故应急救援与处理的进展情况。

g. 组织或配合水上作业事故的调查和处理。

h. 协调与外部应急力量、政府部门的关系。

i. 组织应急领导小组成员进行必要的巡查。

j. 按级别组织和参与事故调查,总结应急工作经验教训。

②应急办公室职责:

a. 监督国家、地方、行业有关事故应急救援与处置法律、法规和规定的落实,执行水上作业事故应急领导小组的有关工作安排。

b. 事故发生时,协助应急领导小组指挥、协调应急救援工作。

c. 接收并分析处理现场的信息,向应急领导小组提供决策参考意见。

d. 跟踪事故发展,沟通应急处置情况并将信息汇总,及时向应急领导小组报告。

e. 负责新闻发布和上报材料的起草工作,根据应急领导小组意见,向政府相关部门报告应急工作情况。

f. 接受公众对事故原因及处置情况的咨询。

③抢险技术组的职责:

a. 准确执行应急领导小组及应急办公室下达的命令。

b. 在应急期间做好事故发生区域的防护措施。

c. 准确分析在紧急状态下水上作业事故发生的原因,组织进行消除。

d. 在紧急状态下做好防台、防汛措施，并在应急期间采取所有必要措施保证安全。

e. 保障紧急状态下应急物资的供应。

f. 在各类紧急状态下，保护好所管辖的设备备件和材料，避免受到损坏。

④医疗及后勤保障组的职责：

a. 准确执行应急领导小组及应急办公室下达的命令。

b. 保障通讯正常。

c. 在紧急状态下保证交通设备正常。

d. 接到人员受伤报警后，及时赶到现场，送医院。

e. 负责与地方医院、120急救中心联系，确保伤员能尽快得到救治。

f. 负责为应急处置和救援人员提供食宿。

g. 及时检查饮用水源、食品等，确保饮食安全。

⑤善后处理组的职责：

a. 整理、编写和上报事故信息报告。

b. 提出水上作业事故预案评估建议、提出防止事故发生的措施建议。

c. 跟踪受伤人员医疗救护情况，做好伤亡人员及家属的安抚工作。

d. 妥善处理好善后事宜，消除各种不稳定因素。

(3) 处置程序

①风险监测：

a. 水上作业应急办公室及各部门组织开展安全教育和安全生产技能培训，提高水上作业人员安全素质。以预防溺水和落水自救为重点，制定切实可行的安全教育培训计划，不断提高员工的安全意识以及自觉遵守规章制度的责任意识和法制意识。

b. 对在用的船舶和相关设施按要求进行维护保养，定期检查，对检查发现的问题及时处理。

c. 船舶和相关设施出现故障或者发生异常情况时，应当对其进行全面检查，消除事故隐患后，方可重新投入使用。

②预警：

a. 任何人收到可能发生的水上作业安全事故的信息后，应立即报告本单位水上作业应急办公室，并按照应急预案及时研究确定应对方案，同时通知有关单位采取相应行动预防事故的发生。可能发生水上作业安全事故时，水上作业应急办公室通知各部门进入预警状态，一旦发生事故，根据安全事故的等级，立即启动相应等级的应急预案，实施救援。

b. 积极与地方的气象、水运、河务、医院、防洪抗汛等部门保持联系,将应急预案抄报有关部门,以便遇有险情时能及时取得支援。

c. 当水上作业事故危险已经消除,经评估确认不再构成威胁,水上作业事故应急办公室下达预警解除指令。

③信息报告:

a. 电厂24小时应急值班电话:XXXXXXX。

b. 发生水上作业事故后,现场人员立即拨打应急值班电话,并向本部门负责人和应急办公室报告。

c. 应急办公室人员核实信息情况后,立即向应急领导小组组长汇报。

d. 发生人身重伤以上事故或死亡事故时,应急领导小组组长应当在1小时内采用电话、传真、电子邮件等方式向上级单位、地方有关部门报告事故信息。

e. 事故报告应当及时、准确、完整,任何单位和个人不得迟报、漏报、谎报或者瞒报,报告应当包括下列内容:

事故发生单位概况。

事故发生的时间、地点以及现场情况。

事故的简要经过、初步原因和事故性质。

事故已经造成或者可能造成的伤亡人数(包括下落不明的人数)和初步估计的直接经济损失。

已经采取的措施。

信息报告人员的联系方式。

其他应当报告的情况。

f. 事故应急结束后,编写应急工作情况总结,并在48小时内报上级单位和当地政府有关部门。

④应急响应:

a. 响应分级

依据国家和行业有关规定,按照水上作业事故的性质、严重程度、可控性、影响范围,将应急响应分为Ⅰ级、Ⅱ级和Ⅲ级,作为突发事件处置和信息报送的依据。发生突发事件,由应急领导小组确定响应级别。

发生Ⅰ级水上作业事故,启动Ⅰ级响应,由应急领导小组组长率队指导事故应急处置,根据应急处置情况可提升或降低响应级别。上级水行政主管部门组织应急处置时,接受上级应急领导小组调配和指挥,配合开展应急处置。

发生Ⅱ级水上作业事故,启动Ⅱ级响应,由应急领导小组组长率队指导事故应急处置。应急领导小组视应急处置情况可提升响应级别。

发生Ⅲ级水上作业事故，启动Ⅲ级响应，由应急办公室指导事故应急处置。

b. 响应程序

响应程序按过程可分为接警、响应级别确定、应急启动、应急处置、应急恢复和应急结束等几个过程。

接警：应急办公室接到水上作业事故报警时，应做好详细记录，并报告应急领导小组。

响应级别确定：应急领导小组接到水上作业事故报告后，应立即根据报告信息，对警情做出判断，确定响应级别。

应急启动：应急响应级别确定后，应急领导小组启动相应预案，应急领导小组启动相应应急程序，通知各应急救援小组开展应急处置。

（4）处置措施

①应急处置基本原则：

在水上作业事故预防与应急处置工作中必须贯彻以下工作原则。

统一领导，分组负责

应急救援与处置工作实行统一领导，分组负责。在应急领导小组的统一领导下，应急处置工作组各司其职，有效开展突发事件应急处置工作。

②以人为本，安全第一

把保障员工的生命安全和身体健康作为首要任务，最大程度地预防和减少突发事件造成的人员伤亡和财产损失。

③人员受伤处置原则

受伤人员创伤性出血时，应立即用干净布片覆盖伤口，对伤员进行止血、包扎。

受伤人员呼吸和心跳均停止时，应立即进行心肺复苏。

对肢体骨折的伤员可用夹板或木棍、竹竿等将断骨上、下方关节固定。

若怀疑有颈椎损伤，在使伤员平卧后，应固定颈部不动，以免引起截瘫。

应将腰椎骨折伤员平卧在平硬木板上，并将腰椎躯干及两侧下肢一同进行固定，搬动时应保持平稳，不能扭曲。

医护人员到达后，现场人员立即将受伤人员交由医护人员救治。

②应急处置措施：

a. 先期处置：

发生水上作业事故时，现场人员应在保证自身安全的情况下，及时采取控制措施，防止事故险情扩大。条件允许时，首先让受害人脱离危险源，并采取紧急救治措施。

医疗及后勤保障组调配事故应急资源，指导现场应急抢险工作。

医疗及后勤保障组迅速开展受伤人员抢救工作。

应急办公室根据救援情况的需要，联系应急领导小组或当地救援队伍支援。

b. 后期处置：

财务审计科积极稳妥、深入细致地做好各项善后处理工作，按照国家相关规定给予抚恤、补偿和补助，开展保险理赔及事故现场的整理、清理、恢复等工作。

医疗及后勤保障组应配合医疗人员做好受伤人员的紧急救护工作。

抢险技术组、善后处理组联合做好现场的保护、拍照等善后工作。

7.3.11 特种设备事故专项应急预案

(1) 事故风险分析

①风险的来源、特性：

a. 特种设备安全装置和设施缺少或失效：

特种设备上的自动控制机构，如力矩限制器、紧急停机开关等安全装置、监测仪表、报警及警示装置失效，造成设备失灵或无法监视，而造成人员伤害或设备损坏。

特种设备周围无安全警示标志牌或光线不足，人员误入危险区域或操作人员误碰其他设备，而引起事故。

吊车轨道接地线、路轨顶端止档装置不齐全可靠，诱发人员电伤害、设备倾翻和车轮脱轨事故。

未根据设备技术状况制定设备报废计划，继续使用淘汰、报废设备。

b. 特种设备配件或结构缺陷：

设备钢丝绳、吊索具不符合安全要求，运行中拉断或钢丝绳脱落，发生起吊物品坠落，对人员和设备造成伤害和损坏。

设备制动装置、行走装置、回转装置性能不可靠，制动不灵或失去控制，发生溜钩、溜车，导致设备构件损坏、严重时造成设备倾覆。

特种设备电源及用电装置不符合有关规定（如：负荷过大发热、接地不良、保护配置不规范、未设置专用电源、电缆容量不足、无安全警示标志等）。

特种设备的门柱、悬臂、平衡梁等主要金属结构疲劳、腐蚀、焊缝缺陷，高强度螺栓松动、蠕变，主要结构变形或断裂，各类减速箱和滑轮等需要润滑部位的润滑不符合有关规定,造成主要结构严重变形或断裂、卡涩或失控等,严重时发生倾覆的恶性事故。

特种设备的液压系统管路、油缸爆裂。

c. 特种设备性能缺陷:

特种设备经过冲击、地震事故后,强度、刚度、稳定等性能下降,而未及时检验、修复继续投入使用,在外力或重力作用下,超过自身的强度极限或因结构稳定性破坏而造成倾翻事故。

特种设备本身存在质量问题(如设计问题等)而导致使用中发生设备损坏和人身伤害事故。

d. 特种设备操作不符合规程:

操作人员因误操作、违规操作等引起起重设备脱轨、倾覆和起吊物坠落,发生起重伤害事故等。

e. 其他:

因自然灾害(如地震、台风、暴雨、雷电、6级以上大风等)而引起的特种设施倾倒、设备损坏和人身伤害事故。

②事故危害:

单位目前存在的特种设备有起重设备、叉车、电梯、压力容器等,各设备使用过程中的事故类型及后果主要有以下方面:

a. 起重设备出现设备或构件故障、制动器、限位器失灵、操作失误、或遭遇自然灾害等,可能造成砸、碰、挤、压、高空坠落等人身伤害,严重时导致死亡,也可能造成起重设备损坏,甚至导致周边设施设备的损坏。

b. 电动叉车出现刹车失灵、电池着火或爆炸、车胎爆炸、违章操作等异常情形时,可能造成人身伤害甚至死亡,车辆损伤甚至报废。

c. 压力容器超压保护失灵、材质缺陷、压力表损坏指示错误、未按要求检验、压力超过承压能力等异常情形时,可能造成周围人员伤害甚至死亡、装置损失。

d. 电梯故障使得轿厢坠落、停运、门无法开启以及遇到火灾、检修发生触电等情形时,可能造成设备损坏同时可能导致人员被困昏厥或伤亡。

③事故分级:

电厂特种设备事故按照其性质、严重程度、可控性和影响范围等因素,分为Ⅰ级、Ⅱ级、Ⅲ级。

Ⅰ级事故:发生特种设备事故,造成1人以上死亡,或者3人及以上重伤;或造成经济损失500万元及以上的事故,其影响较大,单位无法凭借自身力量处置,需请求上级主管部门或政府部门救援。

Ⅱ级事故:发生特种设备事故,造成 3 人以下重伤,造成经济损失 500 万元以下,100 万元及以上,单位有能力进行处置的事故。

Ⅲ级事故:发生特种设备事故无人员伤亡,造成经济损失 100 万元以下,10 万元及以上,由分管部门组织力量进行处置的事故。

(2) 应急组织机构职责

①应急领导小组职责:

a. 组织协调做好应急预案各项准备工作。

b. 发生紧急情况时,决定启动和解除应急命令。

c. 统一指挥紧急状态下的应急工作。

d. 收集、整理、分析各类信息,制定指挥方案和策略。

e. 向上级应急指挥机构报告突发事件情况、应急响应情况及需要求助的具体情况。

f. 向社会应急协作部门联系应急救助事项。

g. 组织检查应急实施、善后工作,并听取各应急办的工作汇报。

h. 组织指挥救援队实施救援行动(含周边地区)。

i. 当上级应急指挥机构介入后,协助上级应急指挥机构展开各项具体的应急响应工作。

j. 组织应急领导小组成员进行必要的巡查。

k. 按级别组织和参与事故调查,总结应急工作经验教训。

②应急办公室职责:

a. 组织协调特种设备事故应急日常管理工作。

b. 负责特种设备突发事件信息的接收和预警级别初步分析。

c. 及时向应急领导小组汇报有关应急工作和应急救援信息。

d. 负责应急领导小组具体指令的发布和监督。

e. 负责整理保留事故现场证据。

f. 整理、编写、上报特种设备事故信息报告。

g. 负责各类信息的上传下达,紧急情况下的对内外联系及协调,协调安排应急物资。

③抢险技术组的职责:

a. 准确执行应急领导小组及应急办公室下达的命令。

b. 在应急期间做好特种设备的防护措施。

c. 准确分析在紧急状态下特种设备发生的故障,组织进行消除,保障特种设备的正常运行。

d. 在紧急状态下做好防台、防汛措施,并在应急期间采取所有必要措施保证安全。

e. 保障紧急状态下应急物资的供应。

f. 在各类紧急状态下,保护好所管辖的设备备件和材料,避免受到损坏。

④医疗及后勤保障组的职责:

a. 准确执行应急领导小组及应急办公室下达的命令。

b. 保障通讯正常。

c. 在紧急状态下保证交通设备正常。

d. 接到人员受伤报警后,及时赶到现场,送医院。

e. 保证车辆避免因紧急事件导致的破坏。

f. 在应急期间,为全单位提供通勤保障。

g. 做好后勤保障的各项应急措施,保障生活服务安全。

h. 在紧急状况下为全单位提供后勤及饮食保障。

(3) 处置程序

①信息报告:

a. 电厂24小时应急值班电话:XXXXXXX。

b. 发生特种设备事故后,现场人员立即拨打应急值班电话,并向本部门负责人报告。

c. 应急办公室人员核实信息情况后,立即向应急领导小组组长汇报。

d. 发生人身重伤以上事故或死亡事故时,应急领导小组组长应当在1小时内采用电话、传真、电子邮件等方式向上级单位、地方有关部门报告事故信息。

e. 事故应急结束后,编写应急工作情况总结,并在48小时内报上级单位和当地政府有关部门。

②应急响应:

a. 响应分级:

特种设备事故的可控性、严重程度和影响范围,单位的应急响应分为Ⅰ级响应、Ⅱ级响应、Ⅲ级响应。

Ⅰ级应急响应由电厂请求上级主管部门、当地质监局和地方政府等上级机构协助处置。

Ⅱ级应急响应由电厂统一组织实施抢险救援。

Ⅲ级应急响应由发生事故的特种设备主管部门组织实施抢险救援。

特种设备事故导致人员伤亡的,按要求启动《人身伤害事故专项应急预案》相应的响应级别和行动。

b. 响应程序:

应急领导小组根据事故信息启动相应级别的应急响应,成立应急处置组。

应急领导小组组长召集全体成员研究、决策救援方案,并调集应急资源,指挥有关措施方案的落实,并根据实际情况及时调整方案。

各应急处置组在应急领导小组的指挥和组织下,根据职责和救援方案采取各种措施处理险情、抢救受伤人员,防止事故影响范围扩大。

应急领导小组协调解决应急处置中的人员救助、工程抢险、医疗救助、人员疏散、专家支持、环境保护等问题。

启动Ⅲ级响应时,由事发部门组织开展应急处置,若事态扩大,则立即向电厂应急办公室报告,申请支援。

启动Ⅱ级响应时,成立各应急处置组,应急领导小组组长到现场组织和指挥开展应急响应行动,应急领导小组成员及各应急处置工作组执行处置措施。

启动Ⅰ级响应时,应急领导小组先行指挥开展现场救援,并派专人到单位大门迎接上级救援力量,当地政府部门、上级单位救援力量到达现场后,及时移交指挥权,并配合做好应急处置工作,提供人员、技术和物资支持。

如突发事件的规模、危害程度和影响范围等因素超过原定应急响应级别,致使事件状态有蔓延扩大危险,应急领导小组确认后,提升应急响应级别,扩大应急响应范围。

(4) 处置措施

①先期处置:

a. 发生特种设备事故时,如有人员受伤,现场人员应根据情况立即拨打120,并迅速采取措施使受伤人员脱离危险处境,采取紧急救治措施。

b. 医疗及后勤保障组封锁事故现场,严禁一切无关人员、车辆和物品进入事故危险区域。开辟应急救援人员、车辆及物资进出的安全通道,维持事故现场的社会治安和交通秩序。

c. 应采用控制事故的有效措施,防止事故扩大。在未做好安全措施前,任何人不得触及设备或进入设备工作区域,以防设备突然运行。

②应急处置:

a. 先期处置:

发生特种设备事故时,现场人员及有关班组人员应在保证自身安全的情况下,及时采取控制措施,防止事故险情扩大。条件允许时,首先让受害人脱离危险源,并采取紧急救治措施。

b. 起重设备事故应急处置:

起重机碰撞挤压事故:起重机在维修、吊装及运行过程中碰撞挤压作业人员时,立即停机或实施反向运行操作,应急救援现场安排专人监护空中物品或吊具。若伤员挤压在物件中无法脱身,应采取其他必要的手段(叉车、气割机、千斤顶等)实施救援。

人员高空坠落事故:在采取必要的防护措施下,现场指挥人员根据人员坠落情况,指挥抢险人员,用相应的工具、设备和手段,尽快抢救出坠落的伤员并立即进行紧急救护。

突然停电等情况使司机或作业人员被困高空的事故:抢险人员迅速调集液压升降平台等设备或经由高空通道抵达被困人员位置,帮助被困人员脱离危险区域。如有人员受伤,可视具体情况,用安全绳吊放或其他方法转移伤员。如有危险吊具或吊装物时,应视情况切换备用电源或固定吊物位置。

起重机吊具、吊物倾翻、折断、倒塌、伤人事故:专业抢险人员利用必要的设备设施(汽车起重机、叉车、气割机、千斤顶等)移开倒塌物件搜救受伤人员。

起重机漏电、触电事故:抢险人员迅速将起重机的总电源断开,用绝缘物(棒)或木制杆件分开导电体与伤员的接触。被困司机在起重机漏电的情况下,如未断开总电源,禁止自行移动,以避免跨步电压对人身的伤害。

c. 电梯事故应急处置:

电梯困人的解救:停电或轿门故障中,轿箱停在平层位置时,救援人员用三角钥匙开启厅门及轿箱门解救被困人员。轿箱停在楼层之间时,应按规定程序进行移动轿箱至平层位置,解救被困人员。

电梯坠落事故救援:首先关闭该电梯主供电电源,使用三角钥匙开启首层厅门及轿门,确认人员伤亡和设备损坏情况,立即进行受伤人员急救,并通知相关部门和电梯维修专业单位到场抢险、调查和处理。

电梯检修触电事故应急措施:发现有人触电时,发现人员应立即呼叫附近有关人员共同进行抢救,在保证自身安全的情况下迅速采取使触电人员脱离电源的措施。

d. 压力容器事故应急处置:

若压力容器发生爆炸,必须紧急停止运行,并妥善处理爆炸压力容器中残存的介质,防止出现二次爆炸及火灾、建筑物和设备损坏等次生灾害。因爆炸引起火灾事故时,启动《火灾事故专项应急预案》开展有关应急处置措施。

迅速将受伤人员营救到安全地带，对其进行紧急救治和根据情况送医或拨打"120"。

e. 电动叉车事故应急处置：

电动叉车发生车辆伤害事故时，启动《交通事故专项应急预案》开展有关应急处置措施。

电动叉车发生火灾爆炸事故时，启动《火灾事故专项应急预案》开展有关应急处置措施。

7.3.12 地震灾害专项应急预案

(1) 事件风险分析

①风险的来源、特性：

a. 地震是地球内部介质局部发生急剧的破裂，产生地震波，从而在一定范围内引起地面振动的现象。强烈的地面震动可以在几分钟甚至几秒钟内造成自然景观和人工建筑的破坏，同时地震的直接灾害发生后，可能会引发出次生灾害如火灾、水灾、毒气泄漏、瘟疫等。

b. 若遭遇地震灾害，可能造成大量人员伤亡、建构筑损毁、危险介质（油系统等）泄漏等。

②事件危害：

a. 地震灾害造成大坝工程损坏，严重时造成大坝溃决或即将溃决；

b. 泄水闸门发生变形或损坏；

c. 发电厂引水系统损坏，严重时水淹厂房；

d. 发电厂房、生产设备、设施损坏；

e. 主要生命线工程中断，包括单位范围内交通及对外交通、通讯设施、供电线路、应急照明、饮用水等；

f. 工程安全监测设备设施损坏；

g. 办公及生活设施损坏，包括综合办公楼、待工楼、职工宿舍等；

h. 库区水质污染，严重威胁居民生命安全及生产生活或（和）严重破坏生态环境；

i. 上游溃坝造成超常洪水；

j. 无法正常排涝，城区受淹；

k. 导致过往船只损坏及人员伤亡；

l. 工程及其配套设备在遭遇地震时发生倾倒造成设备损坏或（和）人员伤亡；

m. 地震发生后有可能造成人员伤害、高空坠落、高空落物、房屋坍塌等。

③事件分级：

按照突发地震震级、影响严重程度、影响可控性和影响范围等因素,将地震灾害分为Ⅰ级、Ⅱ级、Ⅲ级。

Ⅰ级事件:预期发生地震可能导致1人及以上死亡,或者3人及以上重伤;预期造成直接经济损失达500万元及以上;事故已经或预期造成事故处理所需费用达500万元及以上。

Ⅱ级事件:预期发生地震可能导致3人以下重伤;预期造成直接经济损失达500万元以下、100万元及以上。

Ⅲ级事件:预期地震可能造成人身轻伤、环境污染事件,预期造成直接经济损失达100万元以下,10万元及以上。

(2)应急组织机构职责

①应急领导小组分工及职责:

组长:负责整个单位的应急组织工作,组织制定应急指挥措施计划,发布预案启动和结束指令。

副组长:协助组长组织制定应急组织管理计划,审定各项具体的应急方案,具体负责现场应急管理工作。

成员:在各自相应的职责内,负责执行组长、副组长下达的各项指令,具体组织实施应急措施,处理现场各种异常情况。

②应急领导小组职责:

a. 负责贯彻落实抗震救灾方面的法律法规和方针政策,加强对抗震救灾工作的领导,贯彻执行上级抗震救灾指挥部的决定、部署和要求。

b. 组织协调做好应急预案各项准备工作。

c. 根据突发事件发展情况,决策和启动应急预案。

d. 发生紧急情况时,决定启动和解除应急命令。

e. 统一指挥紧急状态下的应急工作。

f. 根据地震灾情,研究制定地震应急处置工作方案。

g. 向上级应急指挥机构报告突发事件情况、应急响应情况及需要求助的具体情况。

h. 向社会应急协作部门联系应急救助事项。

i. 组织检查应急实施、善后工作,并听取各级应急组织的工作汇报。

j. 当上级应急指挥机构介入后,协助上级应急指挥机构展开各项具体的应急响应工作。

k. 组织应急领导小组成员进行必要的巡查。

l. 组织应急预案培训、演练；按级别组织和参与事故调查，总结应急工作经验教训。

m. 部署和组织小组做好地震应急准备。

n. 严格按照"五落实"（即责任落实、工作预案落实、工作措施落实、物资储备落实、队伍建设落实的精神），组织和指挥单位应急指挥工作。

③应急办公室职责：

a. 督促现场各项安全措施落实到位，组织协调应急日常管理工作。

b. 负责地震事件信息的接收和预警级别初步分析。

c. 及时向应急领导小组汇报有关应急工作和应急救援信息。

d. 负责应急领导小组具体指令的发布和监督。

e. 协调安排应急值班和进行监督检查。

f. 负责整理汇总各应急处置工作组提交的现场证据，记录报告人、现场调动、异常情况等。

g. 整理、编写、上报突发事件信息报告。

h. 负责各类信息的上传下达，紧急情况下的对内外联系及协调，协调安排应急值班和进行监督检查。

④抢险技术组职责：

a. 密切监视地震造成的危害程度；监测和巡视以检查是否出现大坝开裂、坝肩坝基发生错动等工程险情；密切监视上游的运行性态；在条件许可的情况下，应根据相关标准加强水工建筑物监测和巡视。

b. 当接到出现险情报告时及时到达现场，提出分析意见并拟定处理方案，经应急领导小组同意后组织实施抢险工作。

c. 负责水工建筑物、供电线路的检查及维护，确保设备处于良好运行状态。

d. 负责向应急领导小组及其办公室提供设备运行情况。

e. 负责抢险技术工作的检查、指导，监督抢险方案的实施。

f. 做好通讯网络的维护工作，保证抢险期间通讯畅通。

g. 当需要接临时电源、临时照明供给应急救援使用或当电网无法供电到单位时，负责做好启动柴油发电机供电的准备（负责险情现场的电力保障）。

h. 完成应急领导小组安排的其他工作。

⑤警戒疏散组职责：

a. 负责现场的安全保卫，加强对重点部位的警戒，制止违法行为。

b. 及时疏散突发事件现场无关人员；支援其他应急处置工作组，保护好现场。

c. 根据应急处置工作需要，对管理范围内的道路进行交通管制，确保救援车辆能顺利进入现场。

d. 严密监视和排除火灾的发生，采取有效措施防止火灾扩大和次生灾害发生。

⑥医疗及后勤保障组：

a. 负责生产、办公区人员的紧急疏散及应急救护工作。

b. 负责收集并接收、处理上级抗震应急指挥部和地震局的预测预警信息，落实上级抗震应急指挥部交办的其他工作。

c. 组织做好上级和应急抢险人员的食宿安排。

d. 统一调度车辆，为应急抢险提供交通保障。

e. 负责应急抢险期间抢险物资的调用供给和补充的工作。

f. 负责应急抢险贮备款的落实及调用。

g. 负责抢险期间治安保卫工作。

h. 必要时组织做好人员撤离及安置工作。

i. 完成应急领导小组安排的其他工作。

⑦善后处理组职责：

a. 跟踪和报告受伤人员医疗救护情况，做好伤亡人员及家属的安抚工作。

b. 统计、报告水工程的损坏情况和因灾滞留人员数量，协助编制和上报灾害信息。

c. 制定善后处理措施方案，组织和协调处理好伤亡赔偿、损失确定、保险理赔、征用物资补偿等善后事宜，消除各种不良影响和不稳定因素。

d. 完成应急领导小组安排的其他工作。

（3）处置程序

①风险监测：

a. 风险监测的责任部门和人员：短期地震预报信息由办公室负责接收。

b. 风险监测的方法和信息收集渠道：地震预报信息主要来自国家或省地震监测预报中心的地震预报。

c. 风险监测所获得信息的报告程序：办公室接收到预报后应立即汇报电厂有关领导及应急办。

②预警：

a. 预警发布与行动

电厂现阶段不具备地震预警发布的职能，办公室接收国家或省地震监测预报中心发布的预警信息。

接到国家、省地震监测预报中心发布的 48 小时以内的临震警报通知后，应急领导小组宣布进入临震应急期。应急领导小组如果发现明显临震异常，在紧急情况下，应迅速做出临震应急反应，立即通知各应急小组做好抗震工作与人员疏散。

应急办加强与上级地震部门联系，监视震情，随时向全单位员工通报震情变化。

各部门各应急工作组根据职责做好抗震救灾物资准备工作，包括：交通车辆应急使用的准备、伤员抢救的医疗物资准备、临时帐篷及生活用品，矿泉水、方便面、干粮等食品。

各责任部门对电力设备设施、供电线路、通信线路和次生灾害源采取紧急防护措施。做好修复生命线工程所需的物资、器材准备。

义务消防队员注意扑灭震后可能引发的火灾，做好制止火灾蔓延的各种准备。

应急领导小组组织好抢险队伍，并做好分工使其处于应急状态。

值班人员要坚守岗位，与地调调度台保持联系，配合地调做好运行方式调整。按危害最小和损失最小的原则做好运行方式变更方案，并报地调批准后实施。

值班人员应根据地震预报的等级，做好水库调度的应急工作，提前做好腾空库容的准备工作。

根据震情发展和水工建筑物与后方生活区建筑物抗震能力以及周围工程设施情况，发布避震通知，必要时组织避震疏散工作。

b. 预警结束

电厂收到国家或省地震监测预报中心的地震预警结束的通知后，由电厂应急领导小组组长或其授权人宣布地震预警结束，经应急领导小组确定后，由应急办公室通过办公电话、移动电话、网络通讯、LED 大屏幕等方式发布预警结束。

③信息报告

a. 电厂 24 小时应急值班电话：XX。

b. 办公室接到国家或省地震监测预报中心地震预报后及时向电厂应急

领导小组和应急办报告,经批准后向全单位转发地方政府48小时之内的临震预报。各工作小组在收到险情通报后,要落实专人做记录。

c. 应急领导小组收到信息后,立即向上级单位报告临震情况。同时采用电话、传真、电子邮件等方式向上级主管单位、相关调度部门报告灾情。

d. 地震灾害发生后,各部门迅速调查了解灾情、社会影响等情况,向应急办公室以电话方式报告,应急办公室核实后向应急领导小组汇报,由应急领导小组汇总后组织在1小时内向上级主管单位及地方政府部门汇报并续报。抗震阶段性结束后可写详细报告。

e. 电话速报内容:灾害速报的内容主要包括地震灾害险情或灾情出现的时间、地点、类型、规模、可能的引发因素和发展趋势等。对已发生的地震灾害,速报内容还要包括伤亡和失踪的人数以及造成的直接经济损失。

④应急响应

a. 接到国家或省地震监测预报中心临震预报通知后,全处即进入临震应急期,立即启动预警,通过广播系统、办公系统或短信平台向员工发送信息,各部门及应急处置组做好防震准备。

b. 应急领导小组根据政府通报、气象部门通报及有关临震异常现象,决定是否启动应急预案。

c. 应急预案启动后,应急领导小组、应急办、应急处置组及各部门立即展开工作,发布抗震、疏散预先号令、指示。

d. 应急领导小组调集应急物资,指挥、组织抗震救灾工作,根据响应级别具体部署落实应急工作,当灾害严重程度超出电厂应急处置能力时,请求上级单位、地方政府及有关部门紧急援助,并配合做好应急处置工作。

e. 应急结束条件

事件现场得到控制,事件条件已经消除;

环境符合有关标准;

事件所造成的危害已经彻底消除,无继发可能;

地震灾害影响的紧急处置工作完成;

接到地方政府发布的近期无发生较大地震的可能的信息。

当满足以上五个条件后,由应急领导小组宣布应急行动正式结束,各项生产管理工作进入正常运作。

(4) 处置措施

①应急救援措施:

a. 发生破坏性地震后,发布警报,人员疏散至野外空旷地。

b. 应急领导小组组织各应急处置组开展工作,收集、汇总并及时上报地震破坏、人员伤亡和被压埋的情况,以及自救互救、救援进展情况;协调现场救援队伍的行动,分配救援任务,划分责任区域,接待地方支援队伍;组织查明次生灾害或威胁,组织采取防御措施;若发生次生灾害,组织力量消除危害;组织协调抢修通信、交通、供水等生命线设施;估计救灾需求的构成与数量规模,组织救援物资的接收与分配;组织建筑物安全鉴定工作,组织灾害损失评估工作,并根据受损情况启动相应预案。

c. 地震灾情严重时,应急领导小组应请求上级主管部门、当地人民政府、解放军和武警部队参加抢险救灾,帮助排除险情,救助被埋压人员、抢救国家财产、防止重大次生灾害发生。

d. 地震灾害中如发生人员伤亡,应第一时间对人员进行救护,如遇人身伤害事故,医疗及后勤保障组相关人员现场采取急救措施,并联系医疗部门或安排送医。

e. 各责任部门密切关注水工建筑物的稳定情况,并及时向省防指和上级主管部门通报,根据情况启动相应的应急预案。

f. 做好泄洪的各项准备工作,保证泄洪设备正常,做好腾库工作。根据情况启动相应的防洪度汛应急预案。

g. 抢险技术组要加强防护装备的配备,应急人员要加强自身安全防护。对受地震损坏的建筑物进行危险评估;监视余震、火灾、爆炸等次生灾害,监视是否存在大坝、主厂房、损毁高大构筑物继续坍塌的威胁和因破拆建筑物而诱发的坍塌危险,及时向救援人员发出警告,采取防范措施。

h. 紧急情况下,由应急领导小组组长下达人员转移撤离命令,医疗及后勤保障组负责做好后勤准备工作,保障转移工作所需的人力、物力、资金,负责及时落实食物安排、撤离车辆调派等。根据情况可采取分批撤离,一部分人员先行撤离到安全地区,其余人员临时撤离到空旷处。医疗及后勤保障组妥善安排落实撤离人员居住、生活、卫生、医疗、交通、通信、教育等基本生活保障措施与标准。

②震时个人避险措施:

a. 来不及跑出户外时,可迅速躲在桌子、床下和坚固家具旁或紧挨墙根,注意保护头部。

b. 在楼房:迅速远离外墙及门窗,可选择厨房、浴室等开间小、不易塌落的空间避震,千万不要跳楼,也不能使用电梯。

c. 在户外:避开高大建筑物,远离高压线、大的广告牌。

d. 在工作间：迅速关掉电源和气源，就近躲藏在坚固的机器、设备或办公家具旁。

e. 在公共场所：在车站、剧院、教室、商店、地铁等场所，要保持镇静，就地选择躲藏处，然后听从指挥，有序撤离。不要盲目跳楼，也不要拥挤在楼梯、过道上。

f. 地震灾害发生时，各部门负责人应组织人员立即放下手头上工作，迅速向空旷地带撤离，远离高边坡和建筑物等设施。地震波过后，运行人员应迅速检查机电设备工况，视情况进行停机停电隔离。

③震后自救措施：

a. 地震时如被埋压在废墟下，人员一定不要惊慌，要沉着，树立生存的信心，相信会有人来营救，要千方百计保护自己。

b. 首先要保护呼吸畅通，挪开头部、胸部的杂物，闻到煤气、毒气时，用湿衣服等物捂住口、鼻；避开身体上方不结实的倒塌物和其他容易引起掉落的物体；扩大和稳定生存空间，用砖块、木棍等支撑残垣断壁，以防余震发生后环境进一步恶化。

c. 设法脱离险境，如果找不到脱离险境的通道，尽量保存体力，用石块敲击能发出声响的物体，向外发出呼救信号。

d. 如果受伤，要设法包扎，避免流血过多，维持生命。

④震后互救：

a. 震后互救的具体做法是：先救近处的，不论是家人、邻居，还是陌生人，不要舍近求远；先救容易救的人，这样可迅速壮大互救队伍；先救青壮年和医务人员，可使他们在救灾中充分发挥作用；先救"生"，后救"人"。救人的方法应根据震后环境和条件的实际情况，采取行之有效的施救方法，目的就是将被埋压人员，安全地从废墟中救出来。

b. 营救过程中，要特别注意埋压人员的安全。一是使用的工具（如铁棒、锄头、棍棒等）不要伤及埋压人员；二是不要破坏了埋压人员所处空间周围的支撑条件，引起新的垮塌，使埋压人员再次遇险；三是应尽快与埋压人员的封闭空间连通，使新鲜空气流入，挖扒中如尘土太大应喷水降尘，以免埋压者窒息；四是埋压时间较长，一时又难以救出，可设法向埋压者输送饮用水、食品和药品，以维持其生命。

c. 施救和护理应先将被埋压人员的头部从废墟中暴露出来，清除口鼻内的尘土，以保证其呼吸畅通，对于伤害严重，不能自行离开埋压处的人员，应该设法小心地清除其身上和周围的埋压物，再将被埋压人员抬出废墟，切忌强拉硬拖。

　　d. 对饥渴、受伤、窒息较严重,埋压时间又较长的人员,被救出后要用深色布料蒙上眼睛,避免强光刺激,对伤者,根据受伤轻重,采取包扎或送医疗点抢救治疗。

7.4　现场处置方案

7.4.1　办公区、生活区火灾事故现场处置方案

　　(1) 事故风险分析
　　①事故类型及危险性分析:
　　a. 事故类型:
　　固体物质火灾、液体和快熔化的固体、气体、金属火灾。
　　b. 危险性分析:
　　明火(违章用火、在禁烟区内吸烟、机械碰撞、摩擦等)、电气设备短路、雷击等突发事件可能导致火灾事故。
　　②事故发生的区域、地点:
　　办公区域、生活区域。
　　③可能造成的危害:
　　烧伤人员病程长、医疗消耗大、并发症多、病情变化快、死亡率高。烧伤造成局部组织损伤,轻者损伤皮肤、肿胀、水泡、疼痛;重者皮肤烧焦,甚至血管、神经、肌腱等同时受损,呼吸道也被烧伤,烧伤引起的剧痛和皮肤渗出等因素导致休克,晚期出现感染、败血症等并发症可能危及生命。
　　④应急办公室职责:
　　a. 应急办主任职责:全面指挥突发事件应急救援工作。
　　b. 应急办副主任职责:全面协助主任处理火灾事故应急救援工作。
　　c. 事发部门负责人职责:组织、协调本部门人员参加应急处置和救援工作。
　　d. 安全管理人员职责:负责安全措施落实和人员到位情况。
　　e. 消防人员职责:接到火警时,迅速赶往事发现场灭火。
　　(2) 应急处置
　　①应急处置程序:
　　a. 任何人发现火灾事故后,都应立即向事发部门负责人报告。

b. 事发部门负责人接到报告,应立即汇报应急办公室,并派人到现场核实,要求其反馈现场情况,并根据实际情况作救援处置。

c. 应急办公室成员到达事故现场后,根据事故状况及危害程度做出相应的应急决定,指挥疏散现场无关人员,各应急队立即开展救援。

d. 事故扩大时,拨打119报警电话请求当地消防队支援。报警内容:单位名称、地址、着火物质、火势大小、着火范围,自己的电话号码、姓名。同时还要注意听清对方提出的问题,以便正确回答。打完电话后要立即到主要路口等候消防车的到来,以便引导消防车迅速赶到火灾现场。

e. 事件扩大时与相关应急预案的衔接程序:火灾事故扩大造成人身伤亡时启动《人身伤害事故专项应急预案》。

②现场应急处置:

a. 现场救人:

对于神志清醒,但在烟雾中辨不清方向或找不到出口的人员,可指明通道,让其自行脱险,也可直接带领他们撤出。

当救人通道被切断时,应借助消防梯、安全绳等设施将人救出。

遇有烟火将人员围困在建筑物内时,应借用消防水枪开辟出救人的通道,并做好掩护;抢救人员也可以用浸湿的衣服、被褥等将被救者和自己的外露部位遮盖起来,防止被火焰灼伤。

衣服着火,应迅速脱去燃烧的衣服,或就地打滚压灭火焰,或以水浇,或用衣服等物扑盖灭火,切忌站立喊叫或奔跑呼救,以防增加头面部及呼吸道损伤。

b. 烧伤、烫伤急救:

立即冷却烧(烫)伤的部位,用冷水冲洗烧伤部位10～30分钟或冷水浸泡直到无痛的感觉为止。冷却后再剪开或脱去衣裤。

不要给口渴伤员喝白开水。妥善保护创面,不可挑破伤处的水泡。不可在伤处乱涂药水或药膏等。

发生窒息可用粗针头从病人环甲膜处刺入气管内,以维持呼吸。尽快送往医院进一步治疗。

搬运时,病人应取仰卧位,动作应轻柔,行进要干稳,并随时观察病人情况,对途中发生呼吸、心跳停止者,应就地抢救。

呼吸、心跳情况的判定:火灾伤员如意识丧失,应在10 s内,用看、听、试的方法判定伤员呼吸心跳情况。看一看伤员胸部、腹部有无起伏动作。用耳贴近伤员的口鼻处,听有无呼气声音。试一试测口鼻有无呼气的气流。再用两手指轻试一侧(左或右)喉结旁凹陷处的颈动脉有无搏动。若看、听、试结果,既无呼吸又无颈动脉搏动,可判定呼吸心跳停止。

火灾伤员呼吸和心跳均停止时,应立即按心肺复苏法支持生命的三项基本措施进行就地抢救。通畅气道；口对口(鼻)人工呼吸；胸外接压(人工循环)。抢救过程中的再判定。

按压吹气10分钟后(相当于单人抢救时做了4个15∶2压吹循环),应用看、听、试方法在5～7 s时间内完成对伤员呼吸和心跳是否恢复的再判定。

若判定颈动脉已有搏动但无呼吸,则暂停胸外按压,而再进行2次口对口人工呼吸,接着每5 s吹气一次(每分钟12次)。如脉搏和呼吸均未恢复则继续坚持心肺复苏法抢救；

在抢救过程中,要每隔数分钟再判定一次,每次判定时间均不得超过5～7 s。在医务人员未接替抢救前,现场抢救人员不得放弃现场抢救。

c. 火灾现场其他注意事项：

现场人员报警的同时立即关闭各阀门,停止装油、卸油,停止油系统运行。火灾初起时在确保人身安全的情况下可用灭火器材灭火；发生人身伤害时应开展人员自救；如火势无法控制,应立即撤离火灾现场到安全地带,拨打"119"请求消防队支援；消防队到达现场后,油库工作人员应向消防队交代现场情况,积极配合消防队工作；在火灾现场周围划定警戒区,防止无关人员进入,维护现场秩序,组织疏散人员。

③事故报告：

a. 发生火灾事故后,第一目击者应立即向事发部门负责人、办公室报告,同时拨打急救电话"120"、"119"(报警内容包括报警人姓名、电话、事故现场具体位置,受伤人数,受伤性质、患者目前状况、救护车等待位置)。

b. 内部报警电话(应急办公室值班电话)：XXXXXXX。

c. 外部报警电话：急救中心：120　消防电话：119

d. 事发部门负责人立即向应急办公室汇报事故情况以及现场采取的急救措施情况。

e. 火势无法控制时报火警请求消防队。

f. 事故报告要求：事故信息准确完整、内容描述清晰；事故报告内容主要包括事件发生时间、事件发生地点、事故性质、先期处理情况等。

g. 应急办公室接受报警后,应根据现场实际情况对可能受影响的人员紧急通告健康危险、自我保护措施、紧急疏散路线和安全庇护场所等信息。

(3) 注意事项

①正确使用消防器材进行火灾的扑灭。

②扑救可能产生有毒气体的火灾（如电缆着火时等），扑救人员应使用正压式消防空气呼吸器。

③电气设备、办公设备发生火灾时应首先报告办公室，并立即将有关设备的电源切断，采取紧急隔离措施。

④参加人员应防止被火烧伤或被燃烧物所产生的气体引起中毒、窒息以及防止引起爆炸。在电气设备上灭火时还应防止火灾。

⑤电气设备火灾时，严禁使用能导电的灭火剂进行灭火。

⑥要根据应急办公室提供的信息，确认致害原因对症救治。

⑦尽快使受伤人员接受上一级医疗机构的救治，保证救治及时。

7.4.2　变压器火灾事故现场处置方案

（1）事故风险分析

①事故可能性分析：

引起变压器火灾事故的风险因素有：

a. 变压器异常过载；

b. 变压器内部绝缘损坏，引起短路、接地故障。

c. 变压器本体漏油或附近有可燃物，遇有火种起火。

d. 变压器外部短路、放电。

e. 其中由于绝缘损坏造成的起火原因占绝大多数，绝缘的损坏分为以下几种情况：绕组绝缘老化。变压器油质不佳，油量过少。铁芯不接地或是多点接地而产生局部过热降低绝缘。

②事故可能发生的区域：

变压器、厂房内低压配电房、变配电房、生活变配电房等。

③可能造成的伤害：

a. 变压器火灾事故可能造成变压器严重损坏，导致对外少送电、机组被迫停运、严重时可能对内对外供电全停。

b. 变压器着火后可能发生爆炸伤及周围人员及设施，产生的有毒烟雾会污染空气、造成人员中毒、窒息等人员伤亡事故。

④事前可能出现的征兆：

a. 厂房火灾报警系统和瓦斯保护发出报警。

b. 变压器温度异常升高。

c. 变压器本体电磁声音增大。

d. 油色变化过快，有明显故障象征。

e. 套管严重破损,如:炸裂、端头熔断、严重放电并造成对地短路或相间短路的可能。

f. 触头松动,有发热甚至可能熔断的情况。

⑤应急办公室职责:

a. 应急办主任职责:全面指挥变压器火灾事故的应急救援工作。

b. 应急办副主任职责:全面协助主任处理变压器火灾事故应急救援工作。

c. 事发部门负责人职责:组织、协调本部门人员参加应急处置和救援工作。

d. 值班人员职责:汇报至有关领导,组织现场人员进行先期处置。

e. 现场工作人员职责:发现异常情况时,及时汇报,做好变压器火灾事故伤亡人员的先期急救处置工作。

f. 医护人员职责:接到通知后迅速赶赴事故现场进行急救处理。

g. 安全管理人员职责:监督安全措施落实和人员到位情况。

(2) 应急处置

①现场应急处置程序:

a. 生产现场人员发现烟火或焦糊味后,应立即报告现场值班负责人,现场值班负责人接到报告但未监视到异常信号的,应立即安排值班员到现场确认;现场值班负责人接到确认的报告后或发现有事故现象的,应立即通知事发部门负责人和应急办公室。

b. 现场值班负责人到达事故现场后,根据事故状态及危害程度做出相应的应急决定,对初期火灾指挥扑灭,并指挥疏散现场无关人员。

c. 事故扩大时,拨打"119"报警电话请求消防队支援,并讲清地点,放下电话要立即派人到交叉路口等候消防车到来,以便引导消防车迅速赶到火灾现场。

d. 应急办公室根据事故处置情况判断是否需要启动专项预案的对应级别的响应。为保证机组安全,迅速将起火变压器关联机组停机处理。火灾事故扩大造成人身伤亡时启动《人身伤害事故专项应急预案》。

②现场应急处置措施:

a. 运行班组和各级应急救援人员在未危及到人身安全的情况下,应坚守岗位,正确履行应急预案所赋的职责。

b. 快速停用并隔离起火变压器,对变压器实施冷却灭火,阻止火灾蔓延和防止危及人身安全,减小事故损失。

c. 变压器起火时,现场值班员应立即检查保护动作情况,迅速对故障点做出判断,及时向值班负责人汇报,根据值班负责人命令,运行当班值班人员应立即按运行规程紧急停用故障起火变压器,并隔离电源。

d. 值班负责人应根据报警装置信号或现场查看,判明起火区域部位并迅速报警。同时,应尽快通过改变运行方式将火情所涉及的变压器退出运行。加强运行机组的监视与巡视,确保变压器与发电机组稳定运行。迅速检查用电各段及所带负荷是否正常,保证其他运行机组安全稳定运行。

e. 如变压器未自动跳闸,立即将变压器低压侧开关断开。如危及相邻设备的安全运行,应及时将故障设备和其他设备隔离,如果无法隔离,也应及时停止相邻设备的运行。

f. 打开事故排油阀排油,如变压器内部故障引起着火,则不能排油,以防发生爆炸。

g. 用推车式干粉灭火器进行灭火,变压器油流到地面可用干砂灭火,干式变压器着火,严禁用砂子灭火。灭火时应有专人指挥,防止事故扩大或引起人员中毒、烧伤、触电等。

h. 用干式灭火器,四氯化碳灭火器进行灭火,变压器油流到地面可用干砂灭火,干式变压器着火,严禁用砂子灭火。灭火时应有专人指挥,防止事故扩大或引起人员中毒、烧伤、触电等。

i. 在专业消防人员到达之前,生产现场的运行负责人应担负扑救工作的统一指挥。消防人员到达后,在移交救火指挥权的同时,还应交代生产现场危险部位(带电、高温、高压设备分布)。

j. 扑救人员应着防毒面具和防护服,用干粉、二氧化碳等灭火器时,也可使用黄土、干沙或防火包进行覆盖。如火势较大时,还可使用喷雾水扑灭。同时将失火两段的防火门关闭,使其内的空气无法补充而缺氧灭火。

k. 灭火后,应加强起火部位的供、排风,排出有毒有害气体,恢复现场工作环境。并立即组织进行事故现场的隔离和保护,及时对着火现场进行记录、拍照、录像等,并保存起火现场,以便对起火原因进行分析判断。

③事故报告流程:

a. 发生变压器火灾事故后,事故现场第一发现人员应在第一时间报告值班负责人。

b. 值班负责人确认火情后,立即通知消防控制室,迅速报告应急办公室。

c. 火势无法控制时报火警,消防电话:119。

d. 事故报告内容包括

事故发生地点；

伤员基本情况；

事故原因、严重程度；

已经采取的应急处置措施。

(3) 注意事项

①当主变着火时，检查时，应穿绝缘鞋、工作服，戴着安全帽、绝缘手套，拿着手电筒，当有大量烟雾冒出时，应带正压式呼吸器。

②灭火器材、正压呼吸器等应定期检查，保证其完好。

③事故发生，应第一时间组织抢救现场可能出现的伤员。救火过程中要把人身安全放在首位，注意防止发生触电、中毒、倒塌、坠落及爆炸等对伤亡人员的次生事故。派专人负责临场监督施救人员的行为安全。

④事故发生时应第一时间切断各相关电源、及时疏散人员。

⑤安排加强现场的供风和抽风，排除有毒有害气体，恢复工作环境。灭火完成并恢复环境后，恢复运行正常工作秩序。

7.4.3 触电事故现场处置方案

(1) 事故风险分析

①触电事故可能性分析：

a. 电线电缆等绝缘损坏、老化造成设备漏电、短路等。

b. 架空线路、室内线路、变配电设施、用电设备及检修等的安全距离不够造成触电事故。

c. 变电室、厂房等未设置有效的挡鼠装置造成小动物入内咬坏电线电缆。

d. 电气设备、大功率电器金属外壳(不带电)接地不良或其他原因造成漏电。

e. 电气控制柜操作区域未铺设绝缘垫、绝缘垫破损或未铺满。

f. 带电操作时不遵守操作规程或人员误操作。

g. 带电操作时未佩戴个人防护用品和使用绝缘工器具，或个人防护用品、绝缘工器具失效。

h. 潮湿、狭窄空间用电未采用安全电压。

i. 维护检修施工作业中临时用电设施配置不符合要求或线路设置不符合要求。

j. 其他可能导致触电的风险。

②触电事故可能发生的区域：

a. 电厂所有存在带电线路或用电设备设施的场所，含各类检修维护的临时用电场所，均可能发生触电事故，具体包括食堂、配电室、柴油机发电室、中控室、相关方生活区、水闸、电站、仓库等。

b. 风险较大的区域是水闸、电站，主要风险来源于两个区域的带电设备设施的作业活动。

③事故可能造成的危害程度：

a. 发生触电人身伤亡事故时，电流通过人体和发生电弧，往往使人体烧伤，心脏、呼吸机能和神经系统受损，严重时将致使呼吸和心脏活动停止造成死亡。

b. 电灼伤：主要是局部的热、光效应，轻者只见皮肤灼伤，严重的面积大并可深达肌肉、骨骼，电流入口处较出口处严重，组织出现黑色碳化。

c. 电击伤：电流对人致命的威胁是造成心脏的心室纤维性颤动，将很快导致心跳停止。电流对神经中枢的危害，可能导致呼吸停止。

d. 死亡。

④应急办公室职责：

a. 应急办主任职责：全面指挥触电事故的应急救援工作。

b. 应急办副主任职责：全面协助主任处理触电事故应急救援工作。

c. 事发部门负责人职责：组织、协调本部门人员参加应急处置和救援工作。

d. 值班人员职责：汇报有关领导，组织现场人员进行先期处置。

e. 现场工作人员职责：发现异常情况时，及时汇报，做好触电事故伤亡人员的先期急救处置工作。

f. 医护人员职责：接到通知后迅速赶赴事故现场进行急救处理。

g. 安全管理人员职责：监督安全措施落实和人员到位情况。

(2) 应急处置

①现场应急处置程序：

a. 触电事故发生后，事故现场第一目击人立刻上报值班人员，值班人员应立即向事发部门负责人汇报。

b. 事发部门负责人赶往现场确认情况，并上报电厂应急办公室。

c. 部门其他人员听到呼救迅速赶到现场，组织进行应急处置。

d. 采取措施消除周边危险源，防止事故扩大。

e. 有关人员配合医务人员将伤者送往医院，做进一步的救护和观察直至应急结束。

f. 根据现场处置情况,部门负责人及时报告应急办公室,应急办公室根据事故处置情况判断是否需要启动专项预案的对应级别的响应。

g. 事故进一步扩大时启动《人身伤害事故专项应急预案》。

②现场应急处置措施:

a. 事故一旦发生,现场人员应当机立断脱离电源,尽可能地立即切断电源(关闭电路),也可用现场得到的绝缘材料等器材使触电人员脱离带电体。

b. 自救脱离电源方法

发生触电,现场又无人救援,此时务必镇静自救。在触电初期人的意识未完全丧失前,触电者可用另一只手抓住电线绝缘处把电线拉离触电部位,摆脱触电状态。

触电时,若电线或电气设备固定在墙上或周边有其他固定物,可用脚猛蹬墙壁或固定物,同时身体往后倒,借助身体重量甩开电源。

c. 低压触电事故脱离电源方法

触电者触及低压带电设备,现场人员应设法迅速切断电源,如拉开电源开关、刀闸,拔除电源插头等。

使用绝缘工具、干燥的木棒、木板、绝缘绳子等不导电的材料解脱触电者;救助人员应站在绝缘垫上或干木板上施救。

抓住触电者干燥而不贴身的衣服,将其拖开,切记要避免碰到金属物体和触电者的裸露部位。

用绝缘手套或将手用干燥衣物等包起绝缘后解脱触电者。

如果电源开关距离较远,用有绝缘柄的钳子或用木柄的斧子断开电源线,或用木板等绝缘材料插入触电者身下隔断流经人体的电流。

当电线搭落在触电者身上,可用干燥的衣服、手套、绳索、木板、木棍等绝缘物作为工具拉开触电者,或挑开电线使触电者脱离带电物体。

d. 高压触电事故脱离电源方法

立即通知有关部门停电。

用适合该电压等级的绝缘工具(绝缘手套、绝缘鞋、绝缘棒)拉开开关或解脱触电者,救护人员在抢救过程中应注意保持自身与周围带电部分必要的安全距离。

抛掷一端可靠接地的裸金属线使线路接地,迫使保护装置动作,断开电源。

将触电者搬离危险区域后,立即对其实施紧急救护。如发现触电者呼吸

停止或呼吸心跳均停止,则立即进行人工呼吸或同时进行胸外心脏按压,具体救护措施如下:

确认触电者已脱离带电体,且确保救护人员所涉及环境与危险电源保持足够的安全距离;

使触电者仰面躺在平硬的地方,迅速解开其领扣、围巾、紧身衣和裤带以利呼吸,四周不要围人,保持空气流通,冷天应注意保暖;

如果触电者伤势不重,神志清醒,但有些心慌,四肢麻木,全身无力或者触电者曾一度昏迷,已清醒过来,应使触电者安静休息,不要走动,严密观察并送医院;

若触电伤员停止呼吸,应始终确保其气道通畅。如发现伤员口内有异物,可将其身体及头部同时侧转,迅速用一个手指或两手指交叉从口角插入,取出异物;操作中注意防止将异物推到咽喉深部。对伤员进行心肺复苏、口对口(鼻)人工呼吸或胸外心脏按压等抢救措施。

③人工呼吸方法:

a. 在保持伤员气道通畅的同时,救护人员一手将伤者下颌托起,使其头尽量后仰,另一只手捏住伤者的鼻孔,深吸一口气,对住伤者的口用力吹气,然后立即离开伤者口,同时松开捏鼻孔的手;

b. 触电伤员如牙关紧闭,可口对鼻人工呼吸。口对鼻人工呼吸吹气时,要将伤员嘴紧闭,防止漏气。除开始时大口吹气两次外,正常口对口(鼻)呼吸的吹气量不需过大,力量要适中,次数以每分钟16~18次为宜,以免引起胃膨胀;

c. 吹气和放松时要注意伤员胸部应有起伏的呼吸动作;

d. 吹气时如有较大阻力,可能是头部后仰不够,应及时纠正;

e. 如两次吹气后测试颈动脉仍无搏动,可判断心跳已经停止,要立即同时进行胸外心脏按压。

④胸外心脏按压方法:

a. 将伤者仰卧在地上或硬板床上,救护人员跪或站于伤者一侧,面对伤者,将右手掌置于伤者胸骨下段及剑突部,左手置于右手之上,以上身的重量用力把胸骨下段向后压向脊柱,随后将手腕放松,每分钟挤压60~80次;

b. 在进行胸外心脏按压时,宜将伤者头部放低以利静脉血回流;

c. 若伤者同时伴有呼吸停止,在进行胸外心脏按压时,还应进行人工呼吸;一般做四次胸外心脏按压,做一次人工呼吸;

d. 拨打"120"与急救中心取得联系;

e. 维护现场秩序,设置警戒,疏散无关人员;

⑥事故报告：

发生触电事故后，事故现场第一发现人员应在第一时间报告部门负责人。事故报告内容包括事故发生地点、伤员基本情况、事故原因、严重程度、已经采取的应急处置措施。

(3) 注意事项

①现场人员应急处置注意事项：

a. 救护人员不可直接用手、其他金属及潮湿的物体作为救护工具，而应该用适当的绝缘工具（绝缘工具、干燥的木棒、木板、绳索等）救护人最好用一只手操作，以防自己触电。

b. 防止触电者脱离电源后可能的摔伤，特别是当触电者在高处的情况下，应当考虑防止坠落的措施，即使触电者在平地，也要注意触电者倒下的方向，注意防摔。救护者也应注意救护中自身的防坠落、摔伤措施。

c. 救护者在救护过程中特别是在杆上或者高处抢救伤者时，要注意自身和被救护者与附近带电体之间的安全距离，防止再次触电。电气设备、线路即使电源已断开，对未做安全措施挂上接地线的设备，亦应视为有电设备。救护人员登高时应随身携带必要的绝缘工具和牢固的绳索等。

d. 如事故发生在夜间，应设置临时照明灯，以便于抢救，避免意外事故发生，但不能因此延误切除电源和进行急救的时间。

②应急救援后期处置注意事项：

现场人员应配合医疗人员做好受伤人员的紧急救护工作，相关部门人员应做好现场的保护、拍照、事故调查等善后工作。

③应急救援结束后的预防措施：

a. 确保设备设施有良好的接地接零保护系统。

b. 对配电系统、装置设防护隔板或防护围栏。

c. 设置安全标志。

d. 使用绝缘导线，接头用绝缘胶布包扎牢固，符合安全距离。

e. 操作时正确佩戴防护用品，严格按规程操作。

f. 使用安全电压。

7.4.4　高处坠落事故现场处置方案

(1) 事故风险分析

①事故可能性分析：

a. 高处坠落是指人们日常工作或生活中，从高处坠落，受到高速的冲击力,使人体组织和器官遭到一定程度破坏而引起的人身伤害。高处坠落伤亡事故可分为高处坠落伤害和高处坠落死亡。

　　b. 电厂高坠落事故主要可能发生在建筑物、电气设备等维保检修过程中。

　　c. 电气设备维保检修、室内维修过程中登高作业时梯子摆放不稳、登高作业时梯子未采取防滑措施、人员违章作业。

　　d. 维修作业过程中,进行脚手架搭设、脚手架拆除、高处作业时,未安排专人监护,搭设的脚手架上未设置上下通道或上下通道不符合要求,脚手架外侧未设置安全网,作业层未铺满脚手板或脚手板不稳固、存在探头板,作业层未设置防护栏杆、挡脚板,人员未佩戴防护用品或防护用品使用不当。

　　e. 六级以上大风、雨天、雪天进行脚手架搭拆、高处作业。

　　f. 临空、临水等危险边沿作业时,未搭设安全网或防护栏杆。

　　g. 电梯维护保养过程中未采取安全防护措施。

　　h. 电站等场所作业中存在井坑、孔洞、临边等作业环境的场所,作业时防护措施缺失或有缺陷,主要包括:

作业人员未佩戴个人防护用品或违规操作;

厂房及闸门井盖板的围栏、楼梯出现腐蚀现象或损坏;

井坑、孔洞无盖板;

围栏高度不够;

进尾水设备巡视时,发生意外;

楼梯、平台、栏杆损坏或铁板铺设不牢固;

登高进行电气设备作业时梯子摆放不稳、未采取防滑措施等。

　　②事故可能发生的区域:

　　电厂所有存在高处、临边及作业附近有孔洞等部位的作业场所,均有可能发生高处坠落事故,包括办公楼、水闸、电站等。其中风险较大的是水工建筑物、机电设备的维保检修作业。

　　③事故可能造成的危害程度:

　　致残致死率高。高处坠落事故轻者可造成划伤、骨裂,重者可造成脑震荡、颈椎骨折、内出血,甚至死亡。

　　④应急办公室职责:

　　a. 应急办主任职责:全面指挥高处坠落突发事件的应急救援工作。

　　b. 应急办副主任职责:全面协助主任处理高处坠落事故应急救援工作。

　　c. 事发部门负责人职责:组织、协调本部门人员参加应急处置和救援工作。

  d. 值班人员职责：汇报有关领导，组织现场人员进行先期处置。

  e. 现场工作人员职责：发现异常情况，及时汇报，做好高处坠落人员的先期急救处置工作。

  f. 医护人员职责：接到通知后迅速赶赴事故现场进行急救处理。

  g. 安全管理人员职责：监督安全措施落实和人员到位情况。

  （2）应急处置

①现场应急处置程序：

  a. 高处坠落事故发生后，事故现场第一目击人立刻上报值班人员，值班人员应立即事发部门负责人汇报。

  b. 事发部门负责人赶往现场确认情况，并上报电厂应急办公室。

  c. 部门其他人员听到呼救迅速赶到现场，组织进行应急处置。

  d. 采取措施消除周边危险源，防止事故扩大。

  e. 有关人员配合医务人员将伤者送往医院，做进一步的救护和观察直至应急结束。

  f. 根据现场处置情况，班组或部门负责人及时报告应急办公室，应急办公室根据事故处置情况判断是否需要启动专项预案的对应级别的响应。

  g. 事故进一步扩大时启动《人身伤害事故专项应急预案》。

②现场应急处置措施：

  a. 高处坠落受害人员施救的过程

当发生人员轻伤时，不要随意搬动伤者，应及时联系有救援资质的专业人员并听取其意见，及时采取防止人员失血、休克、昏迷等紧急救护的措施，并将受伤人员脱离危险地段，拨打"120"医疗急救电话，并向应急办报告。

救援人员到达现场后，协助医务人员实施各项救护措施。

  b. 呼吸、心跳情况的判定

受害人员如意识丧失，应在 10 s 内，用看、听、试的方法判定伤员呼吸心跳情况。

看：看伤员的胸部、腹部有无起伏动作。

听：用耳贴近伤员的口鼻处，听有无呼气声音。

试：试测口鼻有无呼气的气流，再用两手指轻试一侧（左或右）喉结旁凹陷处的颈动脉有无搏动。

若看、听、试结果，既无呼吸又无颈动脉搏动，可判定呼吸心跳停止。

呼吸和心跳均停止时，应立即按心肺复苏法支持生命的三项基本措施，正确进行就地抢救。

通畅气道。

口对口（鼻）人工呼吸。

胸外按压（人工循环）。

c. 判断有无意识的方法

轻轻拍打伤员肩膀，高声喊叫"喂，能听见吗？"。

如认识可直接喊其姓名。

无反应时，立即用手指掐压人中穴、合谷穴约5秒。

d. 骨折急救

肢体骨折：可用夹板或木棍、竹竿等将断骨上、下方关节固定，也可利用伤员身体进行固定，避免骨折部位移动，以减少疼痛，防止伤势恶化。

开放性骨折：伴有大出血者应先止血、固定，并用干净布片覆盖伤口，然后速送医院救治，切勿将外露的断骨推回伤口内。

疑有颈椎损伤，在使伤员平卧后，用沙土袋（或其他替代物）旋转两侧至颈部固定不动，以免引起截瘫。

腰椎骨折：应将伤员平卧在平硬木板上，并将椎躯干及二侧下肢一同进行固定预防瘫痪，搬动时应数人合作，保持平稳，不能扭曲。

e. 抢救过程中的再判定

按压吹气1分钟后，应用看、听、试方法在5~7秒时间内完成对伤员呼吸和心跳是否恢复的再判定。

若判定颈动脉已有搏动但无呼吸，则暂停胸外按压，而再进行2次口对口人工呼吸，接着每5秒吹气一次（即每分钟12次）。如脉搏和呼吸均未恢复，则继续坚持心肺复苏法抢救。

在抢救过程中，要每隔数分钟再判定一次，每次判定时间均不得超过5~7秒。在医务人员未接替抢救前，现场抢救人员不得放弃现场抢救。

f. 患者搬运与转运

在意外伤害中，正确的搬运方法对伤病员的治疗和预后非常重要。现场急救搬运伤员时，一般用担架，也可用床单、被褥等物，没有工具时也可采用徒手搬运。搬运伤员时，原则上应有2~4人同时进行，动作均匀一致。切忌一人抱胸另一人搬腿双人拉车式的搬运法，因为会造成脊柱的前屈，使脊椎骨进一步压缩而加重损伤。

脊柱、脊髓损伤或疑似损伤的患者：不可任意搬运或扭曲其脊柱部。搬运时，顺应伤病员脊柱或躯干轴线，滚身移至硬担架上，一般为仰卧位，用铲式担架搬运则更为理想。

颈椎受伤的患者:首先应注意不轻易改变其原有体位,如坐不行,马上让其躺下,应用颈托固定其颈部。如无颈托,则头部左右两侧可用软枕或衣服等物固定,然后一人托住其头部,其余人协调一致用力将伤病员平直地抬担架上。搬运时注意用力一致,以防止因头部扭动和前屈而加重伤情。

颅脑损伤患者:颅脑损伤者常有脑组织暴露和呼吸道不畅等表现。搬运时应使伤病员取半仰卧位或侧卧位,易于保持呼吸道通畅;脑组织暴露者,应保护好其脑组织,并用衣物、枕头等将伤病员头部垫好,以减轻震动,注意颅脑损伤常伴有颈椎损伤。

胸部受伤患者:胸部受伤者常伴有开放性血气胸,须包扎。搬运已封闭的气胸伤病员时,以坐椅式搬运为宜,伤病员取坐位或半卧位。有条件时最好使用坐式担架、折叠椅或担架调整至靠背状。

腹部受伤患者:伤病员取仰卧位,屈曲下肢,防止腹腔脏器受压而脱出。注意脱出的肠段要包扎,不要回纳,此类伤病员宜用担架或木板搬运。

休克患者:病人取平卧位,不用枕头,或脚高头低位,搬运时用普通担架即可。

呼吸困难患者:病人取坐位,不能背驮。用软担架(床单、被褥)搬运时注意不能使病人躯干屈曲。如有条件,最好用折叠担架(椅)搬运。

昏迷患者:昏迷病人咽喉部肌肉松弛,仰卧位易引起呼吸道阻塞。此类病人宜采用头转向一侧的平卧位或侧卧位。搬运时用普通担架或活动床。

③事故报告:

a. 发生高处坠落事故后,事故现场第一发现人员应在第一时间报告班组或部门负责人。

b. 事故报告内容包括事故发生地点、伤员基本情况、事故原因、严重程度、已经采取的应急处置措施。班组或部门负责人应在确认事故情况后迅速报告应急办公室。

(3)注意事项

①现场人员应急处置注意事项

a. 现场急救原则

现场紧急救护要争分夺秒,就地抢救,动作迅速,方法正确。

发现呼吸、心跳停止时,应立即用心肺复苏术就地抢救。

在现场救护的同时,应与医务人员取得联系,请求给予救治的指导与帮助。在医务人员未到达单位前,不应放弃现场抢救。不能仅根据伤员没有呼吸与脉搏就擅自判定伤员死亡,放弃抢救,更不能放弃现场急救而直送医院,伤员死亡诊断只能由医生作出。

现场救护人员将伤员移交医疗单位时,必须将伤员的有关情况向医生通报。

b. 现场急救注意事项

伤口出血:伤口渗血时,用消毒纱布或用干净布盖住伤口,然后进行包扎。若包扎后仍有较多渗血,可再加绷带,适当加压止血或用布带等止血。伤口鲜血液涌出时,立即用清洁手指压迫出血点上方(近心端)使血流中断,并将出血肢体抬高或举高,以减少出血量。有条件用止血带止血后再送医院。

骨折:骨折急救的主要原则是固定受伤部位,避免进一步的损伤。在没有正确固定的情况下,除止血包扎外,应尽量少动伤员,以免加重损伤。发生开放性骨折时,有时会有异物进入体内,此时千万不要自行将其拔出。可将露出表皮部分的异物锯短后进行包扎。如果骨头和软组织外漏,也不要强行塞回去,而应尽量保持原状,等待医护人员的处理。

颅脑外伤:应使患者采取平卧位,保持气道畅通,若有呕吐,应扶好头部和身体,使头部和身体同时侧转,防止呕吐物造成窒息。

穿透伤及内伤:禁止将穿透物拔除,应立即将伤员连同穿透物一起送往医院处置;如有腹腔脏器脱出,可用干毛巾、软布料或搪瓷碗加以保护;及时去除伤员身上的用具和口袋中的硬物;有条件时迅速给予静脉补液,补充血容量。

休克:急救时使患者仰卧平躺,如果在搬动其腿部时不会引起疼痛或引起其他损伤,则将其双腿抬起高过头部。给患者保温,防止体温过低。即使患者抱怨饥渴,也不要给他进食饮水。若患者呼吸心跳消失,应立即做心肺复苏急救。若患者呕吐或者口中咳血,让他保持侧卧姿势以避免噎塞。

②应急救援结束后的预防措施:

a. 对从事高空作业人员,定期组织体检,身体不适应于高空作业的人员严禁登高作业。

b. 加强对高处作业人员的安全教育,增强高处作业人员的对高空坠落事件的防范自我保护意识。

c. 加强高处作业现场的安全检查工作;高处作业人员必须正确使用安全用具包括安全帽、安全网、安全绳。

d. 高处作业要使用合格的登高工具,配带工具袋。

e. 高空作业人员必须持证上岗,在施工时按作业环境做好防滑、防坠落的措施。

f. 发现隐患要立即整改，在隐患没有消除前必须采取可靠的防护措施，如有危及人身安全的紧急险情，应立即停止作业。

g. 作业现场应配置必要的应急材料如简易担架、跌打损伤药品、包扎纱布。各种应急物资要配备齐全并加强日常管理。

7.4.5 机械伤害事故现场处置方案

（1）事故风险分析

①机械伤害事故可能性分析：

a. 机械设备维保检修过程中作业人员未根据操作规程进行操作，维保检修过程中设备未断电、未停止运行，检修用的工器具转动部位无防护。

b. 机械设备维保检修完成后，清扫设备时残渣飞溅，办理工作票终结手续后检修人员又上检修设备处理问题等。

c. 启闭机、电机轴承温度过高，制动器表面有裂纹，制动片出现磨损，制动器故障，卷筒有裂纹、受损，钢丝绳、紧固螺栓出现松动，钢丝绳跳槽、脱槽、开叉、断裂、滑轮组零件及滑轮异常，启闭机机架结构连接螺栓出现松动等。

d. 吊装作业时人员触碰、卷入起重机械活动部位等。

e. 水闸过流部件间隙过大，存在卡阻现象。

f. 转动部位安全防护缺失，工作人员或其他人员违章操作或进入危险区或触摸危险部位等。

②事故可能区域：

在电厂存在机电设备（含特种设备）、水工建筑设施维护检修作业活动的场所，以及水闸、水库均有可能发生机械伤害事故。其中存在较大事故风险的是水闸、水库各作业场所。

③可能造成的危害：

机械伤害的后果主要是造成人身伤害，严重时可能导致死亡。主要危险性有夹挤、碾压、剪切、切割、缠绕或卷入、刺伤、摩擦或磨损、飞出物打击、高压流体喷射、碰撞或跌落等。

④应急办公室职责：

a. 应急办主任职责：全面指挥机械伤害事故的应急救援工作。

b. 应急办副主任职责：全面协助主任处理机械伤害事故应急救援工作。

c. 事发部门负责人职责：组织、协调本部门人员参加应急处置和救援工作。

d. 值班人员职责：汇报至有关领导，组织现场人员进行先期处置。

e. 现场工作人员职责：发现异常情况时，及时汇报，做好机械伤害事故伤亡人员的先期急救处置工作。

f. 医护人员职责：接到通知后迅速赶赴事故现场进行急救处理。

g. 安全管理人员职责：监督安全措施落实和人员到位情况。

（2）应急处置

①现场应急处置程序：

a. 机械伤害事故发生后，事故现场第一目击人立刻上报值班人员，值班人员应立即事发部门负责人汇报。

b. 事发部门负责人赶往现场确认情况，并上报电厂应急办公室。

c. 部门其他人员听到呼救迅速赶到现场，组织进行应急处置。

d. 采取措施消除周边危险源，防止事故扩大。

e. 有关人员配合医务人员将伤者送往医院，做进一步的救护和观察直至结束。

f. 根据现场处置情况，班组或部门负责人及时报告应急办公室，应急办公室根据事故处置情况判断是否需要启动专项预案的对应级别的响应。

g. 事故进一步扩大时启动《人身伤害事故专项应急预案》。

②现场应急处置措施：

a. 采取积极措施保护伤员生命，减轻伤情，减少痛苦，同时根据伤情需要，迅速联系医疗部门救治。

b. 发生机械伤害事故后，现场人员要迅速对受伤人员进行检查。急救检查应先检查神志、呼吸，接着摸脉搏、听心跳，再查瞳孔，有条件者测血压。检查局部有无创伤、出血、骨折、畸形等变化，根据伤者的情况，有针对性地采取人工呼吸、心脏挤压、止血、包扎、固定等临时应急措施。

c. 在发生伤害事故后，要迅速拨打120急救电话，拨打急救电话时，要注意以下问题：

在电话中应向医生讲清伤员的确切地点、联系方法、行驶路线。

简要说明伤员的受伤情况、症状等，并询问清楚在救护车到来之前，应该做些什么。

派人到路口准备迎候救护人员。

d. 遵循"先救命、后救肢"的原则，优先处理颅脑伤、胸伤、肝、脾破裂等危及生命的内脏伤，然后处理肢体出血、骨折等伤。

e. 检查伤者呼吸道是否被舌头、分泌物或其他异物堵塞。

f. 如果呼吸已经停止，立即实施人工呼吸。

g. 如果脉搏不存在,心脏停止跳动,立即进行心肺复苏。

h. 如果伤者出血,进行必要的止血及包扎。

i. 大多数伤员可以抬送医院,但对于颈部背部严重受损者要慎重,以防止其进一步受伤。

j. 让患者平卧并保持安静,如有呕吐,同时无颈部骨折时,应将其头部侧向一边以防止噎塞。

k. 动作轻缓地检查患者,必要时剪开其衣服,避免突然挪动增加患者痛苦。

l. 救护人员既要安慰患者,自己也应尽量保持镇静,以消除患者的恐惧。

③事故报告:

a. 发生机械伤害事故后,事故现场第一发现人员应在第一时间报告班组或部门负责人。

b. 事故报告内容包括:事故发生地点、伤员基本情况、事故原因、严重程度、已经采取的应急处置措施。班组或部门负责人应在确认事故情况后迅速报告应急办公室。

(3)注意事项

①现场人员应急处置注意事项:

a. 参加应急救援的人员必须带安全帽、手套等防护用品。

b. 应急救援器具、物资应有专人管理,并定期检验保养,使之保持完好。

c. 无论事故可能造成多大的财产损失,都必须把保障生命安全和身体健康作为应急工作的出发点和落脚点,最大限度地减少突发事故、事件造成的人员伤亡和危害。

d. 发生机械伤害事故后,现场应急处置人员要认真分析事故的严重程度,如果救援能力不足以控制事故的蔓延,则先行撤离至安全区域,等待支援。

②应急救援后期处置注意事项:

a. 现场作业人员应配合医疗人员做好受伤人员的紧急救护工作。

b. 做好现场的保护、拍照、事故调查等善后工作。

③应急救援结束后的预防措施:

a. 储备必要的物资,包括工作服及手套,安全带、安全帽、工具包,安全隔板、临时遮栏、警示牌。

b. 检修机械必须严格执行断电时挂"禁止合闸"警示牌和设专人监护的制度。机械断电后,挂上"禁止合闸,有人工作"警告牌,并确认机械惯性运转已彻底停止后才可进行工作。机械检修完毕,试运转前,必须对现场进行细致检查,确认机械部位人员全部彻底撤离,才可取出"禁止合闸,有人工作"警告牌,取牌时严格遵行"谁挂谁取"制度。

c. 作业人员直接频繁接触的机械,必须有完好的紧急制动操控装置,制动操控装置的位置必须是操作者在机械作业活动范围内随时可触及到的;机械设备各传动部位必须有可靠防护装置;作业环境保持整洁卫生。

d. 各机械电源开关、操控开关布置必须合理,必须便于操作者紧急停转并能避免误开动其他设备。

e. 严禁无关人员进入危险因素大的机械作业现场,非本岗位作业人员因事必须进入的,要先与当班机械操作者取得联系,经同意后做好安全措施方可进入。

f. 操作各种机械人员必须经过专业培训,能掌握该设备性能的基础知识,经考试合格,持证上岗。上机作业中,必须精心操作,严格执行有关规章制度,正确使用劳动防护用品,严禁无证人员开动机械设备。

7.4.6 门机事故现场处置方案

(1) 事故风险分析

①事故可能性分析:

a. 门机作业过程中可能因人为因素、设备故障、安全设施缺陷、环境因素、管理因素等造成事故。电厂可能发生门机事故的事故风险包括:

b. 起重操作、指挥人员无证操作或未遵守操作规程;

c. 操作手柄失灵、钢丝绳断裂、缺少防脱钩装置、吊钩磨损严重;

d. 严重超载,吊具断裂;

e. 吊装过程中吊钩脱钩、吊物超重、吊点选择不当、绑扎物体不牢固;

f. 吊装区域未设置警戒,区域内有人逗留或通过;

g. 制动失灵,导致坠落;

h. 起重机轨道基础不牢,轨道断裂等;

i. 安全限位装置失灵;

j. 风力过大,导致起重设备倾倒;

k. 因自然灾害(如雷电、暴风雨等)对设施造成严重损坏。

②事故可能发生的区域:

电厂存在门机等起重设备的场所均可能发生该类事故,存在较大的事故风险。

③事故可能造成的危害程度:

发生门机事故后如果不正确及时处置,可能导致门机失控,起吊物坠落,造成门机、起吊物及周围设备的损坏和人员伤亡。

④事前可能出现的征兆：

a. 门机运行时卷筒有异常声响、操作时动作不灵敏、钢丝绳压板螺丝松动、制动装置及减速机故障等；

b. 门机运行时减速机或行车轮有异响、局部温度超标、操作时动作不灵敏，有跑偏现象；

c. 门机机基础下沉、倾斜，平衡臂、起重臂折臂，倾翻，结构变形、断裂、开焊等；

⑤应急办公室职责：

a. 应急办主任职责：全面指挥门机事故的应急救援工作。

b. 应急办副主任职责：全面协助主任处理门机事故应急救援工作。

c. 发现事故的第一人员：迅速呼救、报告事故，紧急处置事故现场并参与应急救援工作。

d. 部门其他人员：了解本班组或部门起重事故风险，掌握应急处置措施要求，参与现场处置。

e. 部门负责人：确认事故情况，报告事故及处置进展，组织现场处置工作并处理好危险源，防止事故扩大。

(2) 应急处置

①现场应急处置程序：

a. 发生门机事故后，现场人员应尽快向部门负责人报告。

b. 部门负责人赶往现场确认情况，并上报电厂应急办公室。

c. 部门其他人员听到呼救迅速赶到现场，采取措施防止事故扩大，部门负责人组织进行应急处置。

d. 有关人员配合医务人员将伤者送往医院，做进一步的救护和观察直至结束。

e. 根据现场处置情况，部门负责人及时报告应急办公室，应急办公室根据事故处置情况判断是否需要启动专项预案的对应级别的响应。

②现场应急处置措施

a. 门机起吊物品坠落或溜钩（溜车）处置措施

切断设备电源，穿戴绝缘靴、安全带等劳动防护用品进行检查；

如果起吊物发生坠落，用倒链或垫块进行稳固，防止起吊物发生倾覆；

如果起吊物未发生坠落，钢丝绳及制动器、卷筒、减速机无故障时可使用倒链（起重量必须大于起吊物重量）将起吊物安全放至地面；钢丝绳及制动器、卷筒、减速机故障时只能使用倒链把起吊物安全放至地面。

b. 门机基础下沉、倾斜

应立即停止作业,并将回转机构锁住,限制其转动;

根据情况设置地锚控制门机的倾斜。

c. 门机平衡臂、起重臂折臂,门机不能做任何动作

根据情况采用焊接等手段,进行门机结构加固,或将起重机结构与其它物体连接,防止门机倾翻在拆除过程中发生意外;

用合适吨位吊车,一台锁住起重臂,一台锁住平衡臂。其中一台在拆臂时起平衡力矩作用,防止因受力的突然变化而造成倾翻;

按顺序将起重臂或平衡臂连接件中变形的连接件取下。

d. 门机倾翻

采取焊接、连接方法,在不破坏失稳受力情况下增加平衡力矩,控制险情发展;

选用适量吨位起重机(吊车)将门机拆除,变形部件用气焊割开或调整。

e. 门机结构变形、断裂、开焊

将平衡臂对应到变形部位,转臂过程要平稳;

根据情况采用焊接等手段,将门机结构变形或断裂、开焊部位加固。

③事故报告:

a. 发生门机事故后,事故现场第一发现人员应在第一时间报告部门负责人。

b. 事故报告内容包括事故发生地点、伤员基本情况、事故原因、严重程度、已经采取的应急处置措施。

c. 部门负责人应在确认事故情况后迅速报告至应急办公室。

(3) 注意事项

①应急处置应按照先确保人身安全的原则进行处置,在抢险过程中注意自身防护,不得盲目抢险。

②进入施工现场应按规定穿戴个人劳动防护用品。

③严格执行门机安全操作规程。

④各外协及本单位应加强对门机的司机、装拆人员及维修人员的安全教育培训和技术培训。

⑤各外协及本单位加强门机的检测、维护和日常保养,对钢丝绳进行检查保养,达到报废标准的应立即更换。

⑥关注当地气象条件,加强防风措施。

⑦由于门机倾翻导致交通、建筑物或设备损毁的，要在损毁区域设置警戒线，隔离危害物质和场所，防止伤害扩大。同时进行危险评估，监视是否有大坝、主厂房、损毁高大构筑物继续坍塌的威胁和因破拆建筑物而诱发的坍塌危险，及时向救援人员发出警告，采取防范措施。

7.4.7 溺水事故现场处置方案

（1）事故风险分析

①溺水事故可能性分析：

a. 水上（船上）作业中，人员上下船或在船上走动时可能落水，船舶空舱积水、船体漏水等可能导致人员落水淹溺，船只运行过程中碰撞、触礁、搁浅等可能导致人员落水淹溺。

b. 水工建筑物维修保养中，水上作业平台不稳固、水上作业平台上物料堆放过多、水上作业人员未正确穿戴防护用品等导致人员落水淹溺。

c. 水闸检修时未切断水源、未做好隔离水源措施等导致人员落水淹溺。

d. 防洪度汛中因各项防护措施未落实到位、防汛方案不到位、防汛物资装备缺失或破损、抢险或逃生通道堵塞、防汛人员培训不足、防汛人员体力精力不足、汛情超过方案预期等各类因素导致抢险人员或其他人员发生淹溺。

②溺水事故可能发生的区域：

a. 所有涉及临水作业的区域，包括水库、水闸及水工设施设备等的运行管理活动和保养维修活动。

b. 所有临水的其他区域，包括上、下游护坡护岸区域。

c. 风险较大的是船上作业和防洪度汛活动区域。

③事故可能造成的危害：

淹溺的致死率高，救援常伴随救援人员伤害，事故发生频率高，危害性大。事故发生迅速，通常情况下不易发觉，且溺水人员常常惊慌失措，给救援带来一定难度。

④应急办公室职责：

a. 应急办主任职责：全面指挥溺水事故的应急救援工作。

b. 应急办副主任职责：全面协助主任处理溺水事故应急救援工作。

c. 发现事故的第一人员：迅速呼救、报告事故，紧急处置事故现场并参与应急救援工作。

d. 了解淹溺风险，掌握淹溺应急处置措施要求，参与现场处置。

e. 确认事故情况，报告事故及处置进展，组织现场处置工作并处理好危险源，防止事故扩大。

(2) 应急处置

①现场应急处置程序：

a. 发生淹溺事故后，现场人员应尽快向部门负责人报告，大声呼救以寻求周边其他人员参与应急处置，尽快寻找周边救援物资采取紧急措施将溺水人员脱离水体。

b. 部门负责人赶往现场确认情况，并上报电厂应急办公室。

c. 部门其他人员听到呼救迅速赶到现场，部门负责人组织进行应急处置，在保证自身安全的情况下采取紧急措施使溺水人员脱离危险源，切断电源或其他危险源，防止事故扩大。

d. 有关人员配合医务人员将伤者送往医院，做进一步的救护和观察直至结束。

e. 根据现场处置情况，部门负责人及时报告应急办公室，应急办公室根据事故处置情况判断是否需要启动专项预案的对应级别的响应。

②现场应急处置措施：

a. 发现有人落水，现场人员大声呼救，寻求周围人员救助，并立即按照"先近后远，先水面后水下"的顺序进行施救。

b. 若施救人员距离落水者较近，可向落水者抛掷救生衣、救生圈，或投入木板、长杆等漂浮物，让落水者抓住漂浮水面并尽快上岸。

c. 若施救人员距离落水者较远或落水（或溺水）者无力气时，救援人员在保证自身安全的前提下，将救生衣或救生圈送至落水者，将落水（或溺水）者从水中救上岸。

d. 施救困难时，及时拨打"119"报警电话。要详细说明事发地点、溺水人数及程度、联系电话等，并到路口接应。

e. 溺水者上岸后立即检查并清除其口、鼻腔内的水、泥及污物；溺水者若呼吸或心跳停止，应立即进行心肺复苏抢救，并送往医院救治。

f. 将事件发生的时间、地点、落水（或溺水）和失踪人数及采取救治措施等情况汇报上级。

③事故报告：

a. 发生溺水事故后，事故现场第一发现人员应在第一时间报告部门负责人。

b. 事故报告内容包括事故发生地点、伤员基本情况、事故原因、严重程度、已经采取的应急处置措施。

c. 应在确认事故情况后迅速报告应急办公室。

（3）注意事项

①现场人员应急处置注意事项：

a. 下水施救人员应具有一定的救生能力，不得盲目下水施救，应在保证自身安全的前提下采取合理的救助方法。

b. 车辆坠入水中，首先要击破车窗或打开车门救助车内人员。

c. 气温较低时，在下水前应做好身体活动准备，防止肌肉痉挛。

d. 在抢救溺水者时不应因"倒水"而延误抢救时间，更不应仅"倒水"而不用心肺复苏法进行抢救。

e. 对溺水休克者，无论情况如何，都必须从发现开始持续进行心肺复苏抢救，不得放弃抢救。

②应急救援后期处置注意事项：

a. 现场作业人员应配合医疗人员做好受伤人员的紧急救护工作。

b. 做好现场的保护、拍照、事故调查等善后工作。

7.4.8 物体打击事故现场处置方案

（1）事故风险分析

①物体打击事故可能性分析：

a. 各类设备设施或物件等放置、固定不稳或支架锈蚀等倒下砸伤人员。

b. 水工建筑物内外墙面瓷砖脱落、墙面装饰未固定牢靠、墙面开裂、天花板吊顶脱落、窗户破损等砸伤人员。

c. 各类维修保养施工作业过程中，人员进出口处未搭设安全通道、作业人员随意向外抛掷物件、高处作业人员未佩戴个人防护用品、高处作业工器具未固定放置或使用不当等导致作业人员或其他人员被砸伤。

d. 进行脚手架搭设、脚手架拆除、高处作业时，未安排专人监护、未设警戒线、未铺满脚手板或脚手板不稳固、存在探头板、脚手板上堆放大量材料等导致作业人员或其他人员受到物体打击。

e. 设备运行中设备零部件松动或人员跨越安全警戒线进入危险区域等可能发生物体打击。

f. 库房管理不满足要求，物资堆垛过高、货架超载或堆放不稳、取物时货物从高处掉落等导致人员被砸伤。

g. 临空、临边面无防护栏杆或无挡脚板等措施。

②事故可能发生的区域：

a. 电厂各类水工建筑内外区域、设备设施运行场所、高大设备放置和存储场所、存在高处作业或其他涉及工器具作业的场所等都可能发生物体打击事故，包括食堂、办公楼、配电室、相关方生活区、水工建筑维保检修区域、仓库等。

b. 风险较大的区域是水工建筑物及其他生活、办公等建筑区域，当进行维保检修活动时，发生物体打击事故的风险较大。

③事故可能造成的危害程度：

在生产过程中可能发生物体打击事故，会造成颅脑外伤、脊椎受伤、创伤性出血等严重伤害事件，严重情况下可能发生死亡事故。

④应急办公室职责：

a. 应急办主任职责：全面指挥物体打击伤亡突发事件的应急救援工作。

b. 应急办副主任职责：全面协助主任处理物体打击事故应急救援工作。

c. 事发部门负责人职责：组织、协调本部门人员参加应急处置和救援工作。

d. 值班人员职责：汇报有关领导，组织现场人员进行先期处置。

e. 现场工作人员职责：发现异常情况时，及时汇报，做好物体打击伤亡人员的先期急救处置工作。

f. 医护人员职责：接到通知后迅速赶赴事故现场进行急救处理。

g. 安全管理人员职责：监督安全措施落实和人员到位情况。

(2) 应急处置

①现场应急处置程序：

a. 物体打击伤害事故发生后，事故现场第一目击人立刻上报值班人员，值班人员应立即向事发部门负责人汇报。

b. 事发部门负责人赶往现场确认情况，并上报电厂应急办公室。

c. 部门其他人员听到呼救迅速赶到现场，组织进行应急处置。

d. 采取措施消除周边危险源，防止事故扩大。

e. 有关人员配合医务人员将伤者送往医院，做进一步的救护和观察直至结束。

f. 根据现场处置情况，部门负责人及时报告应急办公室，应急办公室根据事故处置情况判断是否需要启动专项预案的对应级别的响应。

g. 事故进一步扩大时启动《人身伤害事故专项应急预案》。

②现场应急处置措施：

a. 当发生物体打击事故后,抢救的重点放在对伤员休克、胸部骨折和出血上进行处理,同时,视伤亡严重情况决定是否拨打120电话,向医疗单位求救,并准备好车辆随时运送伤员到就近的医院救治。

b. 一般伤口的处置措施：

伤口不深的外出血症状,先用双氧水将创口的污物进行清洗,再用酒精消毒(无双氧水、酒精等消毒液时可用瓶装水冲洗伤口污物),伤口清洗干净后用纱布包扎止血。出血较严重者用多层纱布加压包扎止血,然后立即送往医务室进行进一步救治。

一般的小动脉出血,用多层敷料加压包扎即可止血。较大的动脉创伤出血,还应在出血位置的上方动脉搏动处用手指压迫或用止血胶管(或布带)在伤口近心端进行绑扎,加强止血效果。

大的动脉及较深创伤大出血,在现场做好应急止血加压包扎后,应立即通知医务室医护人员准备救护车,送往医院进行救治,以免贻误救治时机。

对出血较严重的伤员,在止血的同时,还应密切关注伤员的神志、皮肤温度、脉搏、呼吸等体征情况,以判断伤员是否进入休克状态。

c. 骨折伤亡的处置措施：

对清醒伤员应询问其自我感觉情况及疼痛部位。

观察伤员的体位情况：所有骨折伤员都有受伤体位异常的表现,这是典型的骨折症状。对于昏迷者要注意观察其体位有无改变,对清醒者要详细查问伤者的感觉情况,切勿随意搬动伤员。在检查时,切忌让患者坐起或使其身体扭曲,也不能让伤员做身体各个方向的活动。以免骨折移位及脱位加剧,引起或加重骨髓及脊神经损伤,甚至造成截瘫。

对于脊椎骨折的伤员,应刺激受伤部位以下的皮肤(例如腰椎受伤,刺激其胸部和上下腹部及腿脚皮肤作比较鉴别),观察伤员的反应以确定有无脊髓受压、受损害。搬运时应用夹板或硬纸皮垫在伤员的身下,搬运时要均匀用力抬起夹板或硬纸皮将伤者平卧位放在硬板上,以免受伤的脊椎移位、断裂造成截瘫或导致死亡。

对有脊椎骨折移位导致出现脊髓受压症状的伤员,如伤员不在危险区域,暂无生命危险的,最好待医务急救人员进行搬运。

对有手足大骨骨折的伤员,不要盲目搬动,应先在骨折部位用木板条或竹板片(竹棍甚至钢筋条)于骨折位置的上、下关节处作临时固定,使断端不再移位或刺伤肌肉、神经或血管,然后呼叫医务人员等待救援或送至医务室接受救治。

如有骨折断端外露在皮肤外的,切勿强行将骨折断端按压进皮肤下面,只能用干净的纱布覆盖好伤口,固定好骨折上下关节部位,然后呼叫医务人员等待救援。

d. 颅脑损伤的处置措施

颅骨损伤如导致颅内高压的症状有:昏迷、呕吐(呈喷射状呕吐)、脉搏或呼吸紊乱、瞳孔放大或缩小,大小便失禁等。

颅底骨折或颞骨骨折的伤员不一定有昏迷、呕吐症状,但有脉搏或呼吸紊乱、瞳孔放大或缩小,鼻、眼、口腔甚至耳朵可有无色的液体流出,伴颅内出血者可见血性液体流出。

颅脑损伤的病员有昏迷者,首先必须维持呼吸道通畅。昏迷伤员应侧卧位或仰卧偏头,以防舌根下坠或分泌物、呕吐物吸入气管,发生气道阻塞。对烦躁不安者可因地制宜的予以手足约束,以防止伤及开放伤口。

对于有颅骨凹陷性骨折的伤员,创伤处应用消毒的纱布覆盖伤口,用绷带或布条包扎后,立即呼叫医务人员送往当地市中心医院进行救治。

如受害者心跳已停止,应先进行胸外心脏按压。让受害者仰卧,头低稍后仰,急救者位于伤者一侧,面对受害者,右手掌平放在其胸骨下段,左手放在右手背上,借急救者身体重量缓缓用力,不能用力太猛,以防骨折,然后松手腕(手不离开胸骨)使胸骨复原,反复有节律地(每分钟 60~80 次)进行,直到心跳恢复为止。

以上施救过程在救援人员到达现场后结束,工作人员应配合救援人员进行救治。

e. 呼吸、心跳情况的判定

受害人员如意识丧失,应在 10 s 内,用看、听、试的方法判定伤员呼吸心跳情况。

看:看伤员的胸部、腹部有无起伏动作。

听:用耳贴近伤员的口鼻处,听有无呼气声音。

试:试测口鼻有无呼气的气流,再用两手指轻试一侧(左或右)喉结旁凹陷处的颈动脉有无搏动。

若看、听、试结果是既无呼吸又无颈动脉搏动,可判定呼吸心跳停止。

f. 判断有无意识的方法

轻轻拍打伤员肩膀,高声喊叫"喂,能听见吗",如认识,可直接喊其姓名。

无反应时,立即用手指甲掐压人中穴、合谷穴约 5 秒。

呼吸和心跳均停止时,应立即按心肺复苏法支持生命的三项基本措施,正确进行就地抢救。通畅气道。口对口(鼻)人工呼吸。胸外接压(人工循环)。

g. 抢救过程中的再判定

按压吹气 1 分钟后(相当于单人抢救时做了 4 个 15∶2 压吹循环),应用看、听、试方法在 5~7 秒时间内完成对伤员呼吸和心跳是否恢复的再判定。

若判定颈动脉已有搏动但无呼吸,则暂停胸外按压,而再进行 2 次口对口人工呼吸,接着每 5 秒吹气一次(即每分钟 12 次)。如脉搏和呼吸均未恢复,则继续坚持心肺复苏法抢救。

在抢救过程中,要每隔数分钟再判定一次,每次判定时间均不得超过 5~7 秒。在医务人员未接替抢救前,现场抢救人员不得放弃现场抢救。

③事故报告:

a. 发生物体打击事故后,事故现场第一发现人员应在第一时间报告部门负责人。

b. 事故报告内容包括事故发生地点、伤员基本情况、事故原因、严重程度、已经采取的应急处置措施。

(3)注意事项

①现场人员应急处置注意事项:

a. 进行心肺复苏救治时,必须注意受害者姿势的正确性,操作时不能用力过大或频率过快。

b. 脊柱有骨折伤员必须硬板担架运送,勿使脊柱扭曲,以防途中颠簸使脊柱骨折或脱位加重,造成或加重脊髓损伤。

c. 抢救脊椎受的伤员,不要随便翻动或移动伤员。

d. 搬运伤员过程中严禁只抬伤者的两肩或两腿,绝对不准单人搬运。必须先将伤员连同硬板一起固定后再行搬动。

e. 用车辆运送伤员时,最好能把安放伤员的硬板悬空放置,以减缓车辆的颠簸,避免对伤员造成进一步的伤害。

f. 对于头部受到物体打击的伤员,检查中无发现头部出血或无颅骨骨折的伤员,如果当时发生过短暂性昏迷但很快又恢复意识,清醒后当时自觉无精神、神经方面症状的伤员,切勿掉以轻心而放松警觉。该类伤员必须送医院作进一步检查并应留院观察,因为这可能是严重脑震荡或硬脑壳撕裂出血的前兆。

②应急救援后期处置注意事项：

a. 现场作业人员应配合医疗人员做好受伤人员的紧急救护工作。

b. 做好现场的保护、拍照、事故调查等善后工作。

③应急救援结束后的预防措施：

a. 现场需要储备必要的救治药品。例如担架、药箱、绷带、氧气袋等。

b. 对于由于物体坠落造成的物体打击伤害，在人员得到可靠救治后，应将现场设置隔离警示标识，以防止其他人员误入后造成伤害。

第 8 章

事故管理

8.1 生产安全事故事件管理

8.1.1 一般要求

(1) 生产安全事故是指生产经营活动中发生造成人员伤亡或者直接经济损失的事故。事故分为以下四个等级(本规定中的"以上"包含本数,"以下"不包含本数):

①特别重大生产安全事故,是指一次造成 30 人以上死亡,或者 100 人以上重伤,或者 1 亿元以上直接经济损失的事故。

②重大生产安全事故,是指造成 10 人以上 30 人以下死亡,或者 50 人以上 100 人以下重伤,或者 5 000 万元以上 1 亿元以下直接经济损失的事故。

③较大生产安全事故,是指造成 3 人以上 10 人以下死亡,或者 10 人以上 50 人以下重伤,或者 1 000 万元以上 5 000 万元以下直接经济损失的事故。

④一般生产安全事故,是指造成 3 人以下死亡,或者 10 人以下重伤,或者 1 000 万元以下直接经济损失的事故。

(2) 生产安全事件是指未构成生产安全事故,但在生产经营活动中影响人员、设备或系统安全,可能引发电力安全事故或造成较大社会影响的不安全事件。一般包括以下几方面:

①人身伤害事件,是指未发生人员重伤或死亡,达到有人员受到轻伤的事件。

②人为考核事件,是指人为造成机组非停或调度管辖设备误动,被电网公司考核的事件。

③设备考核事件,是指由于设备原因造成机组非停,被电网公司考核的事件。

④人为一般事件,是指人为造成机组非停,但电网不作考核的事件。

⑤设备一般事件,是指因设备原因造成机组非停,但电网不作考核的事件。

⑥设备障碍:指生产设备故障未造成机组非停或设备损坏,但直接影响正常开停机、导致发电机组出力减少或直接影响主设备安全稳定运行的不安全事件。

8.1.2 职责

(1) 电厂领导:

厂长(常务副厂长或主持工作副厂长)全面负责本厂生产安全事故事件的管理工作;电厂分管安全的副厂长负责组织、指导、协调生产安全事故事件的处理和调查分析以及责任追究,审定生产安全事故事件报告。

(2) 综合部:

①负责电厂生产安全事故事件报告的归口管理工作。

②负责协助 ON-CALL 组做好电厂生产安全事故事件的处置工作。

③负责或参与电厂生产安全事故事件的调查、原因分析和责任追究。

④负责收集整理各部门生产安全事故事件报告,完成最终事故报告。

⑤协助厂部组织召开电厂生产安全事故事件分析会,形成会议纪要。

⑥督促检查各部门生产安全事故事件的预防及整改措施落实情况。

⑦组织传达公司或上级单位发布生产安全事故事件文件,督促各部门举一反三,制定并落实预防措施。

⑧负责电厂生产安全事故事件档案管理工作。

(3) 发电部:

①负责发电部生产安全事故事件的汇报工作。

②负责协助 ON-CALL 组做好电厂生产安全事故事件的处置工作。

③配合开展生产安全事故事件调查、原因分析和责任追究等工作。

④负责本部门生产安全事故事件的预防和整改措施的落实。

⑤组织传达、学习公司或上级单位发布生产安全事故事件的文件,制定并落实预防措施。

(4) 检修部:

①负责检修部生产安全事故事件的汇报工作。

②负责协助ON-CALL组做好电厂生产安全事故事件的处置工作。
③配合开展生产安全事故事件调查、原因分析和责任追究等工作。
④负责本部门生产安全事故事件的预防和整改措施的落实。
⑤组织传达、学习公司或上级单位发布生产安全事故事件的文件,督促检修部员工举一反三,制定并落实预防措施。

(5) ON-CALL组:
①负责生产安全事故事件处理过程的汇报和相关资料、数据、报表整理工作。
②负责电厂生产安全事故事件的现场和应急处置工作。
③配合开展生产安全事故事件调查和原因分析。
④负责生产安全事故事件的预防和整改措施的落实。
⑤组织传达、学习公司或上级单位发布生产安全事故事件的文件,制定并落实预防措施。

8.1.3 安全生产事故事件的调查处理

(1) 生产安全事故事件调查处理的基本要求:
①生产安全事故事件调查应贯彻"安全第一、预防为主、综合治理"的方针,秉承实事求是、尊重科学的态度,严肃认真开展调查处理,总结经验教训,分析和查找安全生产管理存在的问题,研究事故事件规律,采取有效预防措施,防止事故事件的发生。
②生产安全事故事件调查处理主要包括以下工作:全面收集相关证据、查明事故事件原因、查找暴露问题、分清事故事件责任、制定预防措施、提出处理建议、形成事故事件调查报告、落实责任追究、开展宣传教育等。
③生产安全事故事件调查处理应坚持"四不放过"的原则,做到事故事件原因未查清不放过,责任人员未处理不放过,整改措施未落实不放过,有关人员未受到教育不放过。
④厂属各部门的生产安全事故事件报告都应及时、准确、完整,确保事故事件信息的畅通,保证应急处置和调查处理工作能够迅速、全面开展。各部门和各级人员对事故事件不得迟报、瞒报、谎报和漏报。

(2) 生产安全事故事件调查处理的一般规定:
①电厂各级人员在发生生产安全事故事件后,应立即汇报至ON-CALL组长,ON-CALL组长根据现场情况及时组织人员采取相应的应急措施,对事故事件进行有效的控制和处理,并及时向电厂ON-CALL值班领导汇报。

②电厂 ON-CALL 值班领导根据现场实际情况组织临时处理后,应将情况及时向厂领导汇报,厂部根据事故事件具体情况组织分析、处理或采取进一步的应对措施。

③发生生产安全事故后,厂长(常务副厂长或主持工作副厂长)应立即汇报至公司领导,并由公司领导应急预案。

④在发生生产安全事故后,电厂应根据相关规定在 1 小时之内向公司安监部或分管安全副总经理汇报事故情况,并积极配合公司事故调查组开展生产安全事故的相关调查工作。

⑤ON-CALL 组在事故事件应急处理完后应及时收集生产安全事故事件的相关材料,包括事故事件前的运行方式、运行曲线、故障录波、故障报警、故障现象、应急处理以及目前的状况等,以便现场应急处理和后期事故事件调查。

⑥ON-CALL 组长以及当事人应在生产安全事故事件发生后的 24 小时之内,按要求认真填写生产安全事故事件的初步报告,上报电厂综合部。

⑦电厂综合部在收到生产安全事故事件初步报告后的 24 小时之内,根据事故或事件的初步报告组织相关人员展开实际调查,核实并整理事故事件的相关材料,初步查明具体原因,完成生产安全事故事件调查表,经填报人、ON-CALL 值班领导和综合部部长审核签字后提交厂部。

⑧在完成生产安全事故事件的调查后,安委会应在 24 小时内组织各部门相关人员召开安全生产事故事件分析会,深入分析事故事件的具体原因,提出具体切实可行且有针对性的防范措施,追究相关人员的责任,会后形成会议纪要。

⑨在生产安全事故事件分析会结束后的 24 小时内,由综合部完成生产安全事故事件的最终报告(附事故事件调查表和分析会会议纪要等相关附件),经填报人和厂领导审核签字后留综合部存档。

⑩各生产部门要及时组织学习,传达公司或厂部生产安全事故事件分析会会议精神和事故事件报告的具体要求,督促本部门员工举一反三,制定计划并按期落实事故事件的防范和整改措施。

⑪电厂综合部必须坚持"四不放过"原则,根据事故事件分析会会议纪要和最终报告的具体要求,负责督促和检查生产安全事故事件防范措施的落实,严格落实对事故事件责任人责任追究和扣罚,对相关人员进行安全教育。

8.1.4　考核

（1）凡未按本规定要求按时完成电厂安全生产事故事件的报告填写、组织调查、召开事故事件分析会、形成事故报告、落实防范措施、追究责任、实行安全教育等相关工作者，经厂部核实后，对相关人员每人扣罚 100 元，扣罚其所在部门 200 元，取消其本人及所在部门月度评优资格。

（2）发生生产安全事故（特别重大、重大、较大、一般生产安全事故），根据公司事故调查组的调查报告结论，按事故责任划分，由公司进行处理。

（3）发生生产安全事件的相关责任人，根据电厂《安全生产奖惩规定》相关规定进行相应扣罚。

8.2　重大事故应急处理管理规定

8.2.1　一般要求

（1）事故应急处理和救援应以保护人身安全为第一目的，同时兼顾设备和环境的防护为原则，采取措施防止事故扩大。

（2）一旦发生设备事故，应做好现场控制，控制危险源，避免事故的扩大，使事故造成的损失减少到最低程度。

（3）当发生危及上下游地方人民生命和财产安全的重大事故时，应及时报请公司并上报地方政府采取相应措施。

8.2.2　组织体系及职责

成立事故应急救援领导小组，按照事故应急处理程序，下设应急操作处理组、专业应急组，以上统称"电厂事故应急小组"。"119"专业消防援救、"120"紧急救护、物资保障应急组、后勤保障组、保安救援组称为厂外应急救援队，其中"119"、"120"为社会公共资源，后三组为公司其他部门有关人员组成。在本规定中，厂外应急救援队列入组织体系，其职责参考其所负社会职责或公司的有关文件规定。

（1）应急指挥机构及其职责

①应急救援领导小组：

组长：厂长（常务副厂长或主持工作副厂长）

副组长：副厂长、总工程师、厂部值班领导

成员：综合部、发电部、检修部部门主要负责人

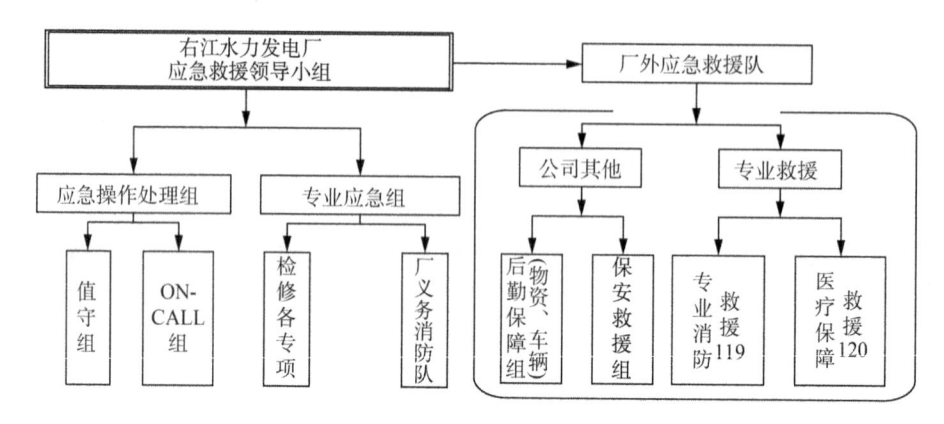

图 6.1　应急救援组织体系图

②事故应急救援领导小组的职责：

a. 贯彻落实国家有关事故应急处理管理工作的法律、法规和上级部门的有关规章制度，执行政府和上级关于事故应急处理的重大部署。

b. 完善各项规章制度，加强企业安全生产管理，避免重大事故的发生。

c. 针对本厂的各种设备危险因素，制定相应的事故应急预案。

d. 根据应急预案，组织开展专门的技能培训和演练。

e. 指挥开展事故应急处理、救援和生产、生活恢复等各项工作。

f. 负责向公司及有关部门报告事故情况和事故处理进展情况。

g. 事故处理完毕后，认真分析事故发生的原因，总结事故处理过程的经验教训，并形成总结报告上报公司。

（2）应急操作处理组

①应急操作处理组挂靠在发电部，是应急处理的日常值班系统，由发电部当班值班员和 ON-CALL 人员组成。发电部部长为事故应急操作处理组第一责任人，当班 ON-CALL 值长为事故应急操作处理的第一指挥人。为防止事故扩大，当班 ON-CALL 值长可以直接调度运行人员和专业应急组协同进行事故应急操作及处理。

②应急操作处理组职责：

a. 当发现重大事故隐患或事故情况时，应及时向值班厂领导报告，及时通知专业应急组和其他事故应急小组赶赴现场进行应急处理、救援。

b. 根据具体设备事故状况，及时主动采取对事故设备、场所的隔离操作等措施，防止事故进一步扩大。

c. 发生设备事故及事故应急处理期间,应同时密切注意监控其他在运行的设备状况,避免事故的波及。

d. 当有发生危及现场工作人员人身安全的可能情况时,应及时警告并疏散现场工作人员。

e. 根据事故现场情况,协助指挥开展其它应急处理救援工作。

f. 协助保安救援组做好事故现场的封锁和保护工作。

g. 协助现场恢复和事故调查工作。

(3) 专业应急组

① 专业应急组挂靠在检修部,检修部各专业班组(专责)即为各专业应急组,成员为所有班员。检修部部长为专业应急组的第一责任人。当发生设备事故时,由检修部部长组织相关专业救援人员实施应急处理、救援工作。

② 专业应急组的职责：

a. 根据预案规定的应急处理程序,具体实施事故应急专业处理。

b. 协助现场设备隔离、防护工作。

c. 协助医疗保障组进行现场受伤人员的救治和疏散工作。

d. 进行现场恢复以及协助事故分析、调查工作。

(4) 一般情况下消防救援由厂义务消防队完成,当生产现场发生火灾事故时,由应急处理救援领导小组直接调度。其主要职责是：现场灭火,人员及物资抢救、疏散。

(5) 有重大火情时须报火警"119"协助灭火,"119"消防由现场应急操作组直接决定是否调用。

(6) 医疗保障组指"120"急救中心,由现场应急操作组直接决定是否调用。主要目的是为事故处理、救援,提供医疗服务,现场救护伤员。

(7) 后勤保障组由车队、仓管人员及公司其他部门人员组成,由应急处理救援领导小组调度或授权后调度。其主要职责是为事故处理、救援,提供车辆、抢险物资及备品备件保证,协助现场救护伤员。

8.2.3 现场救援一般原则

遵循"安全第一,预防为主"的方针,坚持防御和救援相结合的原则,以危急事件的预测、预防为重点,以对危急事件过程处理得快捷准确为目标,以全力保证人身、设备和电网安全为核心,以建立危急事件的长效管理和应急处理机制为根本,提高快速反应和应急处理能力,将危急事件造成的损失和影响降低到最低程度,并在确保人员生命、财产安全的前提下,按应急预案,尽快组织实施生产、生活维持或恢复工作。

（1）事故发生时，根据设备事故应急处理、救援的需要，领导小组成员有权紧急调集救援人员、储备物资、交通工具以及相关设施、设备；必要时，对人员进行疏散，并可以依法对事故区域实行封锁。

（2）在进行应急操作处理时，当班 ON-CALL 值长是现场操作指挥者。厂领导和部门负责人在场时，应对其进行监督和指导。

（3）当进入事故应急救援阶段时，领导小组成员为现场指挥，先到现场的职位较高者为总指挥，指挥权限按发电部负责人、安生分部（综合部）负责人、总工程师、副厂长、厂长依次提高。在事故现场，当有更高一级的领导到场时，低一级的领导向高一级领导移交指挥权。

（4）应急设备和设施的调度权在应急救援领导小组，所有应急物资的使用必须经救援领导小组同意方能领用。

（5）参与救援人员应服从现场指挥，临危不乱。

（6）严格执行有关救援规程和规定，严禁救援过程中的违章指挥和违章作业，避免救援过程中的人员伤亡和其他财产损失。

（7）事故发生后，应急救援领导小组应及时将事故情况和事故处理进展情况向公司汇报。当发生危及上下游地方人民生命和财产安全的重大事故时，还应及时报请公司并上报地方政府。

8.2.4 应急处理、救援的一般程序

（1）事故报告和确认程序：

①生产现场的任何人员均有及时报告事故或事故隐患的义务。当发现事故或事故隐患时，应在第一时间报告运行当班值长。

②接到事故报告后，当班人员应立即进行现场确认，然后通知 ON-CALL 人员。

③当确认了事故发生后，当班值守值长应启动应急处理程序，并同时报告 ON-CALL 值长，做好事故记录。

④ON-CALL 值长在接到报告后，应及时组织本值人员并通知相应专业应急组成员赶赴现场，并通知值班厂领导。

⑤值班厂领导接到事故报告后，应立即通知应急救援领导小组成员并组织有关人员进行研究，在进一步确认事故性质后，由组长或授权人宣布启动应急处理预案。

(2) 应急处理程序

①当事故确认后,当班 ON-CALL 值长立即指挥进行现场应急处理措施,根据事故类别,相应启动应急或备用设备、封闭事故区域、停机、停电等紧急处理和设备隔离措施。

②当班 ON-CALL 值长判断有可能发生危及现场工作人员人身安全的情况时,通过逃生警告系统通知疏散事故现场工作人员。

③当班 ON-CALL 值长根据事故类别,立即通知专业应急组进行应急处理。

(3) 应急救援程序:

①应急救援领导小组成员接到报告后应立即赶赴事故现场,履行现场指挥救援职责。

②领导小组调查评估事故规模和发展方向,预测事故发展过程,并通知各应急救援组投入现场救援或待命:

a. 当发生重大事故时,专业应急组投入现场救援,履行各自救援职责。电厂义务消防队待命;

b. 当发生火灾事故时,消防救援组、医疗保障组投入现场救援,履行各自救援职责。专业应急组协助救援;

c. 当事故现场或救援过程中发生人身伤亡事故时,医疗保障组投入现场救援。专业应急组协助救护;

d. 后勤保障组负责事故处理及恢复期间的后勤保障工作;

e. 保安救援组要布置安排好人力,做好事故区域及厂坝区的安全保卫工作。

③现场指挥人员指挥将危险设备、设施全部或部分停运。

④现场指挥人员组织现场人员撤离和伤亡人员的搜救和抢救。

⑤根据事态的扩大趋势,救援领导小组及时通知当地政府启动场外应急救援预案,取得场外应急救援队伍的支援。

⑥参与救援工作的各级人员,应注意保护事故现场,不得故意破坏事故现场、毁灭有关证据。

8.2.5 现场恢复和事故调查

(1) 现场处理结束后,现场指挥人员指挥现场进行恢复,尽快恢复设备正常运行,尽量挽回事故所造成的损失。

(2) 各有关部门应配合安生分部进行事故调查、取证工作。安生分部应在事故处理结束后按《电业生产事故调查规程》要求,形成事故调查报告,经厂部审核后上报公司。

8.2.6 场外应急救援预案的配合、联络工作

场外应急救援预案是指由地方政府负责编制的区域预案。当厂区发生重大事故时，为避免事故扩大涉及地方，取得地方政府的协助和支援，应做好以下配合工作：

（1）安生分部负责事故应急处理协调工作，协助公司有关部门与地方政府和有关机构的联络。

（2）安生分部负责向公司报告事故发生及处理情况，协助公司安委会报告当地政府部门。

8.2.7 日常管理工作规定

（1）各有关部门加强对设备、设施的维护，保证设备、设施的正常完备。

①各部门应按照公司和厂部有关规定，做好事故预防各项工作。

②各部门应按设备定检制度进行通信设备、厂房消防报警系统、工业电视系统、逃生警报系统的检查维护。

③公司有关部门应每季度进行一次应急救援物资的清点、核实工作，对过期的物资应及时处理并立即予以补充。

④电厂各部门应定期对生产场所消防器材的检查、维护，及时清点补充过期、丢失、损坏的消防器材。

⑤车队应加强车辆维护，随时保证有应急备用车辆。

⑥发电部应加强日常急救药品、药具配备齐全管理。

（2）所有应急救援人员应 24 小时配带并维护好个人通信设备，当接到应急救援通知后，应在 10 分钟内赶到事故现场参加事故处理和救援工作。

（3）厂部和各有关部门应定期组织进行事故应急预案的演练，检验并提高应急指挥体系和应急救援体系的反应能力和应急处理能力，增强组之间的相互协调与合作。通过事故预案演练，检验应急预案的科学性、合理性、准确性、可操作性，并不断修改完善。

①厂部每年至少组织一次应急预案联合演习，演习按照预案的有关规定和相关应急处理程序进行。

②安生分部每年组织一次应急救援知识培训，以使应急救援人员具备相关的救援知识，熟练掌握应急救援器材和设备的使用，提高应急救援人员相关的能力。

8.2.8 检查与考核

(1) 各部门应定期组织本部门员工学习《安全生产法》等国家和电力行业的法律、法规,熟悉各种设备事故应急处理预案,提高员工对突发性重大事故的心理承受能力。

(2) 各部门应定期组织或参与进行事故应急处理预案的演习,以检验应急指挥体系和应急救援体系的反应能力和应急处理能力。

(3) 各部门应按照规定的相关职责要求开展各项工作。当发生事故时,本部门负责的工作面因准备工作不充分造成救援延误或救援不当,并造成不应有的损失时,厂部将按照有关规定对相关部门和个人进行严肃处理。

(4) 对报告突发性设备事故有功的部门和个人,以及对参加设备事故应急处理及抢险救援等方面取得显著成绩的部门和个人,厂部将给予表彰和奖励。